面向新工科专业建设计算机系列教材

物联网无线通信原理与实践

陈喆 ◎编著

清華大學出版社
北京

内容简介

在这个“智能为王”“数据是金”的时代，越来越多的物联网设备采集的客观世界数据被用来指导人类的实践活动。物联网设备大多依靠无线通信技术传输采集的数据。本书较为系统全面地讲解了物联网无线通信的原理、技术、应用、实现等方面的知识，并通过一系列实验，加深读者对原理与技术的理解，引导读者快速掌握实现这些技术的方法。

本书不仅适合物联网、计算机、大数据、人工智能、网络、通信、电子、测控、自动化等相关专业高年级本科生及研究生课程学习与自学使用，也适合物联网、无线通信等领域从业人员及爱好者自学与参考。

图书在版编目(CIP)数据

物联网无线通信原理与实践/陈喆编著. —北京：清华大学出版社，2021.7（2024.8重印）
面向新工科专业建设计算机系列教材
ISBN 978-7-302-58196-3

Ⅰ.①物… Ⅱ.①陈… Ⅲ.①物联网－无线电通信－高等学校－教材 Ⅳ.①TP393.4 ②TP18 ③TN92

中国版本图书馆 CIP 数据核字(2021)第 099087 号

责任编辑：白立军　杨　帆
封面设计：刘　乾
责任校对：焦丽丽
责任印制：刘海龙

出版发行：清华大学出版社
网　　址：https：//www.tup.com.cn，https：//www.wqxuetang.com
地　　址：北京清华大学学研大厦 A 座　**邮　　编**：100084
社 总 机：010-83470000　**邮　　购**：010-62786544
投稿与读者服务：010-62776969，c-service@tup.tsinghua.edu.cn
质量反馈：010-62772015，zhiliang@tup.tsinghua.edu.cn
课件下载：https：//www.tup.com.cn，010-83470236
印 装 者：三河市龙大印装有限公司
经　　销：全国新华书店
开　　本：185mm×260mm　**印　　张**：14.5　**字　　数**：334 千字
版　　次：2021 年 8 月第 1 版　**印　　次**：2024 年 8 月第 4 次印刷
定　　价：49.00 元

产品编号：084499-01

出版说明

一、系列教材背景

人类已经进入智能时代，云计算、大数据、物联网、人工智能、机器人、量子计算等是这个时代最重要的技术热点。为了适应和满足时代发展对人才培养的需要，2017 年 2 月以来，教育部积极推进新工科建设，先后形成了"复旦共识""天大行动"和"北京指南"，并发布了《教育部高等教育司关于开展新工科研究与实践的通知》《教育部办公厅关于推荐新工科研究与实践项目的通知》，全力探索形成领跑全球工程教育的中国模式、中国经验，助力高等教育强国建设。新工科有两个内涵：一是新的工科专业；二是传统工科专业的新需求。新工科建设将促进一批新专业的发展，这批新专业有的是依托于现有计算机类专业派生、扩展而成的，有的是多个专业有机整合而成的。由计算机类专业派生、扩展形成的新工科专业有计算机科学与技术、软件工程、网络工程、物联网工程、信息管理与信息系统、数据科学与大数据技术等。由计算机类学科交叉融合形成的新工科专业有网络空间安全、人工智能、机器人工程、数字媒体技术、智能科学与技术等。

在新工科建设的"九个一批"中，明确提出"建设一批体现产业和技术最新发展的新课程""建设一批产业急需的新兴工科专业"。新课程和新专业的持续建设，都需要以适应新工科教育的教材作为支撑。由于各个专业之间的课程相互交叉，但是又不能相互包含，所以在选题方向上，既考虑由计算机类专业派生、扩展形成的新工科专业的选题，又考虑由计算机类专业交叉融合形成的新工科专业的选题，特别是网络空间安全专业、智能科学与技术专业的选题。基于此，清华大学出版社计划出版"面向新工科专业建设计算机系列教材"。

二、教材定位

教材使用对象为"211 工程"高校或同等水平及以上高校计算机类专业及相关专业学生。

三、教材编写原则

(1) 借鉴 *Computer Science Curricula* 2013(以下简称 CS2013)。CS2013 的核心知识领域包括算法与复杂度、体系结构与组织、计算科学、离散结构、图形学与可视化、人机交互、信息保障与安全、信息管理、智能系统、网络与通信、操作系统、基于平台的开发、并行与分布式计算、程序设计语言、软件开发基础、软件工程、系统基础、社会问题与专业实践等内容。

(2) 处理好理论与技能培养的关系,注重理论与实践相结合,加强对学生思维方式的训练和计算思维的培养。计算机专业学生能力的培养特别强调理论学习、计算思维培养和实践训练。本系列教材以"重视理论,加强计算思维培养,突出案例和实践应用"为主要目标。

(3) 为便于教学,在纸质教材的基础上,融合多种形式的教学辅助材料。每本教材可以有主教材、教师用书、习题解答、实验指导等。特别是在数字资源建设方面,可以结合当前出版融合的趋势,做好立体化教材建设,可考虑加上微课、微视频、二维码、MOOC 等扩展资源。

四、教材特点

1. 满足新工科专业建设的需要

系列教材涵盖计算机科学与技术、软件工程、物联网工程、数据科学与大数据技术、网络空间安全、人工智能等专业的课程。

2. 案例体现传统工科专业的新需求

编写时,以案例驱动,任务引导,特别是有一些新应用场景的案例。

3. 循序渐进,内容全面

讲解基础知识和实用案例时,由简单到复杂,循序渐进,系统讲解。

4. 资源丰富,立体化建设

除了教学课件外,还可以提供教学大纲、教学计划、微视频等扩展资源,以方便教学。

五、优先出版

1. 精品课程配套教材

主要包括国家级或省级的精品课程和精品资源共享课的配套教材。

2. 传统优秀改版教材

对于已经出版、得到市场认可的优秀教材,由于新技术的发展,计划给图书配上新的教学形式、教学资源的改版教材。

3. 前沿技术与热点教材

反映计算机前沿和当前热点的相关教材，例如云计算、大数据、人工智能、物联网、网络空间安全等方面的教材。

六、联系方式

联系人：白立军

联系电话：010-83470179

联系和投稿邮箱：bailj@tup.tsinghua.edu.cn

面向新工科专业建设计算机系列教材编委会

2019年6月

面向新工科专业建设计算机系列教材编委会

物联网工程专业核心教材体系建设——建议使用时间

	物联网嵌入式开发方向（硬件）	物联网软件工程方向（软件）	物联网应用方向（应用）	物联网安全方向（安全）	移动物联网方向（移动）
四年级上	ARM硬件接口开发	中间件技术原理	物联网标准和商业模式	入侵检测与网络防护	云计算与大数据
三年级下	ARM结构及编程	ZigBee/蓝牙编程	近距离无线传输技术	区块链安全	Android 底层开发
三年级上	Linux应用技术	JavaScript脚本语言	无线传感器网络	物联网安全标准	iOS 应用开放技术
二年级下	传感器技术	IoT操作系统	射频识别(RFID)	密码与身份认证	Objective-C 编程
二年级上	嵌入式系统及单片机	Python语言	二维条形码技术	物联网信息安全	现代通信网络
一年级下	物联网工程导论	物联网工程导论	物联网工程导论	物联网工程导论	物联网工程导论
一年级上					

FOREWORD

前言

"If I have seen further than others, it is by standing upon the shoulders of giants."

—Isaac Newton

在东北大学物联网工程专业任教的九年里，听到过许多学生诉苦：不知学习某些课程的知识有什么用处，也不清楚各门课程知识之间有何关联。这给了我系统梳理物联网无线通信相关知识点的动力，并尝试建立知识点之间、知识点与实现和应用之间的关联。同时，作为"物联网技术""物联网通信技术""无线传感器网络概论""无线传感器网络实验"等一系列课程的授课教师，也深感缺少一本适合物联网无线通信领域理论教学与实践教学的教材，就像战士缺少一件得心应手的兵器，难以发挥出水平。

两年前，在清华大学出版社"面向新工科专业建设计算机系列教材"征集选题之际，申报本书，经批复后，开始了漫长的写作之旅。其间由于出国访学以及居家隔离等事情，几度耽搁了写作。为了交出一份尽可能满意的答卷，在写作本书的一年多时间里，查阅了数以千计的相关文献资料，投入了几乎所有能够抽出的时间与精力，力求为读者提供一本通俗简明、系统全面、原理与实践并重的物联网无线通信教材。

全书共9章。第1章介绍物联网、无线通信及物联网无线通信技术，并演示在物联网系统中如何使用无线通信技术。

第2章介绍物联网及其无线通信技术的一些应用领域与实例，帮助读者理解物联网无线通信在生产生活中的广泛用途。

第3章介绍物联网无线节点，实现物联网无线通信技术的常用设备的硬件系统组成、功耗与能耗，以及可用的开发板与操作系统，并使用CC1352R1开发板演示物联网无线节点。

第4章介绍无线通信面临的来自无线电波传播与信道的挑战，并使用Octave对路径损耗和多径传播做初步仿真。

第5章主要介绍信源，包括传感器、信号、模拟信号数字化、信源编码、频域与滤波，并通过两个仿真实验帮助读者进一步理解频域和滤波。

第6章主要介绍物联网无线通信的物理层技术，包括加扰、信道编码、交织、数字调制、射频前端、天线等,并通过实验加深读者对数字调制与信道编码的理解,以及使用开发板完成点对点的数据发送与接收。

第7章主要介绍物理层之上的介质接入控制子层,包括物联网MAC协议,以及实现部分MAC协议所需的时钟同步技术,之后通过两个实验进一步理解并设计实现MAC协议。

第8章介绍包括路由协议在内的物联网无线通信网络层,以及实现部分路由协议所需的定位技术,之后通过实验设计并在开发板上实现路由协议。

第9章列举并简要介绍现有的可用于物联网无线通信的技术标准,并通过CC1352R1开发板演示在智能家居中使用Thread无线网络。

本书不仅适合物联网、计算机、大数据、人工智能、网络、通信、电子、测控、自动化等相关专业高年级本科生及研究生教学与自学使用,也适合物联网、无线通信等领域从业人员及爱好者自学与参考。同时本书为授课教师准备了图文并茂的配套幻灯片,便于教学。本书的理论教学参考学时为40学时左右,实践教学参考学时为24学时左右。

受精力、学识、表达所限,书中难免存在不足之处,恳请读者指正。

感谢我的家人对本书写作的理解与支持。感谢我的导师邱才明、张福洪、孔宪正,正是你们的无私付出与多年指导,才使我有幸站在巨人的肩膀上,形成了这种理论与实践相结合的系统观。感谢所有支持过本书写作与帮助过本书出版的人们!

陈　喆

2021年1月于沈阳

CONTENTS

目录

第1章 引　言

感知并智能控制世界上所有的事物，是人类亘古不变的追求。

在人工智能第 N 次（本书写作之时 $N=3$）兴起的时代，更加智能化的感知与控制使利用人工智能体辅助人类管理与治理进一步成为可能：让机器智能体服务于人类，实现全人类的和平、幸福与繁荣。机器治理（machine ruling），即使用具有感知、通信、存储、计算、执行等功能的机器智能体，辅助人类完成计划、组织、领导、控制等管理工作，以及确立目标、确立行为准则、确保遵从法规、实施治理框架等治理工作。其中，人与感知设备、计算存储设备、执行设备构成了一个机器治理环路，如图1.1所示。感知设备实时采集有关客观世界的多方面数据，然后传送给云计算服务器存储并处理，通过运行一系列智能算法，得出执行设备及被管理者该采取何种行动的决策建议，并把决策建议传送给执行设备用于执行以及告知给被管理者。

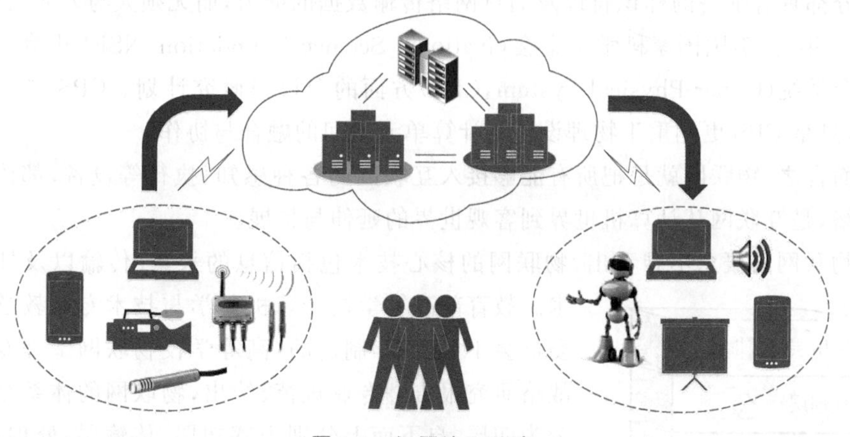

图1.1　机器治理环路

实现“机器治理”等智能世界梦想的前提是存在一条便捷可靠的数据传输通路，使得运行在云计算服务器上的智能算法与人和客观世界之间能够实时交互。而物联网正是扮演着使用无线通信技术把各种感知设备与执行设备接入互联网中的角色。因此，物联网无线通信技术是物联网时代以及未来智能世界时代的重要技术基石。

V1.1　物联网与未来智能世界

本章从物联网、无线通信的发展历程入手，引出常用于物联网的无线通信技术，并给出实际系统演示。

1.1 物联网

近年来，物联网的概念与技术已逐渐融入各行各业，走进千家万户，人们对物联网这个词早已耳熟能详。那么，究竟什么是物联网？

2012 年 3 月，国务院政府工作报告附注给出了物联网的定义："物联网是指通过信息传感设备，按照约定的协议，把任何物品与互联网连接起来，进行信息交换和通信，以实现智能化识别、定位、跟踪、监控和管理的一种网络。它是在互联网基础上延伸和扩展的网络。"

物联网(Internet of Things，IoT)的英文词条最早由英国人 Kevin Ashton 在 1999 年提出，但彼时以射频识别(Radio-Frequency Identification，RFID)技术为主。IoT 的英文定义一直在发展演变，近年来的定义：

The Internet of things is a system of interrelated computing devices, mechanical and digital machines, objects, animals or people that are provided with unique identifiers and the ability to transfer data over a network without requiring human-to-human or human-to-computer interaction.

物联网是由相互关联的计算设备、机械和数字机器、物体、动物或人构成的系统，每个构成部分都具有唯一的标识符以及通过网络传输数据的能力，而无须人与人或人机交互。

2006 年起，美国国家科学基金会(National Science Foundation，NSF)开始资助信息物理融合系统(Cyber-Physical System，CPS)方面的会议与研究计划。CPS 与 IoT 的概念相近，只是 CPS 更侧重于物理设备与计算单元之间的融合与协作。

简而言之，物联网就是把所有能够接入互联网的各种感知、执行等设备，都接入互联网的网络，是互联网从计算机世界到客观世界的延伸与扩展。

从物联网的概念不难看出，物联网的核心技术包括信息的采集、传输以及处理等技术。教育部高等学校计算机科学与技术专业教学指导分委员会于 2012 年制定的《高等学校物联网工程专业发展战略研究报告暨专业规范》给出，物联网的体系结构可以分为四层，自下而上分别为感知层、传输层、处理层、应用层，如图 1.2 所示。其中：感知层主要完成物品标识和信息的智能采集功能；传输层主要完成接入和传输功能，是进行信息交换、传递的数据通路；处理层完成协同、管理、计算、存储、分析、挖掘等功能；应用层则提供面向行业和大众用户的服务。当然，这些都是从功用角度、为了便于理解而人为划分的层面。

图 1.2 物联网的体系结构

1.2 无线通信

从图1.2可以看出，物联网的传输层起着连接感知层与处理层的桥梁与通路的重要作用。传输方式包括有线传输和无线传输。有线传输，例如以太网和光纤传输，具有数据传输率高和传输延迟低等优点，但是在不便布线或布线成本过高的地方，使用受到限制。而基于无线通信技术的无线传输则不受布线的限制，更适用于物联网。

无线通信(wireless communication)，顾名思义，就是在不借助电导线连接的两点或多点之间传递信息。无线通信多使用无线电波作为传输介质，例如生活中常见的WiFi、蓝牙等无线通信技术。除了无线电波之外，无线通信也可以使用其他传输介质，例如传统的电视遥控器使用红外线，可见光通信使用可见光等。

尽管无线通信这个词颇有现代科技感，但人类使用无线通信的历史悠长。在古代，人们用旗语和光的亮灭向远方传递信息。我国的汉朝使用烽火台来传递军情。公元前150年，希腊开始使用烟火来传递信息。到了18世纪末法国大革命时，法国人克劳德·查普(Claude Chappe)发明了旗语电报(semaphore telegraph)——烽火台的升级版，并在巴黎和里尔两地之间修建了15座塔楼用于传递信息。如图1.3所示，每座塔楼上竖有一座木架，木架上有一个横臂和两个子臂，每个子臂有7种姿态，横臂有4种姿态，因此两个子臂和一个横臂联合起来可以表示7×7×4=196个代码中的一个。每座塔楼上的操作人员先通过望远镜观察相邻塔楼的木臂姿态变化，再重复这些姿态变化把信息传递下去。旗语电报后来被拿破仑用来传递军情。

图1.3 旗语电报

(图片来源：The Museum of Retro Technology)

但是在雨或雾的天气里，旗语电报几乎无法正常工作。直到后来电磁波被发现，无线通信才真正开始起步。1831年，英国科学家迈克尔·法拉第(Michael Faraday)发现了电磁感应现象，磁通量的变化产生感应电动势；1864年，苏格兰科学家詹姆斯·克拉克·麦克斯韦(James Clerk Maxwell)建立了电磁辐射的经典理论，用著名的麦克斯韦方程组奠定了电磁场的理论基础，首次揭示了电、磁、光是同一物理现象的不同表现形式。二十多年后，1886年，德国物理学家海因里希·鲁道夫·赫兹(Heinrich Rudolf Hertz)首次通过实验证实了电磁波的存在(实验设备见图1.4)。但他并没有意识到他的实验的重要意义，他认为这只是个验证麦克斯韦理论正确的实验而已，并没有什么其他用处。八年后，赫兹因患血管炎性肉芽肿病(granulomatosis with polyangiitis)而逝世，年仅36岁。

图1.4 赫兹的第一个射频发射机

(图片来源：Linda Hall Library)

首位将无线通信商业化最成功的人是意大利人古列尔莫·马可尼(Guglielmo Marconi)。马可尼在18岁时，认识了研究过赫兹工作的物理学家奥古斯托·里吉(Augusto Righi)，受里吉的影响，1894年，马可尼开始做通过无线电波传送电报方面的实验。1897年，马可尼发出了第一份可传输到6km之外的无线电报。此后，无线电报的传输距离不断增加，图1.5为其第一套长距离无线收发设备。1907年，马可尼公司实现了首次商用横跨大西洋的无线电报传输。马可尼公司做得如此成功，以至于1912年泰坦尼克号客轮上的无线电操作员都是马可尼公司的雇员。第一次世界大战期间，马可尼被任命负责意大利军队的无线电业务。1930年，马可尼被任命为意大利皇家学院院长。

图1.5 马可尼与他的长距离无线收发设备

(图片来源：Pioneer Institute)

马可尼时期出现的无线通信应用，包括无线电报、车载电台、电视广播等，都基于调幅

(Amplitude Modulation,AM)技术,受干扰的影响较大。直到1933年,美国电气工程师埃德温·霍华德·阿姆斯特朗(Edwin Howard Armstrong)发明了调频(Frequency Modulation,FM)技术。基于调频技术,在第二次世界大战期间,1940年,摩托罗拉公司研制出了第一款被称为walkie-talkie的背包式无线对讲机SCR-300,如图1.6所示。这款无线对讲机重约17kg,工作在40~48MHz频段,发射功率为0.3W,传输距离近5km。

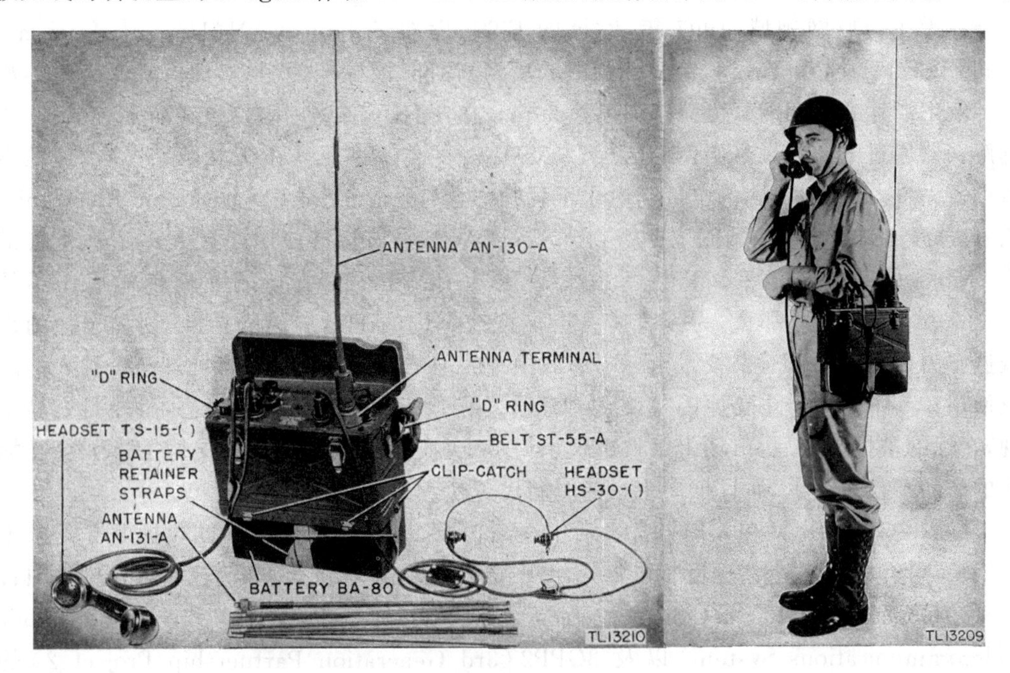

图1.6 SCR-300

(图片来源:Radio Set SCR-300-A War Department Technical Manual)

1946年,为了计算火炮射表,人们熟知的第一台通用电子计算机,即电子数字积分计算机(Electronic Numerical Integrator And Computer,ENIAC)在美国费城问世。同年,在无线通信领域,车载移动电话服务开始在美国投入运营。此后,更多的移动电话网络问世并开始投入运营,例如德国的A-Netz(1958年)、B-Netz(1972年),北欧的NMT(Nordic Mobile Telephone,即北欧移动电话,1979年)等。

1983年,第一个被广泛使用的模拟蜂窝系统,即先进移动电话系统(Advanced Mobile Phone System,AMPS)在北美投入运营。AMPS属于第一代移动通信系统,即1G,其特征是使用模拟通信技术(analogue cellular networks)。同年发售的1G移动电话摩托罗拉DynaTAC 8000X如图1.7所示。该款移动电话充电10小时可通话30分钟,当时的售价近4000美元。

图1.7 DynaTAC 8000X

(图片来源:Cooper Hewitt,Smithsonian Design Museum)

1991年,全球移动通信系统(Global System for Mobile Communications,GSM)蜂窝电话系统标准由欧洲

电信标准化协会(European Telecommunications Standards Institute,ETSI)完成制定,该标准的文档超过5000页。其特征是使用数字通信技术(digital cellular networks),因此被划归为第二代移动通信系统,即2G。该标准支持900MHz频段,用于通信,支持切换与漫游,后续版本也支持传真、短消息等数据业务。同一时期,北美等地区使用的是IS-54和IS-136等2G移动通信系统标准。在2G时代,移动电话的使用开始呈现爆发式增长。

在无线局域网领域,1997年,欧洲的ETSI发布了HiperLAN(High Performance Radio Local Area Network,高性能无线局域网)标准,该标准使用5GHz频段,支持的数据传输率高达23.2Mb/s,覆盖范围可达50m。在人们还普遍使用33.6kb/s和56kb/s调制解调器通过电话线拨号上网的年代,23.2Mb/s的传输率无异于天文数字,这个标准不可谓不先进。同年,美国的电气与电子工程师协会(Institute of Electrical and Electronics Engineers,IEEE)推出了IEEE 802.11标准(即WiFi),该标准使用2.4GHz频段,支持最高2Mb/s的数据传输率。从技术指标上看,IEEE 802.11支持的数据传输率还不及HiperLAN的零头。那么,为什么技术指标这么先进的HiperLAN标准,现如今却销声匿迹?为什么当初看起来技术指标不那么先进的IEEE 802.11系列标准却至今被人们广泛使用?其中的一个重要原因是市场的力量。由于IEEE 802.11标准更加简单且容易实现,在标准被推出之后,市场上很快出现了许多支持该标准的产品,而支持HiperLAN标准的产品不仅数量少,而且推向市场的时间也更晚。

随着2G移动电话在人们日常生活中逐渐普及,人们对移动电话的数据业务需求不断增长。1999年起,一些国际标准制定组织陆续推出3G标准,例如第三代合作伙伴项目(3rd Generation Partnership Project, 3GPP)的UMTS(Universal Mobile Telecommunications System)以及3GPP2(3rd Generation Partnership Project 2)的CDMA2000。其中,UMTS的空中接口标准主要有宽带码分多址(Wideband Code Division Multiple Access, W-CDMA)、时分码分多址(Time Division Code Division Multiple Access,TD-CDMA)、时分同步码分多址(Time Division Synchronous Code Division Multiple Access,TD-SCDMA)。其中的TD-SCDMA标准由我国电信科学技术研究院和大唐电信集团等组织机构牵头制定;2009年,中国移动公司开始商用TD-SCDMA标准。3G与2G在技术上的主要区别是,对于数据传输,3G使用分组交换而非电路交换。3G标准制定的最初目标之一是,在室内达到2Mb/s的数据传输率,在室外达到384kb/s的数据传输率。在3G标准的后续发布版本中,数据传输率已远超最初的目标,例如在3GPP的release 7中,下行数据传输率可达168Mb/s,上行数据传输率可达22Mb/s。

3G标准的制定相对较早,虽然首个3G商用试用网于2001年就已在日本东京建成,但彼时许多运营商仍处于发展2G用户、回收2G网络建设成本阶段,对斥资新建3G网络动力不足;此外,除了频谱资源限制、移动电话终端功能限制以及缺少杀手级应用,各阵营标准林立,也导致其缺少更多的市场需求。据国际电信联盟(International Telecommunications Union,ITU)估计,直到2012年年底,全球3G用户仅占用户总数的30%。

4G标准的制定显然吸取了3G的经验。直到2009年,国际电信联盟无线电通信组

(International Telecommunications Union-Radio Communications Sector,ITU-R)才提出4G标准的需求:对于高移动性通信,峰值数据传输率为100Mb/s;对于低移动性通信,峰值数据传输率为1Gb/s。满足上述需求的4G移动通信系统的主要标准先进的长期演进(Long Term Evolution Advanced,LTE-Advanced)于2011年完成首个版本制定,并于2013年前后投入运营。4G与3G在技术上的一个主要区别是,4G全系统不支持电路交换,只支持基于互联网协议(Internet Protocol,IP)的分组交换。

2018年,5G系统的第一阶段标准release 15完成制定。2020年7月,5G系统的第二阶段标准release 16完成制定。5G新无线电(New Radio,NR)空中接口支持450~6 000MHz及24 250~52 600MHz两个频段。ITU-R对5G标准的需求包括下行峰值数据传输率20Gb/s、上行峰值数据传输率10Gb/s等。截至2020年10月,在实验室环境下测得的最高下行峰值数据传输率可达5Gb/s。据Market Study Report公司估计,伴随着物联网市场的迅速发展,2019年全球5G基础设施市场超过97.7亿美元,预计到2026年将达到580.8亿美元,年均增长率超过29%。

1.3 物联网无线通信

物联网无线通信技术是指适用于物联网应用的无线通信技术。使用无线通信技术传输数据的物联网设备,具有部署方便、便于移动等优点,因此无线通信技术在物联网领域被广泛使用。

由于物联网的应用领域千差万别,多种多样的无线通信技术被用于物联网的传输层,例如WiFi(IEEE 802.11)、蓝牙(Bluetooth)、ZigBee、蜂窝移动通信系统(2G/3G/4G/5G)、低功耗广域网(Low-Power Wide-Area Network,LPWAN或LPWA)、RFID、近场通信(Near Field Communication,NFC)等。这些无线通信技术或标准的具体实现方式、复杂程度、功率都不尽相同,甚至差别较大,因此它们支持的数据传输率、覆盖范围等指标都有较大差异。

Behr Technologies公司给出了部分可用于物联网的无线通信技术在数据传输率、覆盖范围方面的大致分布图,如图1.8所示。LPWAN设备通常使用电池来支持长达数年的长距离无线数据传输,只能以低数据传输率发送少量数据,因此更适合不需要高数据传输率且在时间上要求不高的应用,例如智能计量。

蜂窝移动通信系统经过三十多年的发展,在消费市场中根深蒂固,提供可靠的高速数据传输,支持语音通话和视频流等应用。但美中不足的是,其使用成本和设备功率较高。虽然蜂窝移动通信系统不大适用于多数由电池供电的物联网应用,但比较适合特定的应用,例如车联网等。支持高移动性和超低延迟的5G系统更适合实时视频监控、自动驾驶等应用。

ZigBee是一种短距离低功耗的无线通信技术,常用于网状网络中,可通过多个无线节点合作转发数据来扩大覆盖范围,比较适合智能家居等应用。

蓝牙是消费电子市场中的一种短距离无线通信技术,最初旨在用于消费类设备之间的点对点或点对多点数据传输。低功耗蓝牙(Bluetooth Low Energy,BLE)针对功耗做

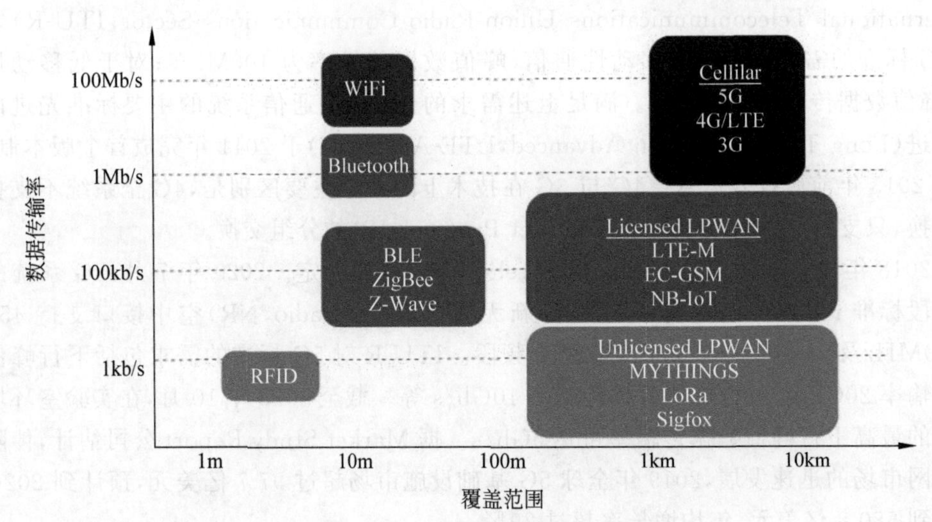

图 1.8 部分物联网无线通信技术的数据传输率与覆盖范围

（原图来源：Behr Tech）

了优化，可用于小覆盖范围的消费类物联网应用，例如智能手表等可穿戴设备，可方便地将数据传输到智能手机上。

WiFi 为企业和家庭环境提供了高速率数据传输，但是它的覆盖范围、可扩展性以及功耗限制了它在物联网领域的普及。对于低功耗、电池供电的大型物联网传感器网络，WiFi 通常不是最好的选择。但是，它可用于智能家居中的设备互联。WiFi 6(IEEE 802.11ax)可进一步将数据传输率提高到 9.6Gb/s。

RFID 技术可在很短的距离内将少量数据从 RFID 标签无线传输到读写器，在零售和物流领域被大量使用，例如智能货架、自助结账。

综上所述，不同的物联网应用对无线通信技术的需求不同，需要在数据传输率、覆盖范围、功耗、成本等多方面综合考虑选择，也可根据本书讲授的知识开发适合特定物联网应用的无线通信技术。

1.4 物联网系统演示

本节以德州仪器（Texas Instruments，TI）公司的传感器标签 SensorTag 为例，演示在物联网系统中使用无线通信技术。

【实验 1.1】 使用 CC2650STK 无线连接的物联网系统。

TI 公司的 CC2650STK SensorTag 如图 1.9 所示。从图 1.9 可以看出，该传感器标签的尺寸较小。物联网中常使用小尺寸、电池供电、具有传感器以及无线数据传输功能的无线节点，通过传感器采集数据并使用无线通信技术将数据传送给汇聚节点、网关、基站等设备。该 SensorTag 上集成有 10 种传感器，包括光、声、磁力、湿度、压力、加速度、角速度、地磁、物体温度、环境温度传感器，并支持蓝牙等多种无线数据传输方式。

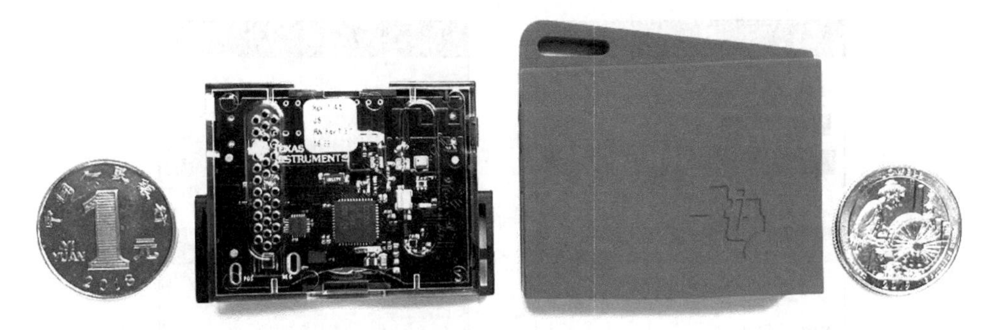

图 1.9 TI 公司的 CC2650STK SensorTag

如图 1.10 所示，首先，SensorTag 传感器标签将其内部传感器采集到的数据，通过蓝牙连接传送给智能手机。智能手机上安装有名为 TI SensorTag 的应用程序(Application，App)，该 App 可把接收到的传感器数据在智能手机上实时显示出来，并可把这些数据(通过 WiFi 无线连接)上传到互联网中的云平台服务器，以便存储与处理。可借助于计算机、平板计算机或手机上的浏览器，登录到云平台网站实时查看上传的传感器数据。这是物联网系统的一个范例。

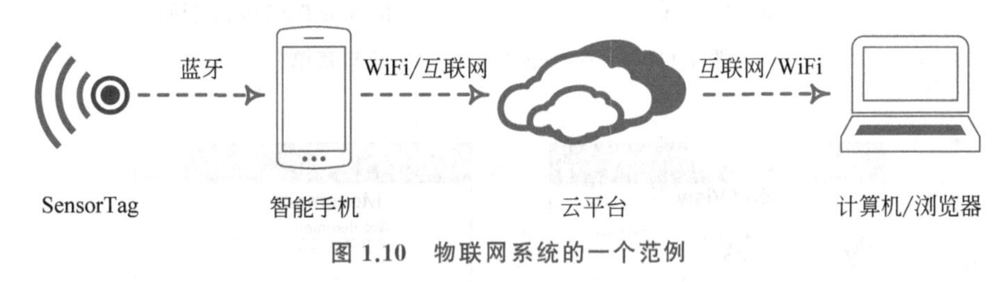

图 1.10 物联网系统的一个范例

具体操作过程如下所述。智能手机上的 TI SensorTag App 可通过 iOS 手机的应用商店(App Store)或安卓手机的应用市场查找并安装。图 1.11(a)为该 App 的初始界面，在 TI SensorTag 启动之后，会有一个名为 SensorTag 2.0 的蓝牙设备出现在该界面列表中。在点击该蓝牙设备图标后，将出现一个如图 1.11(b)所示的菜单。在选择第一项 Sensor View 之后，将出现如图 1.12 所示的传感器数据显示与控制界面。该界面中实时显示了环境温度、物体温度、光照度、加速度、角速度、地磁等传感器采集的数据。在开启图 1.12 上方的 Push to cloud 选项之后，这些传感器数据将被实时上传到 IBM (International Business Machines，国际商业机器)等云平台中。然后，在浏览器中打开该选项对话框给出的网页链接，将会看到如图 1.13 所示的数据显示页面。图 1.13(a)显示出了所有上传到该云平台的传感器数据，图 1.13(b)为其中的环境温度随时间变化的曲线。

接下来，请尝试打开或关闭 SensorTag 上的发光二极管(Light Emitting Diode，LED)指示灯和蜂鸣器，并尝试移动、翻转、遮盖、握住 SensorTag 传感器标签。观察 TI SensorTag App 中显示的数据如何变化。

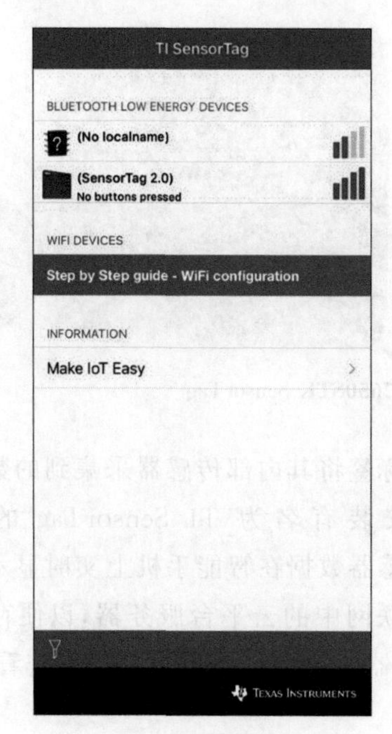

(a) 初始界面

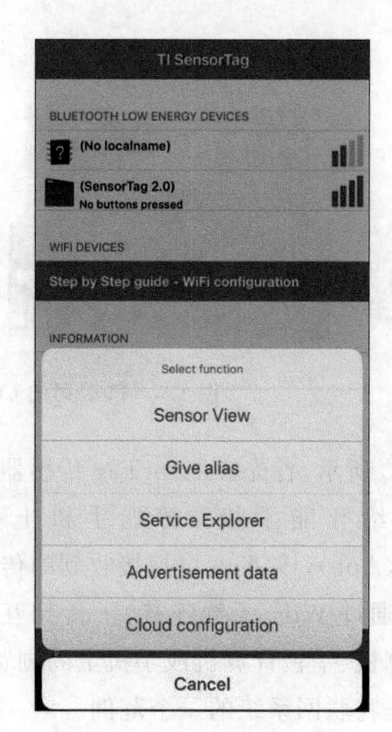

(b) 点击SensorTag 2.0后的界面

图 1.11 SensorTag App 初始界面与菜单

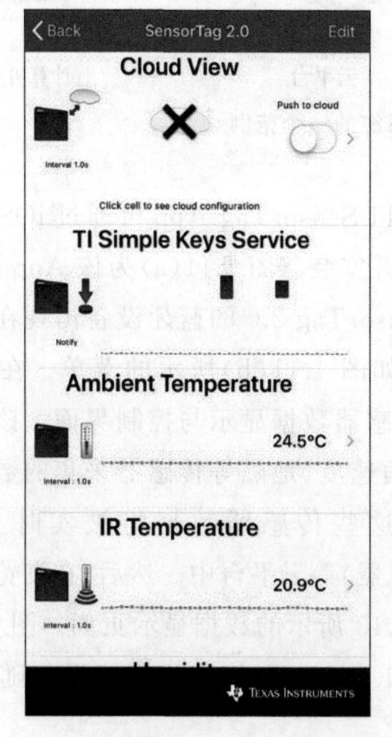

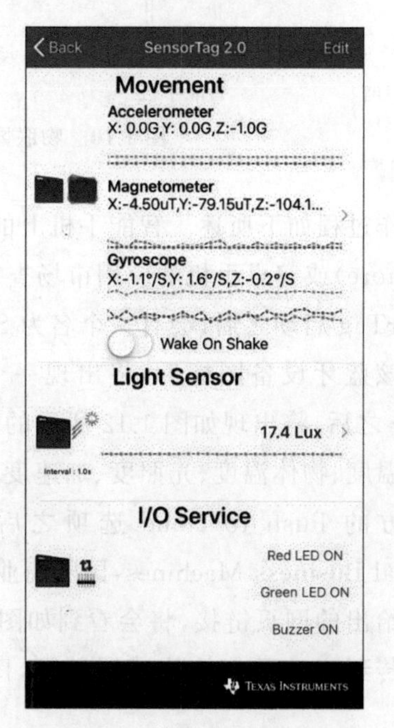

图 1.12 SensorTag App 的传感器数据显示与控制界面

Event	Datapoint	Value	Time Received
status	myName	ti-sensortag2	Nov 5, 2019 11:21:36 AM
status	key1	0	Nov 5, 2019 11:21:36 AM
status	key2	0	Nov 5, 2019 11:21:36 AM
status	ambientTemp	24.07	Nov 5, 2019 11:21:36 AM
status	objectTemp	23.41	Nov 5, 2019 11:21:36 AM
status	humidity	16.77882	Nov 5, 2019 11:21:36 AM
status	pressure	1021.06	Nov 5, 2019 11:21:36 AM
status	altitude	-0.9404308	Nov 5, 2019 11:21:36 AM
status	accelX	0.05	Nov 5, 2019 11:21:36 AM
status	accelY	0.01	Nov 5, 2019 11:21:36 AM
status	accelZ	-0.98	Nov 5, 2019 11:21:36 AM
status	gyroX	-0.92	Nov 5, 2019 11:21:36 AM
status	gyroY	1.57	Nov 5, 2019 11:21:36 AM
status	gyroZ	-0.51	Nov 5, 2019 11:21:36 AM
status	magX	-6.60	Nov 5, 2019 11:21:36 AM
status	magY	-75.55	Nov 5, 2019 11:21:36 AM
status	magZ	-110.48	Nov 5, 2019 11:21:36 AM
status	light	6.46	Nov 5, 2019 11:21:36 AM

(a) 传感器数据

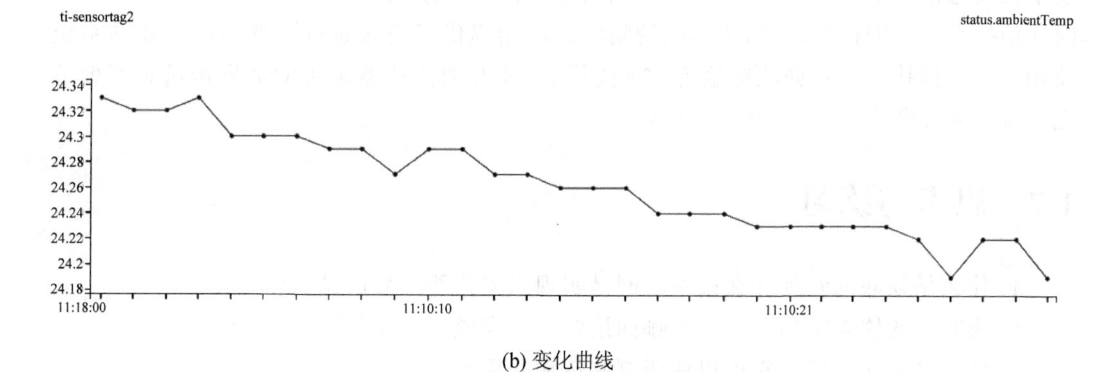

(b) 变化曲线

图 1.13 上传到 IBM 云平台的传感器数据

1.5 本书其余各章之间的联系

本书其余各章之间的联系如图 1.14 所示。其中，实线箭头表示上一层各章建立在下一层各章的基础之上，虚线箭头表示第 3 章物联网无线节点为其他各章提供软硬件实现等方面的支持。

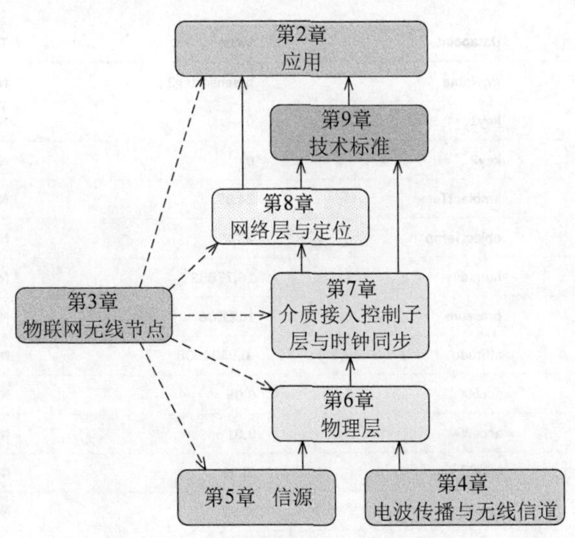

图 1.14 本书其余各章之间的联系

1.6 本章小结

物联网扮演着获取、传输、处理客观世界数据的角色，是实现未来智能世界不可或缺的重要基石。人类使用无线通信传递信息的历史悠久，无线通信技术的发展日新月异。基于无线通信技术的物联网设备便于部署、便于移动，适用于更多的物联网应用领域。无线通信技术与标准种类繁多，为不同的物联网应用提供了更多选择。典型的物联网系统使用无线通信技术把数据从标签传送到读写器，或者把传感器采集的数据传送到汇聚节点以及接入互联网的网关、基站等设备。

1.7 思考与练习

1. 什么是物联网？为什么说物联网是实现未来智能世界的基石？
2. 物联网的体系结构可以分为哪四层？每层完成哪些功能？
3. 什么是无线通信？它可以使用哪些传输介质？
4. 从无线通信的发展历程来看，有哪些影响技术标准成败的因素？
5. 为什么无线通信技术在物联网中被广泛使用？
6. 哪些无线通信技术或标准可用于物联网？至少列举三个，并给出说明。
7. 给出一个使用无线通信技术的物联网系统范例。

第2章 应　用

与其说物联网是一种具体的技术，不如说是一个包罗相关技术与应用的概念。凡是采集、传输、处理客观世界数据并接入互联网的系统，都可以称为物联网系统。物联网的应用领域广泛，具体的实现方式也千差万别。物联网涉及人类生产生活的方方面面，其中大部分应用都离不开物联网无线通信技术。那么，物联网及其无线通信技术究竟有哪些用武之地？

本章列举了医疗保健、智能交通、工业物联网、农业物联网、环境与结构监测、智能家居、军事物联网七大应用领域，讲述物联网及其无线通信技术的应用背景与实例，期望借此启发读者、抛砖引玉。此外，读者在掌握实际应用之后，可更加有的放矢地学习本书后续章节的技术知识。

2.1　医疗保健

医疗保健关系到每个人的人身健康乃至生命安全。人一生获得的财富中，有相当一部分用在了医疗保健方面。在美国，每位接受过医疗保健服务的人，令其印象深刻的不仅有医疗设施与服务，可能还包括“天文数字”般的各种账单。根据经济合作与发展组织（Organisation for Economic Co-operation and Development，OECD）给出的统计数字，2018年美国人均国内生产总值（Gross Domestic Product，GDP）为62 853美元，位居前列，如图2.1所示。然而同一年，美国在医疗保健方面，人均支出高达10 586美元，在医疗保健方面的人均支出占人均GDP的16.8%，位居世界之首，远超位居第二的瑞士，如图2.2所示。但如此高昂的人均医疗保健花销，并未带来相应的回报。2017年美国的平均寿命为78.6岁，并未排在世界前列，如图2.3所示。我国则以相对较低的人均医疗保健花销取得了较高的平均寿命。

在医疗保健领域引入物联网可以简化工作并提高效率、降低医疗保健花销。物联网无线通信技术可为物联网应用提供便捷的无线数据传输通路。物联网及其无线通信技术在医疗保健领域的优势如下。

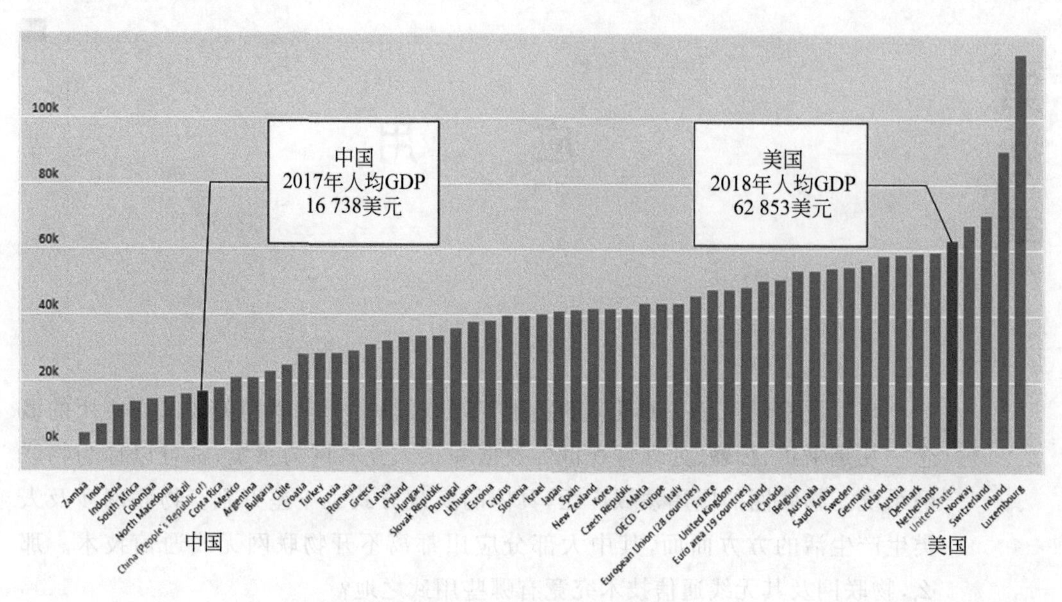

图 2.1　人均国内生产总值

（原图来源：OECD）

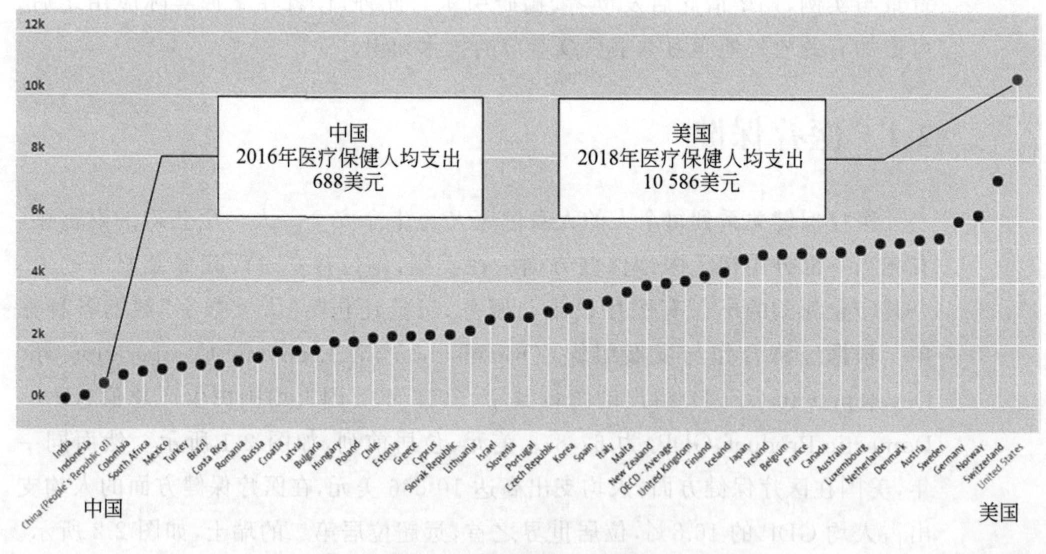

图 2.2　医疗保健人均支出

（原图来源：OECD）

（1）降低花销。医疗机构可使用无线连接的医疗设备实时监测患者，采集患者的生理指标数据。这样，患者不必去医院，医生就可以查看到患者当前的各项生理指标数据。这将减少患者不必要的就医次数、化验次数，甚至减少住院次数，从而降低医疗保健花销。

（2）提高诊断的准确性。医生可基于物联网设备采集的患者数据，辅以人工智能提

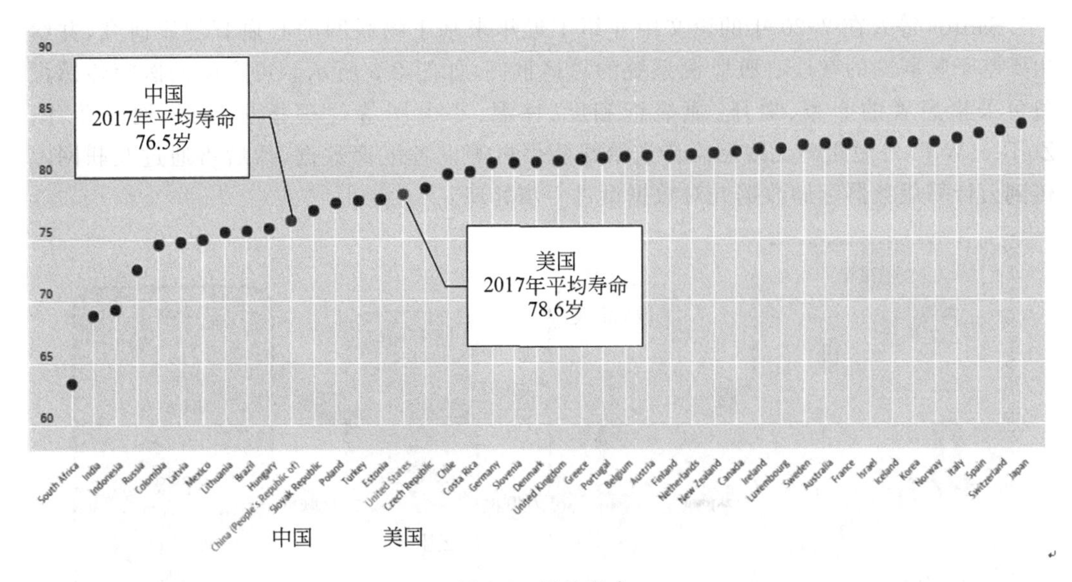

图 2.3　平均寿命

（原图来源：OECD）

供的参考诊断结果，做出更加明智、更加准确的诊断。

（3）实时监护患者。借助于被监护对象使用的无线可穿戴式设备，医生可实时监测患者的状况。例如，可通过运动传感器监测老年人或患者是否不慎跌倒，以便在第一时间提供救助，更好地帮助老年人与患者独立生活。

Wu 等人在 2017 年的论文中介绍了一种可穿戴的传感器节点，该节点具有太阳能收集和低功耗蓝牙传输功能，如图 2.4 所示。使用者可以将多个传感器节点部署在身体的不同位置上，以测量体温、心跳，并可监测是否跌倒。

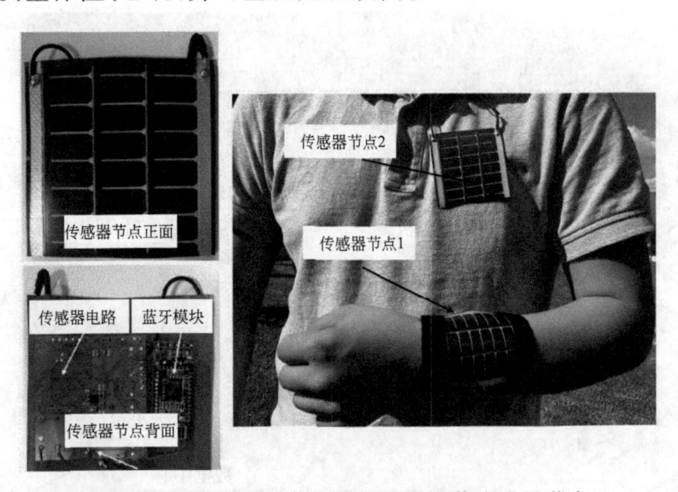

图 2.4　具有太阳能收集功能的可穿戴传感器节点

（原图来源：Wu 论文）

Santos 等人在 2020 年的论文中介绍了近年来基于物联网的心血管健康研究，并给出了基于物联网的在线心脏监测系统的总体框图，如图 2.5 所示。可穿戴的医疗传感设备可采集患者的心率、血压、血氧饱和度、体温、心电图等生理指标数据，通过蓝牙、ZigBee、WiFi 等短距离无线网络传送给智能手机等设备汇聚数据，然后再通过互联网上传到云计算服务器存储数据并对数据做进一步处理。

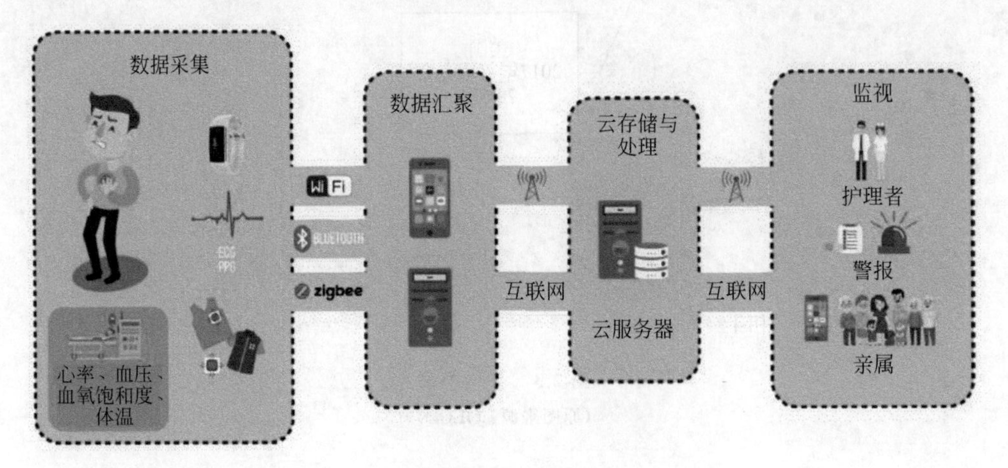

图 2.5 基于物联网的在线心脏监测系统

(原图来源：Santos 论文)

Bai 等人在 2020 年的论文中提出，基于物联网技术与医学理论，建立三级联动的 nCapp 系统，对新型冠状病毒(COVID-19)进行诊断和治疗，如图 2.6 所示。该物联网 nCapp 云医疗系统平台：适合在线监控、识别 COVID-19 并指导分级诊断和治疗；可用于位置追踪，查找诊断为 COVID-19 的患者，并在发现问题时指导治疗；可提供警报，以便

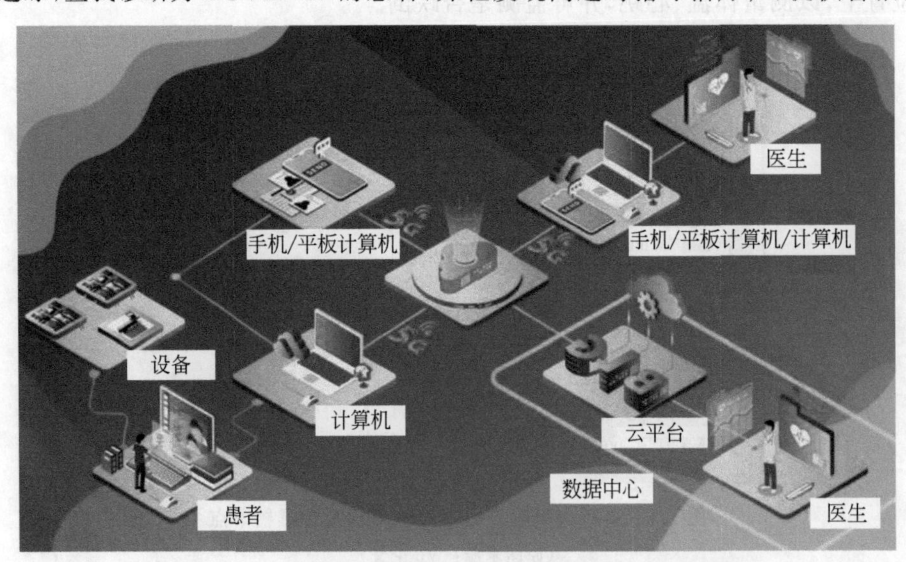

图 2.6 基于物联网的用于新型冠状病毒的诊断与治疗系统

(原图来源：Bai 论文)

监视可能的COVID-19，提供三级联动响应功能以指导诊断与治疗；可预先设置分级诊断和治疗COVID-19患者的管理标准，以便分级管理和及时治疗已确认、疑似及可能的病例；有利于专家或管理人员根据收集到的大量信息进行深入调查或扩展诊断与治疗，指导如何更好地预防和控制COVID-19；有利于专家或管理人员根据COVID-19患者的分级诊断与治疗数据进行统计分析，总结经验，发现问题并提出解决方案。

Torrente-Rodríguez等人在2020年的论文中，演示了用于快速检测COVID-19的多通道便携式无线电化学平台SARS-CoV-2 RapidPlex，如图2.7所示。该平台基于石墨烯电极，可检测病毒抗原核衣壳蛋白、IgM和IgG抗体，以及炎症生物标志C反应蛋白，可用于COVID-19远程医疗诊断与监测。该平台通过ARM Cortex-M4微控制器STM32L432KC和蓝牙模块，将4个通道的电流测量值无线传输到用户的智能手机上。

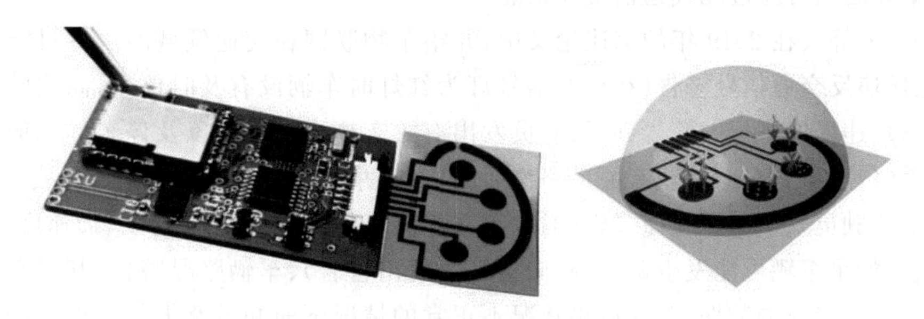

图2.7 SARS-CoV-2 RapidPlex

（图片来源：SciTechDaily）

另据WFLA报道，2020年美国陆军投入2500万美元用于研发可戴在手腕、衬衫或皮带上的可穿戴设备，用来监测穿戴者是否呼吸困难或发烧，目的是识别症状发生前的COVID-19病例，并跟踪预防病毒的传播。

2.2 智能交通

在交通领域，物联网及其无线通信技术在提高经济效益、安全性、舒适便捷程度等方面大有可为。

INRIX公司调查发现，2019年美国因交通拥堵而损失了近880亿美元。波士顿是美国交通最拥堵的城市，市内通勤者每年因交通拥堵而损失149小时，平均每名驾驶员每年损失的时间成本高达2205美元。其他国家的一些城市，因交通拥堵而导致驾驶员损失的时间更多，例如在哥伦比亚的圣菲波哥大，驾驶员每年因交通拥堵而损失191小时，接近8天时间。如果能借助于物联网及其无线通信技术，实时监测道路状况与车辆出行情况，实时优化信号灯等交通设备的设置，规划车辆的最佳出行路线与出行时间，将有助于缓解交通拥堵，从而减少全球因交通拥堵带来的损失。

据新华社报道，2020年3月30日某列车运行时发生脱轨。经初步排查，脱轨原因为列车撞上连日降雨引发的塌方山体。据人民网报道，此次事故路段属于某工务段，该工务段已取消巡道工多年，仅在防洪期才安排工作人员巡查，且巡查周期一般长达一周。较长的人工巡查周期难以保证及时发现道路风险。在列车脱轨前两分钟，事发点邻近车站的信号员才收到铁路调度扣停列车的指令，遗憾的是信号员呼叫司机未能得到及时回应，成功通话后，事故却已发生。如果能借助物联网及其无线通信技术实时监测列车运行路况，在发现风险的第一时间通知司机，将有助于降低事故发生的可能性。

根据 Injury Facts 报道，1913—2018 年，美国每年因交通事故致死的人数从 4200 人上升到 39 404 人，增长了 838%。近年来，伴随着人工智能技术的第三次兴起，自动驾驶技术成为研究热点之一。大规模应用自动驾驶技术有望减少交通事故的发生、降低伤亡人数，让出行更加安全高效、舒适便捷。物联网传感设备可为自动驾驶车辆实时采集数据，帮助车辆获取工作状态、外部环境变化、交通状况等方面信息。车辆与车辆之间、车辆与路边单元之间可通过无线通信交互信息。

Sharma 等人在 2019 年的综述论文中，介绍了物联网在交通领域的一些可能的潜在应用，包括违反交通信号警告(在交通信号灯为红灯时车辆没有及时停止，向驾驶员发出警告信息)、违反停车标志警告(向驾驶员发出有关车辆当前位置以及停车标志的警告)、左转助手(传感器从对面捕获有关道路交通的信息，并将获取的信息传送到车载系统或直接提供给驾驶员)、交叉口碰撞警告(通过车载传感器获取诸如位置、速度、加速度、转弯状态等信息，如果车辆可能发生碰撞，则向驾驶员发出警告)、车辆路况警告(基于车载单元采集有关道路状况的数据，并在道路状况不正常的情况下通知道路上的其他车辆)、紧急电子刹车灯(警告后面的车辆当前车辆前面的车辆突然刹车，在大雾、大雨或其他可能挡住视线而使驾驶员视野受限的情况下尤为有用)、智能停车导航系统(向驾驶员推荐可用的停车位，从而节省停车时间)、交通效率与管理(通过优化交通车流量来预防道路事故、避免道路拥堵；根据车载单元和路边单元通知车辆前方交通状况，如果可能出现拥堵，则告知驾驶员到达目的地的其他优选路线，驾驶员可据此改变行驶路线，从而节省出行时间，避免道路更加拥堵)。

2.3 工业物联网

工业物联网(Industrial Internet of Things，IIoT)是指在制造、能源、采掘等工业领域中，将包括传感器、机器设备在内的所有工业资产与信息系统和业务流程连接起来，以便实时采集、传输、分析数据并动态决策，从而降低能耗与浪费、提高运营与生产效率、实现自动化控制与预测性维护。预测性维护是指通过预测部件何时接近于发生故障来安排停机维护时间，而不是等待故障发生再安排检修。

安装在工厂设备上的传感器可识别生产线中的瓶颈，从而减少开销与浪费；还可监测机器的性能，从而预测何时需要维护该设备，避免出现故障而付出高昂代价。这些传感器可以是照相机、摄像机、温湿度传感器、运动传感器等设备。根据不同的使用情况，数据传输可使用蓝牙、WiFi、ZigBee、4G、5G 网络以及卫星等无线通信技术。传感器采集的大量实时数据，需要被快速分析，以便迅速做出决策。此外，使用 RFID 及无线定位等技术，还可获取产品物流、所处状况及环境等信息，帮助生产厂商从产品在工厂车间就开始跟踪产品，直到产品到达目的地商店，从而从头至尾跟踪整个供应链。

航空引擎制造商劳斯莱斯（Rolls-Royce）从客户使用的引擎中接收了超过 70 万亿个数据点的数据，用于帮助修复损坏的引擎，并可使用该数据来管理和安排引擎维修。如果用机器学习等方法对该数据进行分析，还可根据分析结果提醒工程师注意潜在的问题。

在石油天然气行业，借助于工业物联网，钻探设备可采集并传送大量原始数据，以进行云存储与分析，帮助企业通过监控库存量和温度来改善存储与维护过程，并基于预测需求和生产实时数据来调整产量。在输送过程中，还可通过使用智能传感器和热探测器来监测油气管道是否泄漏，从而改善石油和天然气的输送过程，提高安全性。

工业物联网的另一种实现是智能电网。使用工业物联网技术的智能电网可采集电网状态等数据并传送给操作人员、自动化设备以及用户，以达到有效提供可持续、经济且安全的电力供应的目的。

作为一个具体实现的例子，Gao 等人在 2019 年的论文中展示了一套用于监测工厂中机器振动的多无线节点系统，如图 2.8 所示。无线节点通过传感器采集数据，并使用 LoRa 无线技术把数据传送给多通道网关。接着，多通道网关使用 NB-IoT 无线技术把无线节点采集的数据传送给基站，基站再通过有线网络把数据传送到云计算服务器的数据库中存储。用户可通过管理平台读取这些用于分析与决策的数据。

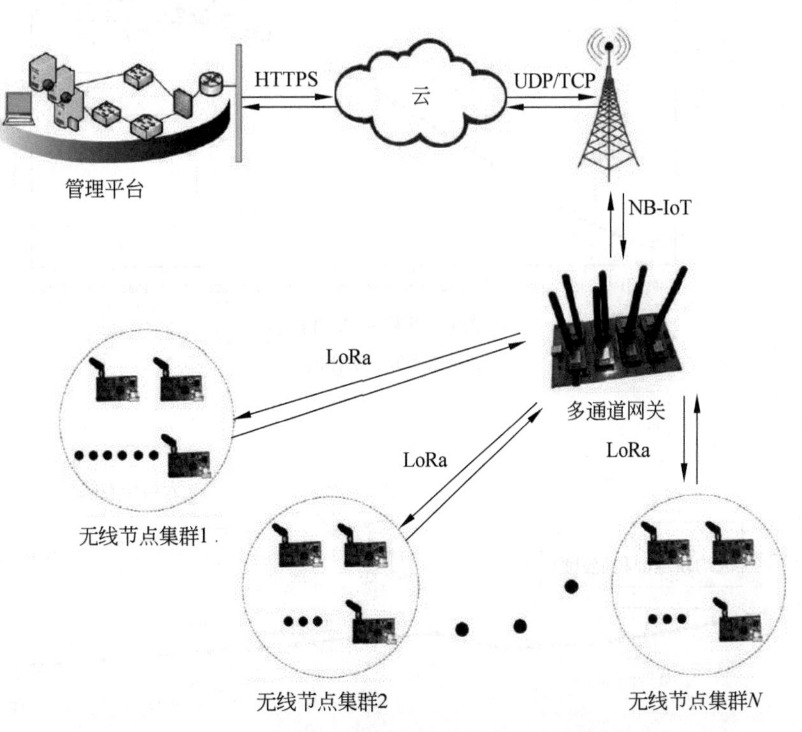

图 2.8　一套用于监测工厂中机器振动的多无线节点系统

（原图来源：Gao 论文）

2.4 农业物联网

2019 年据联合国预测，世界总人口将在未来 30 年再增长 20 亿，从 2019 年的 77 亿左右，增长到 2050 年的 97 亿左右，如图 2.9 所示。而多年来世界耕地面积未有相应增长，据联合国粮食及农业组织统计，世界人均耕地面积从 1961 年的 0.367 公顷减少至 2016 年的 0.192 公顷，我国的人均耕地面积从 1961 年的 0.155 公顷减少至 2016 年的 0.086 公顷(1 公顷＝10 000 平方米)，如图 2.10 所示。联合国粮食及农业组织 2019 年世界粮食安全与营养状况报告给出，自 2015 年以来，世界营养不良人数在增加，如图 2.11 所示，表明世界上营养不良发生率长达数十年的下降已经结束，饥饿人口数量正在缓慢上升，相当于世界上每 9 个人中就有一个。中度或重度粮食不安全的人口总数占目前世界人口的 26.4%，约有 20 亿人。为了更加有效地利用有限的自然资源满足日益增长的食物需求，农业物联网至关重要。

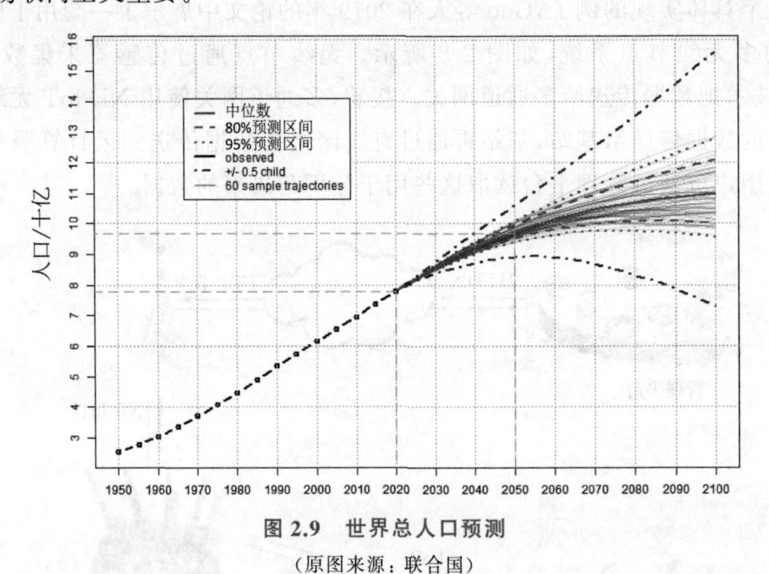

图 2.9 世界总人口预测

(原图来源：联合国)

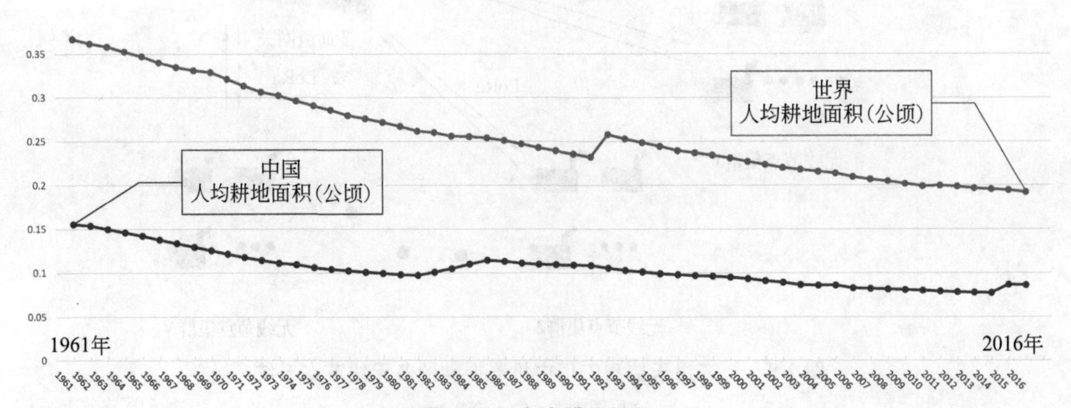

图 2.10 人均耕地面积

(数据来源：世界银行)

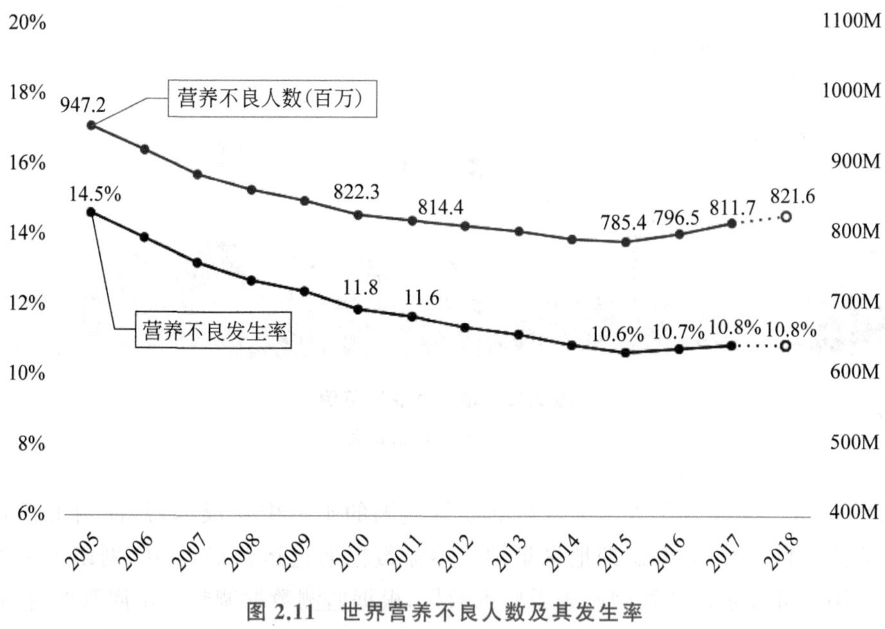

图 2.11 世界营养不良人数及其发生率

(原图来源:联合国粮食及农业组织)

农业物联网是指在农业生产过程中使用传感设备远程自动采集有关农业生产对象与生产环境的大量数据(例如农作物、家畜、天气、土壤等),以便监测它们的状况,并根据其状况自动做出决策与预测以及执行相应的自动化操作(例如灌溉、饲喂等),目的是最大限度地降低风险、减少浪费,减少管理农业生产对象所需的工作量,提高农产品质量与产量。

Meticulous Research 在 2020 年预计,农业物联网市场规模将从 2019 年起以 14.1% 的复合年均增长率增长,到 2027 年将达到 349 亿美元。农业物联网的应用领域包括精准农业、家畜监测、智能温室等。

传统上,农业生产中常把水、化肥、农药、除草剂等资源均匀施加给一大块农田。而实际上,一大块农田可能会在土壤类型、养分含量、太阳辐射等重要因素上表现出较大的空间差异。因此,将其视为一块均匀的同质农田可能会导致资源利用率低下和生产率下降。精准农业(precision agriculture)是一种农场管理概念,通过观测农作物间和农田间的差异,来更有效地、节俭地使用资源,从而优化投入并提高农作物的质量与产量。例如,借助于土壤水分传感器、土壤温度传感器、pH 值传感器等传感设备,分析土壤条件及其适合的耕作类型,并做出精确的灌溉、施肥等决策。

Vuran 等人在 2018 年的论文中介绍了一个地下物联网的范例,如图 2.12 所示,不仅可用于监测土壤水分、盐分、温度等状况,还可与灌溉系统、播种机、收割机等田间机械互联。地下传感器节点使用土壤温度和水分等传感器,通过蓝牙、ZigBee、WiFi、LoRa 等无线通信技术,将采集到的数据传送给汇聚节点,经网关上传到云计算服务器,用于存储数据并进行实时处理做出与农作物相关的决策。

Pycno 公司开发了一种可采集土壤水分、温度、太阳辐射等数据的无线传感器节点,

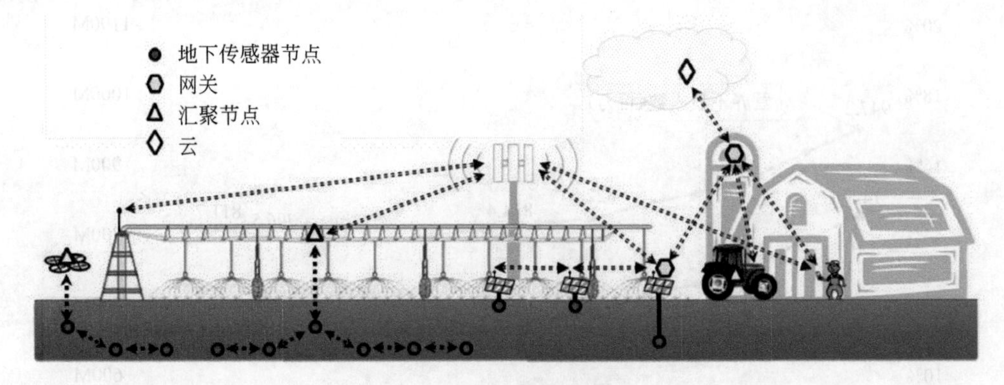

图 2.12 地下物联网范例

（原图来源：Vuran 论文）

如图 2.13 所示。该传感器节点可直接插在待监测的土壤中完成部署，使用 LoRa、WiFi 无线通信技术自动组网，并定期把采集的传感器数据通过运营商的 4G 网络上传到公司服务器。用户可登录该公司网站查看监测数据，根据监测数据调整农田灌溉的时间间隔，以避免不必要的灌溉，从而节省水电消耗并提高农作物的收获质量与数量。

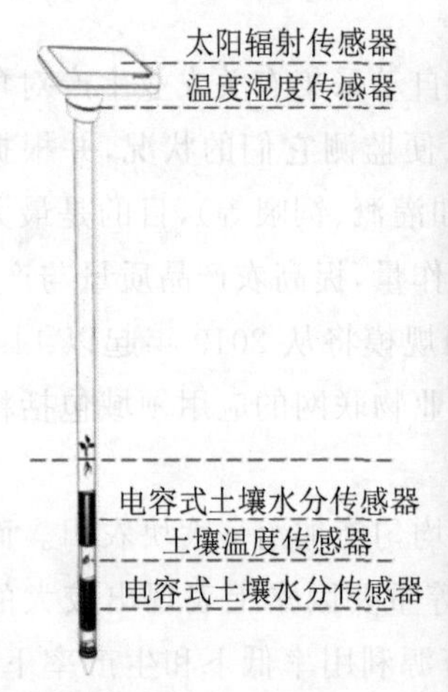

图 2.13 Pycno 传感器节点

（原图来源：Pycno）

据美国农业部统计，2015 年美国约有 170 万头牛因疾病等原因死亡。防止此类损失的有效办法之一是使用物联网密切监视家畜的健康状况。家畜监测（livestock monitoring）是指使用基于物联网传感与无线通信技术的家畜可穿戴设备，采集有关家畜的位置、行为与运动方式、健康状况等数据。这些数据可用于识别生病的家畜，以便将它们从畜群中分隔出来及时治疗，从而防止疾病传播；也可以用于追踪家畜的位置，便于寻找。

2.5 环境与结构监测

正如人们所知,物联网的基本用途是采集并传输反映客观世界的数据。除了如前所述的应用领域之外,常见的户外民用应用领域还包括环境监测与结构监测等。

这里的环境监测(environmental monitoring)是指使用温度、湿度、距离、水质、气体、烟雾、运动、声学、光学等传感器设备,对空气、水、河流、海洋、森林、火山等自然环境进行监测。

下面以活火山监测为例进行介绍。据BBC报道,世界上每年约有60座火山喷发,2018年约有8亿人生活在距离活火山100km的范围内,有潜在的火山灾害致命风险。当地球最外层被称为岩石圈的碎裂板块漂浮在地幔中较热较软的层上时,就会发生火山爆发。这种现象导致岩石圈板块之间偶尔发生碰撞,这是大多数火山爆发的原因。科学家们通过使用地震和声学传感器收集地震和次声信号来研究活火山。传统上,活火山由昂贵的设备监控,这些设备很难移动或需要外部电源供电,并且这些设备的部署与维修需要出动车辆或直升机才能完成。数据的存储也是个问题,这些设备将数据记录到闪盘或硬盘上,需要定期取出这些数据。

物联网及其无线通信技术对于监测活火山非常有用:体积小、成本低的物联网无线节点适于大量部署以监测广阔区域,并且部署方便,采集到的数据还可借助无线通信技术迅速传送到观测站。

Song等人在2010年发表的论文中介绍了一种可空投的火山监测无线节点,如图2.14所示。多个这样的节点可形成一个自组织、自修复的多跳无线网络。这些节点使用信号增强的IEEE 802.15.4无线通信技术相互连接,传输距离可达8km。每个节点都连续实时地采集地震波、次声波等信息,并通过多跳无线网络将传感器采集到的数据传送给汇聚节点,然后汇聚节点使用FreeWave公司的设备把数据无线传送给远端的网关服务器。

据NPR报道,2007年美国明尼阿波利斯市区密西西比河上的一座州际公路桥梁发生坍塌,导致13人丧生,145人受伤,其中许多人受了重伤。另据美国土木工程师学会的2017年基础设施报告,美国近10%的桥梁(约56 000座桥梁)存在某些结构性缺陷。因此,不论从安全、可靠的角度,还是从科学研究的角度,都有必要对桥梁、建筑物等工程结构进行监测。

结构监测或结构健康监测(structural health monitoring)是指使用一系列联网的传感器,定期采集桥梁、建筑物等工程结构及其环境的位移、应变、加速度、温度、风况等数据,并从这些数据中提取损伤特征进行统计分析,以确定被监测结构的当前健康状况。

据中国新闻网报道,2020年5月5日东莞虎门大桥悬索桥桥面发生明显振动。广东省地震局布设在虎门大桥上的强震动监测系统完整记录到此次振动事件中大桥加速度值的变化情况。虎门大桥的强震动监测系统有17个测点,分别位于桥墩基础、桥塔、主梁等桥梁关键部位,实现了地震、撞击、振动等突发事件的实时报警,并可快速判断大桥结构的健康状况。经初步分析监测数据,大桥箱梁主体结构在此次振动事件中未受到明显影响。

Gu等人在2012年发表的论文中,将多功能干涉雷达传感器用于结构监测中的位移测量。如图2.15所示,雷达传感器安装在桥梁下方,以便传感器随桥梁振动而振动。雷达

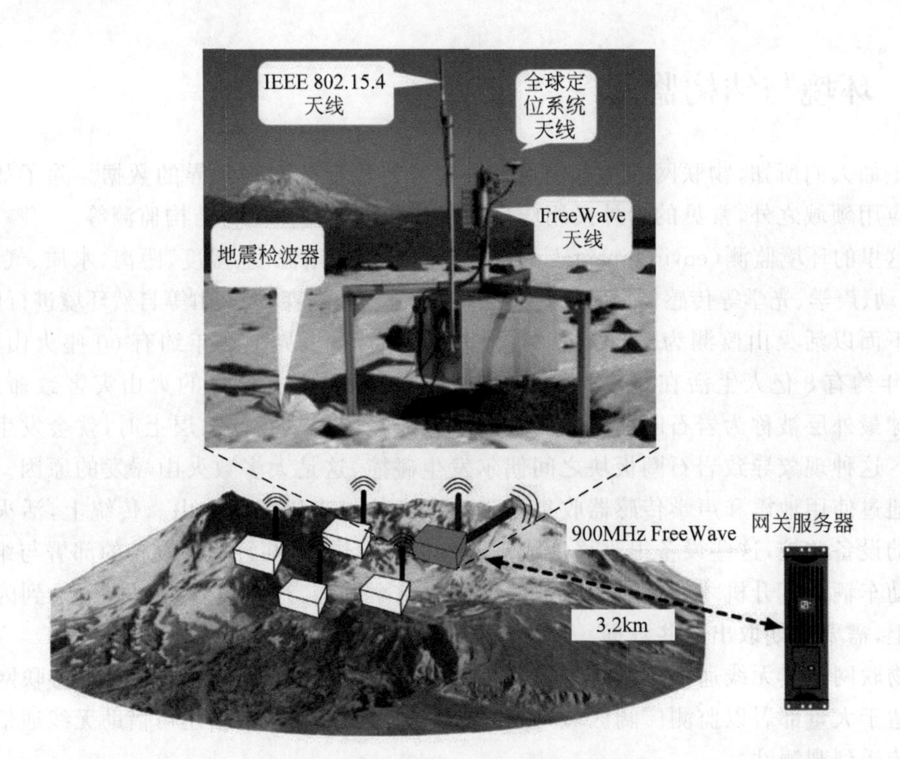

图 2.14 一种可空投的火山监测无线节点

（原图来源：Song 论文）

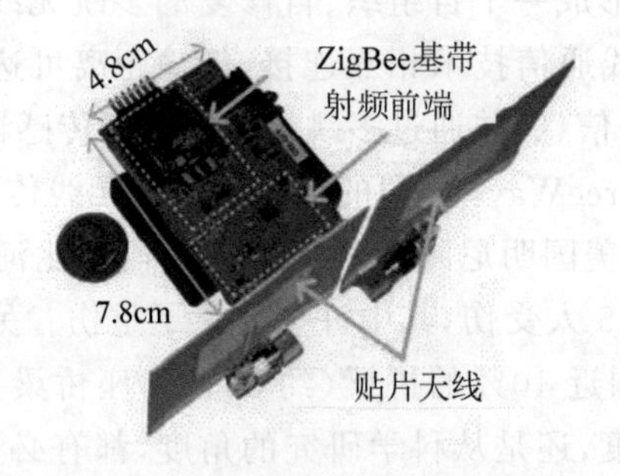

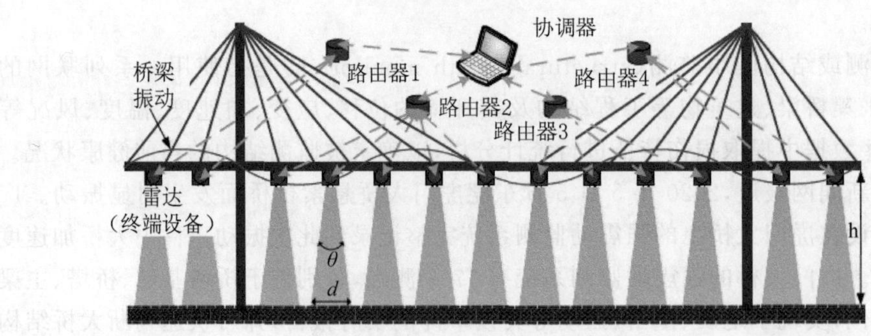

图 2.15 一种用于结构监测的雷达传感器及其 ZigBee 网状网络

（原图来源：Gu 论文）

传感器可通过外部电源或传感器板下方的电池组供电，它有两个 2.4GHz 贴片天线，一个用于发射，另一个用于接收。雷达传感器作为 ZigBee 网状网络中的终端设备，与子网路由器直接通信。协调器充当中央控制单元，通过路由器与终端设备进行通信。

2.6 智能家居

智能家居这个词并不陌生，市场上的智能家居产品早已琳琅满目，例如智能音箱、智能灯泡、智能窗帘等。

智能家居(smart home)是指利用计算机、通信、自动化等技术，将与家庭生活有关的各种应用子系统有机地结合在一起，提供全方位的信息交互服务，优化人们的生活方式，帮助人们有效地安排时间，增强家庭生活的安全性并为家庭节省能源费用等，让家庭生活更加舒适、安全、有效、节能。例如，用户可使用无线互联的智能手机或平板计算机，来远程控制家用电器、音视频、门锁、照明等设备。智能家居设备也具有监测与自主学习能力，可了解居家环境及用户的生活习惯，并根据需要自动开启、调整、关闭，以减少用电量，提高舒适程度，以及在紧急情况下自动通知物业、公安、消防等部门。

智能家居技术已广泛应用于各种家用设备中，包括无线扬声器、家用机器人、烟雾及二氧化碳探测器、灯、门锁、猫眼、电冰箱、洗衣机、电视机、空调、加湿器、微波炉、电饭锅、电烤箱、净水器等。使用这些智能家居设备，用户可以远程启动电烤箱、电饭锅准备晚餐，到家后即可享用美食，也可以远程控制家用电器和照明设备，还可以激活智能门锁，以使没有钥匙的人也可以进入房屋。

Yang 等人在 2015 年发表的论文中介绍了一种无线家庭用水监测系统，用于收集有关家庭用水量和用水方式的数据。如图 2.16 所示，该系统由每个家庭中的本地无线监测单元和一个远程中央服务器组成。无线监测单元负责采集每个家庭的本地用水量数据。

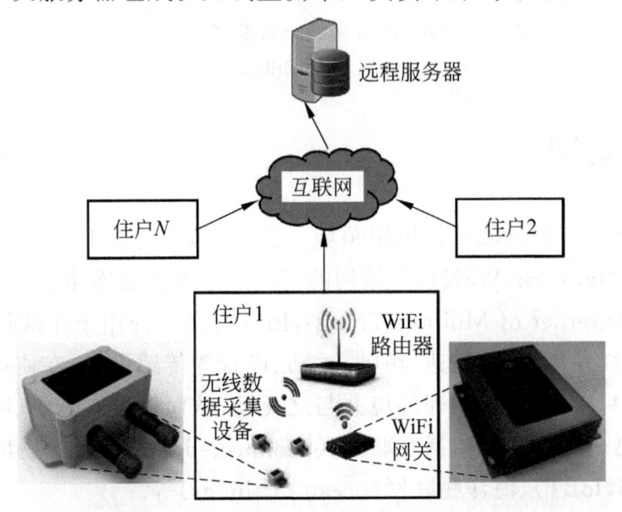

图 2.16 一种无线家庭用水监测系统

(原图来源：Yang 论文)

每个无线监测单元可包含多个无线数据采集设备，每个无线数据采集设备可安装在家庭中不同位置的供水管道上，例如厨房、洗碗机、洗衣机、浴室、卫生间等，以监测不同用途的水流量和水温。每个本地无线监测单元还包含一个 WiFi 网关和一个 WiFi 路由器，采集到的数据通过家庭 WiFi 网络和互联网传送到远程中央服务器。

Brilliant 公司开发了一种多合一智能家居控制开关，可直接替换现有的室内墙壁开关，如图 2.17 所示。该控制开关通过 WiFi 连接到兼容的智能家居设备，可实现控制音响、调节控温设备、调整灯光、开关门锁等功能。该控制开关内置基于亚马逊云的语音服务 Alexa，用于语音控制。当用户家中安装有两个或多个该控制开关时，可在房间之间进行视频或语音通话。该控制开关上的运动和环境光传感器在监测到有人进入房间时，可自动打开显示屏并执行相应的预设操作。

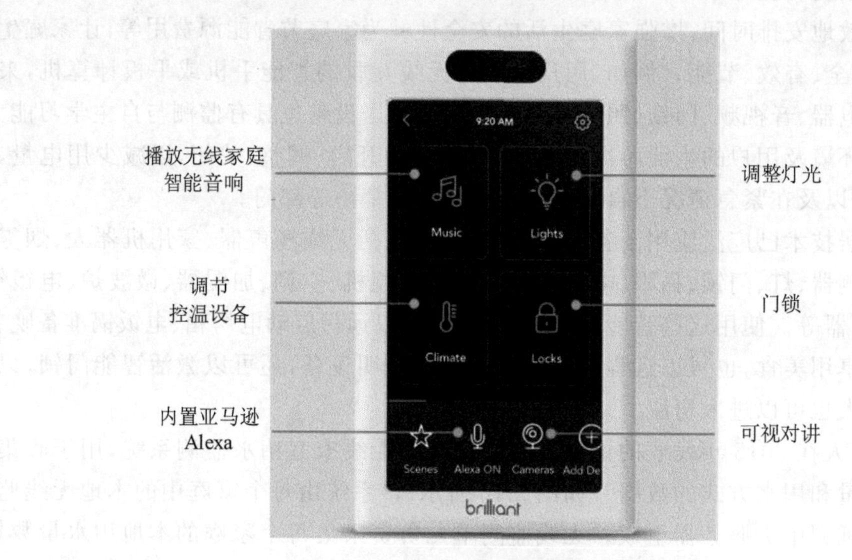

图 2.17 Brilliant 多合一智能家居控制开关

（原图来源：Brilliant）

2.7 军事物联网

本章前面介绍的应用领域都是民用领域。实际上，不论互联网还是无线传感器网络（Wireless Sensor Network，WSN），其最初的应用需求都来自军事。

军事物联网（Internet of Military Things，IoMT）是一种用于作战行动和战争的物联网，常使用光电或红外传感器、雷达、声呐、运动、声音等传感设备，在侦察、环境监控、无人作战及其他战斗中，感知、学习物理环境并与之互动，从而以更有效更、明智的方式完成广泛的军事活动。已公开的项目包括互联士兵（connected soldier）、战场物联网（Internet of Battlefield Things，IoBT）、海洋物联网（ocean of things）等。

互联士兵项目是一项由美国陆军内蒂克士兵研发工程中心支持的研究计划，重点是研制智能人体装备。该项目旨在将宽带无线电、生物传感器、智能手表与眼镜等可穿戴设备集成为士兵标准装备的一部分。这些设备不仅可用于监视士兵的生理状态、获取更多的态势感知能力，还可将任务数据、监视情报等重要信息传送给附近的军车、飞机及其他部队，以便在执行任务时进行协作，实现最佳防御。

2016 年美国陆军研究实验室设立了战场物联网项目，并于 2017 年提供 2500 万美元资助该研究计划。战场物联网可以概括为一组相互依存、相互联系的实体或者"物"，例如传感器、小型执行设备、控制组件、网络、信息源等，它们可动态组成以满足多个任务目标，能够获取并分析用于预测行为活动的必要数据，并可与网络、人员、环境交互，提供智能的指挥、控制及战场服务。

2017 年美国国防部高级研究计划局设立了一个海洋物联网研究项目，该项目大规模应用物联网技术，旨在在海洋地区建立持续的海上态势感知系统。该项目计划在广阔的海洋地区部署数千个小型低成本的浮标设备，以建立一个准确、高效、实惠的分布式传感器网络。每个浮标包含一组传感器，这些传感器可采集详细的环境数据，包括海洋温度、海况、位置，以及商船、飞机，甚至周围野生动植物活动的数据。这些数据被定期传送并存储到云计算服务器，以便进行实时监控与分析。该网络不但可以自主监测、跟踪、识别军用、商用、民用船舶，以及其他海上活动，还可以帮助改善海洋模型，这对于准确预测天气、定位落水人员以及识别航空航海事故残骸非常重要。

2020 年海洋物联网项目进行到第二阶段，计划建立一个最终系统，在 1 000 000km^2 的范围内部署约 5 万个传感器浮标，即每 20km^2 部署一个传感器浮标。部署浮标的密度更高，以便找出浮标的最佳布局并解决其他问题，例如在使用中如何对浮标进行充电以及在长期维护中是否需要人工干预。

2.8 本章小结

相比其他学科，物联网更加注重应用与实践。物联网及其无线通信技术在医疗保健、交通、工业、农业、环保、土木工程、家居、零售、军事等领域，都有着广泛的应用前景与诸多应用实例。

使用物联网及其无线通信技术：在医疗保健领域可以降低花销、提高诊断准确性、实时监护患者；在交通领域可以提高经济效益、安全性、舒适便捷程度；在工业领域可以降低能耗与浪费、提高运营与生产效率、实现自动化控制与预测性维护；在农业领域可以降低风险、减少浪费、减少管理农业生产对象所需的工作量、提高农产品质量与产量；在环保、土木工程等领域，可以较低的成本长期监测大片区域或对象；在家居领域可以让家庭生活更加舒适、安全、有效、节能；在军事领域可以协助作战单位更有效、更明智地完成广泛的军事活动。

2.9 思考与练习

1. 物联网及其无线通信技术可以应用于哪些领域？除了本章中列举出的应用领域，还可以用于哪些领域？

2. 在医疗保健领域使用物联网及其无线通信技术会带来哪些收益？结合一个例子

具体说明。

3. 简述在车辆的自动驾驶方面，物联网及其无线通信技术可以发挥哪些作用。

4. 什么是工业物联网？

5. 简述将物联网及其无线通信技术应用到农业领域的必要性。

6. 在环境监测或结构监测领域，除了本章中列举的例子，你还知道哪些应用实例？可在查找资料后作答。

7. 描述一种使用无线通信技术的智能家居产品(可以是构想中的产品)。

8. 可穿戴设备在军事领域中有哪些用途？

9. 列举出至少5个物联网应用领域，并对每个应用领域分别用一个例子具体说明在该领域中如何使用无线通信技术。

第3章

物联网无线节点

物联网应用广泛,物联网设备之间也存在着较大差异。从无源 RFID 标签,到电池供电的无线传感器节点,再到有线供电的高清视频监控设备等,无不涵盖在物联网的概念之内。本书以物联网中常用的无线传感器节点为目标设备,讲述物联网中的无线通信技术,并以此为基础展开实践。这些有源的物联网无线节点通过无线方式传输数据,通常不具备有线供电的条件,因此常采用自带电池、能量收集(energy harvesting)等方式供电。

"磨刀不误砍柴工",无线通信是一个注重工程实践的技术领域。在学习具体的物联网无线通信技术之前,有必要先了解实现这些技术的常用设备,即物联网无线节点,为后续的技术理论学习与实验奠定基础。

本章主要讲述物联网无线节点的硬件系统组成,并初步分析影响无线节点功耗与能耗的主要因素,给出降低功耗与能耗的基本方法;此外,本章也将介绍可用于物联网无线节点的开发板与操作系统实例,并使用 CC1352R1 开发板演示物联网无线节点。

3.1 硬件系统组成

本书中提及的物联网无线节点是指物联网中具有无线通信等功能的小微型嵌入式系统设备,支持物联网数据采集、处理、无线收发等功能,通常自带电池供电,以便于移动与部署。例如,1.4 节中的 SensorTag 就可以看作一个物联网无线节点。

从硬件系统组成上看,一个物联网无线节点至少由通信子系统、处理子系统、电源子系统构成,通常还包含传感等子系统,如图 3.1 所示。传感子系统是指由多种传感器及模数转换器(Analog-to-Digital Converter,ADC)构成的、具有感知某些物理量的值并将其转换成数字信号功能的一系列芯片、模组及电子元器件的集合。其可通过串行接口等途径把采集到的传感器数据传送给处理子系统。处理子系统可对传感器数据做进一步处理,并通过通信子系统发送数据。处理子系统通常也通过串行接口与通信子系统交互数据。通信子系统则负责通过无线方式发送或接收数据。所有硬件子系统都离不开电源子系统的供电支持。

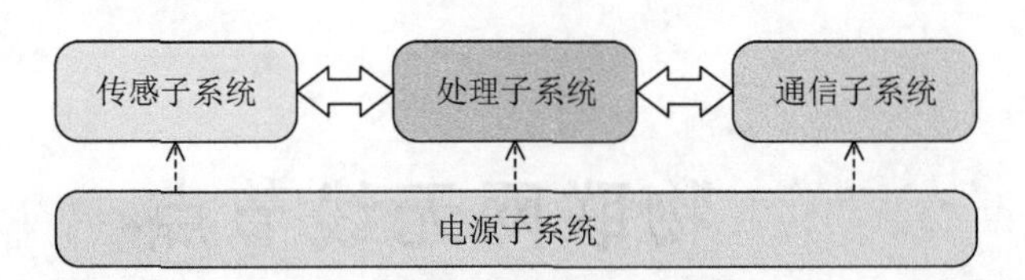

图 3.1 物联网无线节点硬件系统

设计开发一款物联网无线节点需要综合多方面知识，包括传感技术、数字电子技术、无线通信、网络、嵌入式系统、数字信号处理、软件工程等。虽然本书不以设计物联网无线节点为主要目标，但了解物联网无线节点及其系统组成，对于理解后续讲述的技术与理论知识大有裨益。

物联网无线节点，尤其是无线传感器节点，具有无线数据传输功能，并通常自带电池供电，因此具有部署方便灵活、便于移动等优点。随着近年来能量收集技术的发展，使用光、热、风、机械运动、电磁场、磁场、电场等能量来源为无线节点供电逐渐成为可能。但现阶段仍有众多物联网无线节点以电池供电为主。由于物联网无线节点的尺寸和体积通常较小，其自带电池的容量受到限制。然而，人们又希望这些电池供电的物联网无线节点的工作寿命尽可能长，长达 5～10 年甚至更长，而很多物联网无线节点由于其部署环境与成本限制，不便更换电池或无必要更换。因此，短期内，能耗仍是设计开发物联网无线节点时的首要考虑因素之一。未来，随着电池技术与供电技术不断发展，能耗终归不应再是首要考虑因素。

3.1.1 传感子系统

虽然传感子系统并不是物联网无线节点的必需组成部分，但是由于感知外界信息仍是物联网的主要任务之一，很多物联网无线节点都具备感知功能，因此有必要了解支持感知功能的传感子系统。物联网无线节点之间无线传输的数据中，有相当一部分是由传感子系统产生的传感器数据。

由于物联网的应用领域千差万别，其中使用的传感器也有较大差别。传感器(sensor)是能把被测量转换为电信号的器件或装置。被测量包括温度、湿度、压力、烟雾、气体、光线、声音、振动、气流、水流、速度、加速度、距离、位置、海拔高度等(详见 5.1 节)。同一类型传感器的准确度与精度，可能因不同生产商或不同型号而有所不同。有些传感器可在水下的发动机中使用，有些可嵌入人或动物身体中，有些甚至可以在太空中使用。

在物联网无线传感器节点中，与传感器相对应的部件是执行器(actuator)，用于驱动或控制某些物理设备，例如打开阀门。在工业物联网中，电动机、继电器等设备都是常见的执行器。由于在物联网无线节点中，总体上执行器尚未及传感器常见，本书中未专门把执行器作为物联网无线节点的一个硬件子系统单独列出讲解。

表 3.1 列出了部分物联网中使用的传感器及其用途。

本节以意法半导体公司(STMicroelectronics)生产的两款常用传感器为实例，讲解物联网无线节点中的传感子系统。一款为 LM135 精准温度传感器，用于测量温度；另一款为 H3LIS331DL 低功耗高性能三轴数字加速度传感器，用于测量人或物体的三维加速度。

表 3.1　部分物联网中使用的传感器及其用途

传感器	感知的被测量或事件	物联网应用领域
加速度计	人或物体的三维加速度	活火山监测、结构监测、医疗保健、交通、供应链管理等
陀螺仪	人或物体的角速度	医疗保健等
心电图描记器(ECG)	心率	医疗保健
脑电图描记器(EEG)	脑电活动	
肌电图描记器(EMG)	肌肉活动	
血氧计	血氧饱和度	
被动式红外传感器	物体辐射的红外线	医疗保健等
温度传感器	温度	精准农业、医疗保健等
湿度传感器	相对湿度与绝对湿度	精准农业等
电容传感器	溶质浓度	精准农业等
气压计	流体压力	精准农业等
土壤湿度传感器	土壤湿度	精准农业
声发射传感器	裂纹产生的弹性波	结构监测等
声传感器	声压振动	交通、管线监测等
pH 传感器	氢离子浓度	管线监测等
压电圆柱体	气体速度	管线监测等
磁性传感器	磁场的变化	交通等
次声波传感器	地震或火山喷发产生的震荡性声波	活火山监测等
地震传感器	地震波	活火山监测等

LM135 温度传感器的工作温度为 −55～150℃，线性输出，误差在 1℃以内。该传感器有 3 个引脚，分别为校准引脚 ADJ、正引脚 V_+、负引脚 V_-，如图 3.2(a)和图 3.2(b)所示。图 3.2(c)为 LM135 的基本应用电路，其中 R_1 应选取使 LM135 中电流为 1mA 的电阻值。如果温度以开尔文(Kelvin，K)为单位，那么 LM135 输出的电压值 V_{out} 正比于被测温度 T，$V_{out}=0.01T$(V)。例如，298.15K(25℃)温度下 LM135 输出的电压值约为 2.9815V。

由于 LM135 的输出为模拟电压值，因此需要先使用 ADC 把模拟信号转换为数字信号，再输入给处理子系统。

H3LIS331DL 加速度传感器支持测量 x、y、z 轴上的 $\pm 100\times 9.8\text{m/s}^2$、$\pm 200\times 9.8\text{m/s}^2$ 或 $\pm 400\times 9.8\text{m/s}^2$ 范围内的加速度值，测量速率为 0.5～1000Hz；支持 SPI (Serial Peripheral Interface)和 I^2C(Inter-Integrated Circuit)串行接口，因此可与处理子系统通过串行接口直接相连。

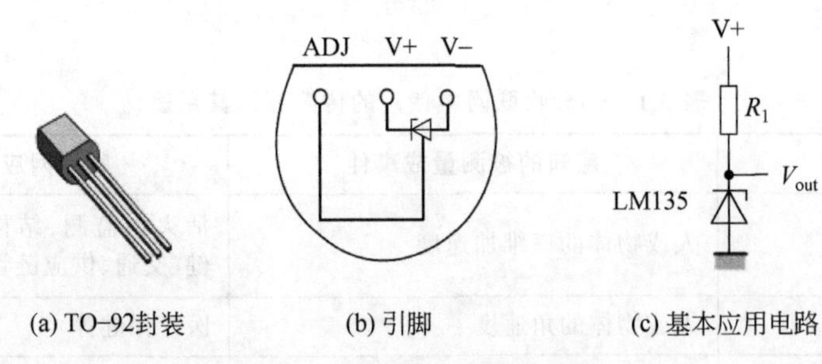

(a) TO−92封装　(b) 引脚　(c) 基本应用电路

图 3.2 LM135 温度传感器

（原图来源：LM135 数据手册）

H3LIS331DL 共有 16 个引脚，如图 3.3 所示，各引脚的功能描述见表 3.2。其参考应用电路如图 3.4 所示。综合表 3.2 和图 3.4 可以看出，H3LIS331DL 传感器芯片的外围电路相对简单，其引脚除了电源和接地引脚之外，只有 SPI 或 I^2C 串行接口以及两个中断输出引脚 INT 1 和 INT 2。这两个中断引脚用于在 x、y、z 轴的加速度测量值满足一定条件时，输出中断信号。具体条件：当以 x、y、z 轴的测量值为坐标的三维空间中的点落在被 $x=x_0$、$y=y_0$、$z=z_0$ 三个平面所分割的三维空间的某一区域时，触发中断，其中 x_0、y_0、z_0 分别为 x、y、z 轴上的预设门限值。通过设置 H3LIS331DL 的一些内部寄存器，可灵活设置中断触发条件。除了与中断相关的寄存器，H3LIS331DL 内部还有控制寄存器、状态寄存器、加速度值寄存器等。这些寄存器的读取与写入，包括 x、y、z 轴加速度测量值的读取，都是通过 I^2C 或 SPI 串行接口完成的。

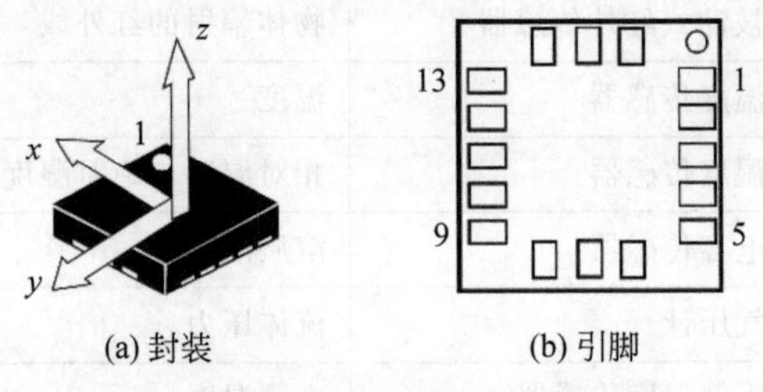

(a) 封装　(b) 引脚

图 3.3 H3LIS331DL 加速度传感器

（图片来源：H3LIS331DL 数据手册）

表 3.2 H3LIS331DL 的引脚

引　脚　号	名　称	功　　能
1	Vdd_IO	I/O 引脚电源
2、3	NC	无连接
4	SCL/SPC	I^2C 或 SPI 的串行时钟
5、12、13、16	GND	0V
6	SDA/SDI	I^2C 的串行数据，或 SPI 的串行数据输入
7	SDO/SA0	SPI 的串行数据输出，或 I^2C 设备地址的最低位
8	CS	SPI 使能，或 I^2C/SPI 模式选择（接 Vdd_IO 选择 I^2C 模式）
9	INT 2	中断 2
10、15	Reserved	保留
11	INT 1	中断 1
14	Vdd	电源

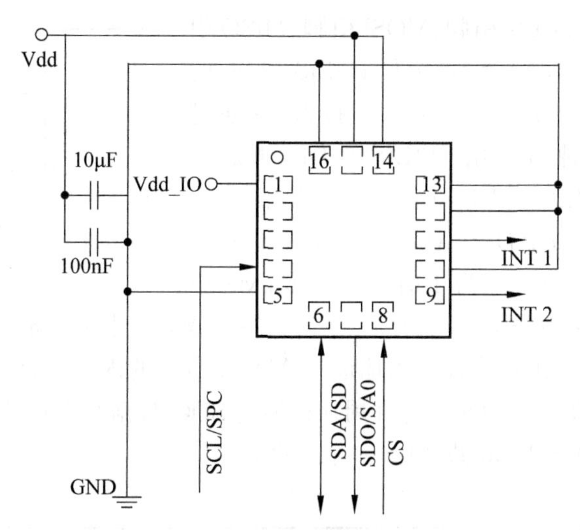

图 3.4　H3LIS331DL 的参考应用电路

（图片来源：H3LIS331DL 数据手册）

3.1.2　SPI 与 I²C 串行接口

物联网无线节点的尺寸和体积通常较小，这就限制了其硬件印制电路板（Printed Circuit Board，PCB）的尺寸，再加上出于制板费用的考虑，通常不会使用较高层数的电路板，这导致了其 PCB 的布线空间较为紧张，限制了芯片之间的走线数量。相比并行接口动辄需要数十条数据线、地址线、控制线，串行接口只需要几条走线。因此，物联网无线节点通常使用 I²C、SPI 等串行接口，作为各个子系统之间的数据传输通路。虽然串行接口的数据传输率不及并行接口，但由于物联网无线节点的数据传输率通常不高，使用串行接口也能满足需求。本节将分别通过 SPI 和 I²C 两种串行接口，读写 H3LIS331DL 加速度传感器的内部寄存器，并读取 x、y、z 轴的加速度测量值。本章后续的处理子系统与通信子系统之间的数据接口，通常也使用这两种或其他串行接口。

1. SPI 串行接口

SPI 是摩托罗拉公司开发的一种用于短距离数据传输的同步串行接口。如图 3.5 所示，主设备通常使用 4 条走线与从设备相连：SCLK（Serial Clock）串行时钟线，用于主设备输出时钟信号给从设备；MOSI（Master Output Slave Input）主设备输出从设备输入数据线，用于传输主设备发送给从设备的数据；MISO（Master Input Slave Output）主设备输入从设备输出数据线，用于传输从设备发送给主设备的数据；CS（Chip Select）片选线，用于主设备选择想要读写的从设备。数据传输由主设备发起，主设备可通过使用多条 CS 片选线的方式，读写多个从设备。图 3.5 中的箭头代表数据传输的方向。

当 H3LIS331DL 的 CS 引脚输入低电平时，该传感器使用 SPI 串行接口传输数据。此时 H3LIS331DL 作为 SPI 从设备工作，其 CS 引脚、SPC 引脚、SDI 引脚、SDO 引脚分别与主设备的CS引脚、SCLK引脚、MOSI引脚、MISO引脚相连。如图3.6所示，在主设备读写H3LIS331DL的内部寄存器时，主设备先把片选线CS拉低，并通过SPC时钟线输入时钟信号给H3LIS331DL，再通过SDI数据线告知H3LIS331DL将对其哪个寄存器（通过6比特的寄存器地址AD5～AD0给出）进行何种操作（$R\overline{W}$位为0时表示写入，为1时表示读取；$M\overline{S}$位为0时读写地址不变，为1时自动增加）。若为写入操作，则主设备在SDI数据线上后续发送的DI7～DI0共8比特将被写入地址为AD5～AD0的内部寄存器中；若为读取操作，则H3LIS331DL将在后续的8个时钟周期内通过SDO数据线发送地址为AD5～AD0的内部寄存器的值DO7～DO0共8比特，给主设备。

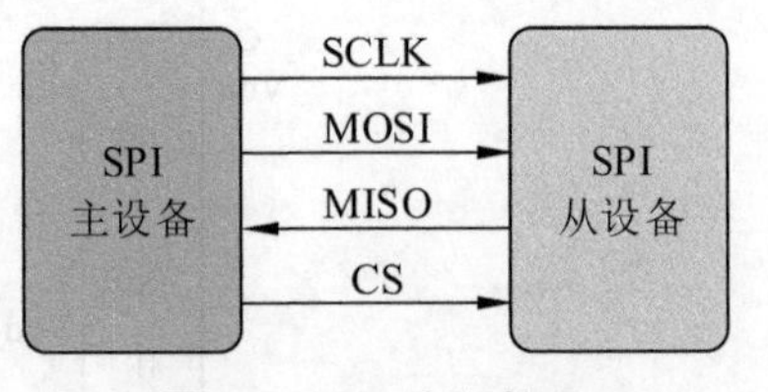

图3.5 SPI串行接口

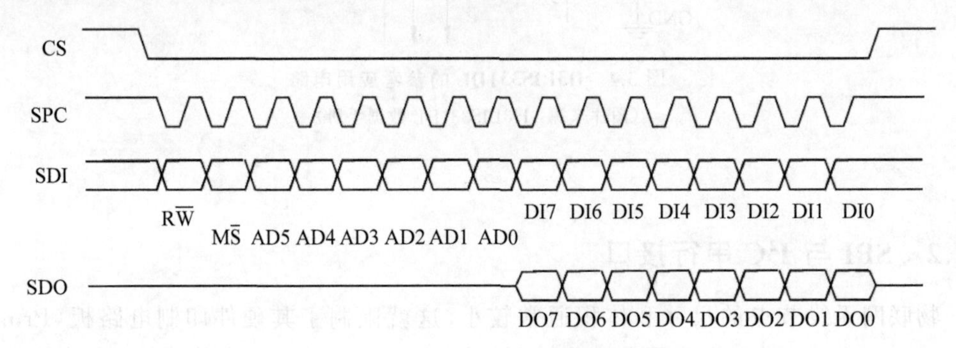

图3.6 H3LIS331DL的SPI读写协议

（图片来源：H3LIS331DL数据手册）

【例3.1】 主设备通过SPI串行接口读取H3LIS331DL加速度传感器x轴加速度的低8位数值。

【分析】 通过查阅H3LIS331DL数据手册第30页以及第23页，可知其x轴加速度低8位数值存放在内部只读寄存器OUT_X_L中，该寄存器的6比特地址为101000B。读取内部寄存器时，$R\overline{W}$位应置1。由于只读取当前地址起始的1字节数据，$M\overline{S}$位可置为0。因此，主设备除了拉低H3LIS331DL的CS片选线、在SPC时钟线输入时钟信号之外，还需在SDI数据线上写入1字节的控制位和地址数据10101000B，之后，通过SDO数据线读取1字节的x轴加速度低8位数值。

2. I²C串行接口

H3LIS331DL也支持通过I²C串行接口读写其内部寄存器。I²C是飞利浦半导体公司开发的一种支持多个主设备和多个从设备的同步串行接口。如图3.7所示，I²C的主设备与从设备之间只需用两条双向走线连接：SCL（Serial Clock）串行时钟线，用于主设备发送时钟信号给从设备；SDA（Serial Data）串行数据线，用于主从设备之间的串行数据传输。设备之间使用双向走线相连，设备的主从角色可切换。

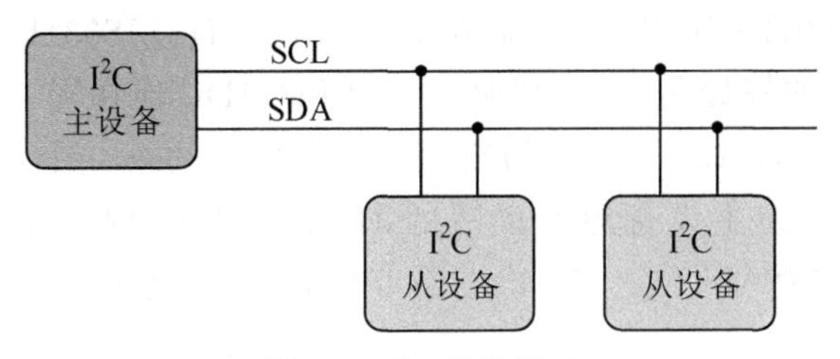

图 3.7　I²C 串行接口

图 3.8 为用 I²C 传输数据的时序图。每次数据传输都是以主设备拉低 SDA 数据线开始的，接着主设备发送时钟信号到 SCL 串行时钟线，然后主设备和从设备按照图 3.9 所示的数据消息格式在 SDA 数据线上逐比特发送或接收数据，直至完成数据传输。最后，主设备停止发送时钟信号，再把 SDA 数据线由低电平置为高电平，让出 SDA 数据线和 SCL 串行时钟线。

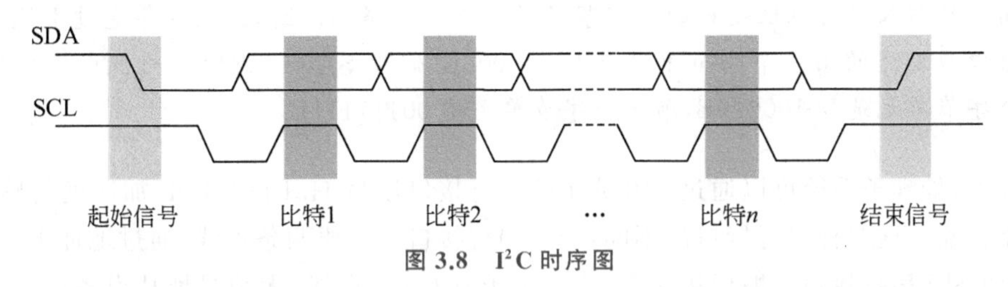

图 3.8　I²C 时序图

由于 I²C 的两条走线上可以连接多个设备，为了区分各个从设备，I²C 支持一个 7 比特长的设备地址(可扩展为 10 比特)。如图 3.9 所示，在数据传输开始后，主设备首先发送一个其想要读写的从设备的地址，并用随后发送的读写位表明主设备想要写入数据给从设备(读写位置 0)还是想要读取从设备数据(读写位置 1)。接着从设备通过在随后的确认位期间拉低 SDA 数据线来应答主设备。然后数据发送端(主设备或从设备)开始发送 1 字节数据，接收端(从设备或主设备)通过确认位应答发送端，直至完成数据传输。

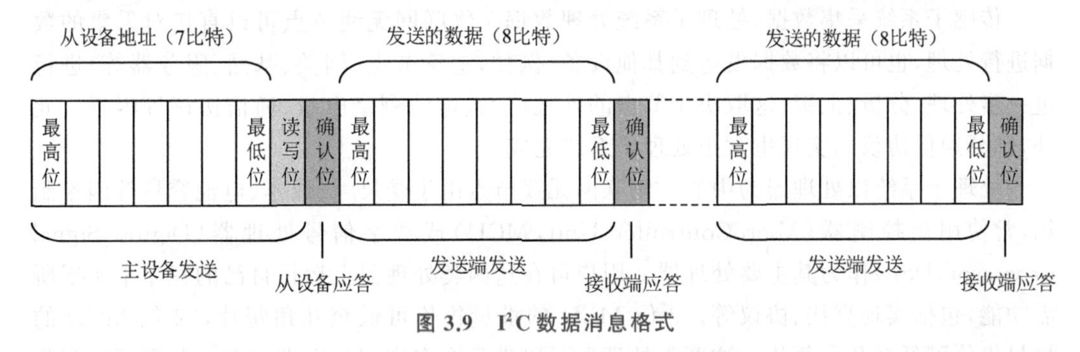

图 3.9　I²C 数据消息格式

当 H3LIS331DL 的 CS 引脚接高电平(Vdd_IO)时，该传感器使用 I²C 串行接口传输数据。此时 H3LIS331DL 作为 I²C 从设备工作，其 SCL 引脚、SDA 引脚分别与主设备的 SCL 引脚、SDA 引脚相连。H3LIS331DL 的 7 比特从设备地址的高 6 比特为 001100B，该 7 比特地址的最低位由 SA0 引脚的输入电平决定：如果 SA0 输入高电平，则 H3LIS331DL 的从设备地址为 0011001B；如果 SA0 输入低电平，则 H3LIS331DL 的从设备地址为 0011000B。这种做法的好处是，可以把两片 H3LIS331DL 连在同一组 I^{2}C 走线上，每片独享一个不同的地址。H3LIS331DL 约定每次数据传输的第一个数据字节为子地址字节，该字节的低 7 比特为主设备想要读写的 H3LIS331DL 内部寄存器的地址 AD6～AD0，该字节的最高位为 M$\overline{S}$ 位。当 M$\overline{S}$ 位为 1 时，寄存器地址 AD6～AD0 在多字节读写时自动增加。

【例 3.2】 主设备通过 I^{2}C 串行接口设置 H3LIS331DL 加速度传感器每秒输出 1000 次 x、y、z 轴上的加速度值。

【分析】 通过查阅 H3LIS331DL 数据手册第 23～25 页，可知所需功能对应的设置位在其内部寄存器 CTRL_REG1 中，该寄存器的 7 比特地址为 0100000B，设置所需功能需把该寄存器改写为 00111111B。写入内部寄存器时，R$\overline{W}$ 位应置 0。由于只写入当前地址起始的 1 字节数据，M$\overline{S}$ 位可置 0。因此，主设备通过 I^{2}C 串行接口应发送的第一个字节单元是 00110000B（假设 SA0 引脚输入为低电平），第二个字节单元是 00100000B，第三个字节单元是 00111111B。

综上，处理子系统可以通过 SPI 或 I^{2}C 串行接口读写 H3LIS331DL 加速度传感器的内部寄存器。这两种串行接口的不同：I^{2}C 串行接口只需要两条走线，通过地址来寻址从设备；而 SPI 串行接口一般使用 4 条走线，由于有 CS 片选线，无须寻址从设备；当 I^{2}C 串行接口连接多个主设备时，可能会产生发送数据冲突，而 SPI 的 4 条走线中只有一个主设备，不会产生冲突；在数据传输率方面，SPI 接口的传输率只取决于主从设备，而标准化的 I^{2}C 接口的传输率则受标准限制：标准模式下为 100kb/s，快速模式下为 400kb/s，高速模式下为 3.4Mb/s，超高速模式下为 5Mb/s。

3.1.3 处理子系统

传感子系统采集数据，处理子系统处理数据。物联网无线节点可以直接对采集的数据进行处理，也可以将数据发送到其他设备（例如，汇聚节点、网关、基站、服务器器等）进行进一步处理、分析、汇聚，这取决于节点的处理能力、电池剩余电量、通信协议等因素。此外，部分通信协议的实现也常由处理子系统完成。

处理子系统以处理器为中心。物联网无线节点由于受尺寸、成本、电池容量等因素制约，常使用微控制器（MicroController Unit，MCU）或数字信号处理器（Digital Signal Processor，DSP）作为其主要处理器。用户可在这两类处理器上运行自己的程序来实现所需功能，包括实现算法、协议等。8 位 MCU 的批量售价可低至几角每片，32 位 MCU 的批量售价可低至几元每片。这两类处理器可以满足众多应用的需求。在一些需要定制化处理器的应用领域，可使用现场可编程门阵列（Field-Programmable Gate Array，FPGA）或专用集成电路（Application-Specific Integrated Circuit，ASIC）作为主要处理器，但二者的成本相对较高。FPGA 的并行处理能力强，但芯片的售价相对较高，使得产品的量产成本相对较高，并且 FPGA 的功耗相对较高，不大适用于依靠电池供电的物联网无线节点。

ASIC的量产成本相对较低，能效高，但其非重复性工程（Non-Recurring Engineering，NRE）的费用较高，即开发、测试、流片等工程成本较高，甚至可达数千万元。在需求量持续较大的应用领域，为了进一步降低量产成本与功耗，常使用ASIC。本节主要介绍设计物联网无线节点时常用的两类处理器：MCU和DSP。

（1）MCU是集成在一片芯片上的小计算机，常用于自动控制和嵌入式系统领域，也被称单片机。MCU在一片芯片上集成了一个或多个处理器核、易失性存储器、非易失性存储器、时钟发生器，以及串行通信接口、ADC、输入输出位等外围设备。传统的MCU多基于冯·诺依曼体系结构，即程序与数据合用一条连接处理器核与存储器的总线。常见的处理器核包括高级精简指令集计算机（Advanced RISC Machine，ARM）核、无内部互锁流水级的微处理器（Microprocessor without Interlocked Pipelined Stages，MIPS）核等；易失性存储器包括静态随机存储器（Static Random-Access Memory，SRAM）、同步动态随机存储器（Synchronous Dynamic Random-Access Memory，SDRAM）等；非易失性存储器包括闪存（flash memory）、电擦除可编程只读存储器（Electrically-Erasable Programmable Read-Only Memory，EEPROM）等；串行通信接口包括I^2C、SPI等。传统的MCU多为定点型处理器，浮点运算只能靠程序来完成。MCU（尤其是中、低端MCU）一般适用于数学运算量不大的应用；对于数学运算量较大的应用，可以考虑使用DSP。

（2）DSP是专门为数字信号处理而优化了的微处理器。数字信号处理算法，如数字滤波、快速傅里叶变换等，常需要周期性地完成大量数学运算（例如，乘法与加法）及数据读写操作，且这些操作常需要在指定的时间内完成。虽然许多MCU也支持运行数字信号处理算法，但常因处理器硬件在数学运算及数据读写等方面性能有限而难以保证在指定时间内完成这些数学运算。此外，使用DSP来执行数学运算等任务，能效常高于传统MCU。DSP通常基于哈佛体系结构，即数据存储空间与程序存储空间相分离，在处理器核与存储器之间，除了有一条程序总线，还有一条或多条数据总线。DSP通常是超标量（superscalar）处理器或超长指令字（Very Long Instruction Word，VLIW）处理器，前者通过向处理器内不同执行单元同时分派多条指令以达到在一个时钟周期内执行多条指令的效果，后者在程序编译时就确定了在一个时钟周期内哪些指令可以同时执行。DSP既有定点型也有浮点型，后者从硬件上支持浮点运算。由于DSP的指令集为数学运算做了专门优化，处理器内又有专门的硬件支持，在传统MCU上需要经过若干个时钟周期执行若干条指令才能完成的任务，在DSP上甚至只需一个时钟周期一条指令即可完成，如乘累加操作。许多传统MCU上没有硬件乘法器，但所有的DSP上都有硬件乘法器，且通常有多个。此外，DSP通常还具备硬件模寻址循环缓冲区、硬件控制循环等专门的硬件支持。

作为MCU的一个实例，ARM Cortex-M4F处理器面世于2010年前后，是一款具有DSP特点的、基于哈佛体系结构的、具有三级流水线的32位MCU。ARM Cortex-M4F基于ARMv7-M架构，在Cortex-M3的基础上，增加了DSP指令和单精度浮点单元，并带有32位的硬件乘法器和32位的硬件除法器，支持睡眠模式。

3.1.4 通信子系统

通信子系统负责数据的无线接收与发送，与处理子系统常通过串行接口相连接。在物联网无线节点中，通常使用现成的无线收发器芯片来实现通信子系统、完成数据的无线接收与发送。较早面世的用户可配置的无线收发器芯片有美国TI公司的CC系列芯片、挪威Nordic半导体公司的nRF系列芯片等。本节以TI公司的CC1352R无线微控制器为例，介绍通信子系统。

CC1352R是TI公司2018年推出的一款支持多协议（包括ZigBee、Thread、BLE、IEEE 802.15.4g、6LoWPAN、mioty等）、多频段（1GHz以下和2.4GHz频段）的无线微控制器芯片，适用于低功耗传感与无线数据传输。CC1352R内置一个时钟频率为48MHz具有352kB闪存和80kB SRAM的ARM Cortex-M4F微控制器，一个具有4kB SRAM的超低功耗传感器控制器，一个兼容蓝牙和IEEE 802.15.4等标准的支持1GHz以下和2.4GHz频段的无线收发器，以及丰富的串行接口等外围设备。CC1352R芯片有48个引脚，其部分引脚的功能说明如表3.3所示。

表 3.3 CC1352R的部分引脚（电源、接地、调试引脚除外）

引 脚 号	名 称	功 能
1	RF_P_2_4GHZ	正2.4GHz射频输入输出
2	RF_N_2_4GHZ	负2.4GHz射频输入输出
3	RF_P_SUB_1GHZ	正1GHz以下射频输入输出
4	RF_N_SUB_1GHZ	负1GHz以下射频输入输出
5	RX_TX	可选的射频低噪声放大器偏置引脚
6	X32K_Q1	32kHz晶体振荡器引脚1
7	X32K_Q2	32kHz晶体振荡器引脚2
46	X48M_N	48MHz晶体振荡器引脚1
47	X48M_P	48MHz晶体振荡器引脚2
35	RESET_N	复位引脚，低电平有效
8～12、14～21、26～32、36～43	DIO	通用输入输出引脚

CC1352R可用来实现物联网无线节点的通信子系统（因其集成了RF核，RF即Radio Frequency，译为射频）以及处理子系统（因其集成了48MHz的ARM Cortex-M4F微控制器）。CC1352R的RF核包含一个ARM Cortex-M0微控制器和一个调制解调器、频率合成器及射频接口模块，前者负责接收ARM Cortex-M4F微控制器发送来的高级命令并在RF核内调度执行，后者是射频的核心部分。

高级命令可分为三类：射频操作命令、立即命令、直接命令。射频操作命令可操作射频硬件完成发送或接收一帧数据、设置射频硬件寄存器或更复杂的依赖于协议的操作。立即命令用于改变或返回射频状态，如接收信号强度，或操作发送或接收的数据队列。直接命令则是无参数或短参数的立即命令。借助这些高级命令，可实现介质接入控制子层的基本操作，屏蔽了物理层的实现细节，只需通过命令设置物理层的基本参数即可，方便了使用，简化了开发。

【例 3.3】 在 CC1352R 使用专有射频接收数据时，跳过正在接收的数据。

【分析】 通过查阅 CC1352R 技术参考手册第 1905 页、第 2031 页，可知向 RF 核发送命令通过向 CMDR 寄存器中写入命令的方式实现。要跳过当前正在接收的数据，可向 CMDR 写入一条 ID 为 3402H 的直接命令 CMD_PROP_RESTART_RX。直接命令的格式：命令的第 16～31 位为命令 ID，第 0～1 位为 1H，因此可通过向 CMDR 寄存器写入 32 比特值 34020001H 完成所需操作。

CC1352R 并无固定的串行接口引脚，可通过其内部的输入输出（Input/Output，I/O）控制器把串行接口映射到物理引脚 DIO 上，其支持一个 I^2C 接口和两个 SPI 接口。

【例 3.4】 分别将 CC1352R 的 10 号引脚配置为 I^2C 串行接口的时钟线、11 号引脚配置为 I^2C 串行接口的数据线。

【分析】 通过查阅 CC1352R 数据手册第 7 页，可知其 10 号引脚的名称为 DIO_5、11 号引脚的名称为 DIO_6，均为可配置的数据输入输出引脚。再通过查阅 CC1352R 技术参考手册第 1133～1142 页，可知 DIO_5 对应的配置寄存器为 IOCFG5，寄存器地址偏移量为 14H；DIO_6 对应的配置寄存器为 IOCFG6，寄存器地址偏移量为 18H。通过将 IOCFG5 配置寄存器的第 0～5 位 PORT_ID 字段置为 EH、将 IOCFG6 配置寄存器的第 0～5 位 PORT_ID 字段置为 DH，可完成所需配置。如果需要在该引脚上输入数据，还要将对应配置寄存器中的第 29 位 IE 字段的值置为 1。

3.2 功耗与能耗

功耗是指每单位时间内消耗的电能；能耗是指所消耗的电能。能耗目前仍是开发设计由电池供电的物联网无线节点时的首要考虑因素之一。

Raghunathan 等人在 2002 年发表的论文中给出了 MEDUSA-Ⅱ节点的功耗，MEDUSA-Ⅱ是由加州大学洛杉矶分校开发的无线传感器节点。该节点的传感子系统与处理子系统在工作时的总功耗为 9.72mW，此时若开启通信子系统并工作在接收模式下，则总功耗将上升至 22.2mW，即接收模式下通信子系统的功耗大约为 12.48mW，约是传感子系统和处理子系统功耗之和的 1.28 倍。如果通信子系统工作在发送模式下，其功耗通常还会再高一些。由此可见，就该节点而言，通信子系统的功耗相对较大。若功耗较大的通信子系统长时间处于工作状态，则其能耗也较大。那么，影响通信子系统能耗的因素有哪些？

通过简单能耗模型对通信子系统的能耗做初步分析，如图 3.10 所示。通信子系统的接收机常由混频器、频率合成器、压控振荡器、锁相环、解调器、功率放大器等部件组成，它们在工作时都需要耗电。把接收机的接收电路平均接收每比特数据所消耗的电能记作 $e_{\text{rx\_elec}}$。在只考虑接收电路能耗时，接收机接收 k 比特数据所消耗的电能为

$$E_{\text{rx}}(k)=E_{\text{rx\_elec}}(k)=k\cdot e_{\text{rx\_elec}} \tag{3-1}$$

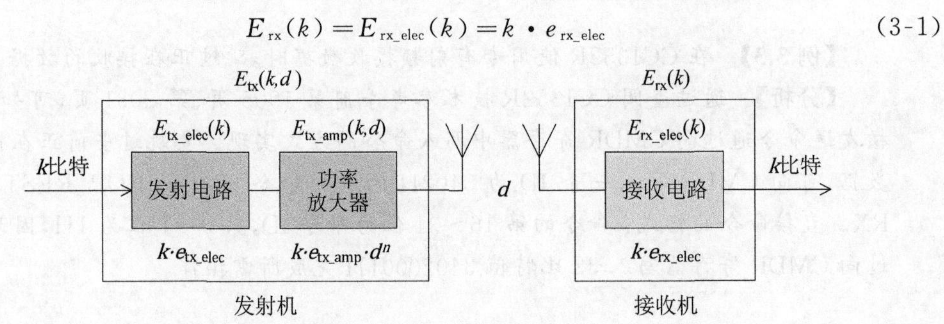

图 3.10 简单能耗模型

发射机和接收机之间的一个主要区别是发射机通常使用输出功率相对较大的功率放大器。同样，把发射机的发射电路平均发送每比特数据所消耗的电能记作$e_{\text{tx_elec}}$，则发射机发送 k 比特数据所消耗的电能为$E_{\text{tx_elec}}(k)=k\cdot e_{\text{tx_elec}}$。由于发射机的输出功率较大，该模型把发送 k 比特数据到 d 米远处时功率放大器所消耗的电能建模为$E_{\text{tx_amp}}(k,d)=k\cdot e_{\text{tx_amp}}\cdot d^n$，其中$e_{\text{tx_amp}}$为系数，它的值取决于功率放大器的效率、发射天线的增益、载波的波长、热噪声的功率谱密度、所需的信噪比等因素；d 为传输距离；n 为路径损耗指数(详见 4.1 节)，通常 n 为 2～6。由此可得，发射机的总能耗为

$$E_{\text{tx}}(k,d)=E_{\text{tx\_elec}}(k)+E_{\text{tx\_amp}}(k,d)=k\cdot e_{\text{tx\_elec}}+k\cdot e_{\text{tx\_amp}}\cdot d^n \tag{3-2}$$

可见，通信子系统工作在接收模式下时，其接收的数据越多，能耗越大；工作在发送模式下时，发送的数据越多，传输距离越远，能耗越大。

电池供电的物联网无线节点在电池容量有限的情况下，若要延长节点的工作寿命，所能采取的措施离不开开源与节流。开源是指用额外的电源或能源为节点供电或充电，如使用额外的电池或利用太阳能、热能、风力、机械运动、电磁波、磁力等能量来源为电池充电等。节流指减少节点自身的能耗，尤其在受成本、尺寸、工作条件等因素制约而不便或无法开源的情况下，节流成了唯一选择。

在物联网无线节点软硬件及无线通信技术的不同功能层面上，都有各自的有助于节省能耗的措施与技术方法。例如，对于通信子系统而言，可选用低功耗、高效的无线收发器芯片，在减小传输距离的同时尽量降低发射机输出功率；对于无线通信物理层而言，可选用适合的调制方式与编码技术，选取较低的载波频率，尽量降低数据传输率；对于介质接入控制子层而言，可选用高效的介质接入控制协议，减少空闲监听、旁听、冲突、盲发、控制帧开销及重传次数；对于网络层而言，可选用适合的网络协议、选择节能的传输路径等。如何在满足工作需要的情况下尽量降低物联网无线节点与网络的整体能耗，需要综合考虑与权衡，是一项较为复杂的系统工程。

在物联网无线节点中，数据的采集、处理、传输，都离不开处理子系统。降低处理子系

统的能耗也有助于降低节点的能耗。那么，处理子系统的功耗和能耗与哪些因素有关？如何降低处理子系统的能耗？

处理子系统以处理器为中心。处理器集成电路多使用互补金属氧化物半导体(Complementary Metal Oxide Semiconductor，CMOS)生产工艺制造。CMOS 电路的功耗 P 为

$$P = P_{t} \cdot C_{L} \cdot V \cdot V_{dd} \cdot f_{clk} + I_{sc} \cdot V_{dd} + I_{leakage} \cdot V_{dd} \tag{3-3}$$

式中　P_{t}——耗电跃迁发生的概率；

C_{L}——负载电容；

V——电压摆幅，大多数情况下，与供电电压V_{dd}相同；

V_{dd}——供电电压；

f_{clk}——时钟频率；

I_{sc}——直流短路电流；

$I_{leakage}$——漏电流。

式(3-3)为三项乘积之和。其中，第一项为开关电流产生的动态功耗；第二项为直流短路电流产生的功耗；第三项为漏电流产生的静态功耗。由此可见，通过降低 CMOS 电路的供电电压 V_{dd}或时钟频率f_{clk}可以降低功耗。

人们常采用功率管理等技术来降低微处理器的功耗，包括动态电压与频率调节、电源门控、时钟门控等技术。

动态电压调节(dynamic voltage scaling)是指根据情况提高或降低微处理器芯片中使用的电压。动态频率调节(dynamic frequency scaling)是指根据实际需要自动调整微处理器的时钟频率。这两种方法的目的是在微处理器处于工作状态时调整其性能。降低电压与时钟频率都可以降低功耗并减少芯片产生的热量。既然如此，是否可以持续降低微处理器的电压？

实际上，微处理器的时钟频率 f_{clk}与供电电压V_{dd}之间存在如下关系：

$$f_{clk} \leqslant \frac{K \cdot (V_{dd} - V_{th})^{a}}{V_{dd}} \approx K \cdot (V_{dd} - c) \tag{3-4}$$

式中，不同的微处理器的 a、K、c、V_{th}值不同。由式(3-4)可知，对于每个微处理器的每个时钟频率值，都有一个最小的供电电压值。将供电电压降低到这个值是降低功耗而不影响性能的有效方法。

电源门控(power gating)是指通过切断未使用的电路模块的电流来降低其功耗。时钟门控(clock gating)在同步电路中较为常见，其通过在未使用电路模块时移除其时钟信号来降低动态功耗。借助于时钟门控等技术，可以通过配置微处理器运行在不同功耗模式下，来降低其总体功耗及能耗。例如，若让 MEDUSA-Ⅱ节点运行在睡眠模式下，其功耗将降低至 0.02mW，不到运行在接收模式下功耗的 1/1000。

不同微处理器支持的功耗模式不尽相同。这里以 TI 公司的 MSP430x4xx 系列超低功耗微处理器为例，说明微处理器的功耗模式。该系列处理器支持 6 种功耗模式，分别为活跃模式(Active Mode，AM)与低功耗模式(Low-Power Mode，LPM)，低功耗模式包括：LPM0、LPM1、LPM2、LPM3、LPM4。在不同功耗模式下，处理器及时钟信号的状态不

同,如表 3.4 所示。

表 3.4 MSP430x4xx 的功耗模式

功耗模式	处理器	主时钟	数控振荡器	子系统主时钟	辅助时钟
AM	开启	开启	开启	开启	开启
LPM0	关闭	关闭	开启	开启	开启
LPM1	关闭	关闭	仅发生器开启	开启	开启
LPM2	关闭	关闭	仅发生器开启	关闭	开启
LPM3	关闭	关闭	关闭	关闭	开启
LPM4	关闭	关闭	关闭	关闭	关闭

如图 3.11 所示,MSP430x4xx 在低功耗模式 LPM4 下的电流消耗可低至 AM 模式下的 1/3000。因此,让微处理器尽可能长时间地工作在尽可能低的功耗模式下,将会节省大量能耗。

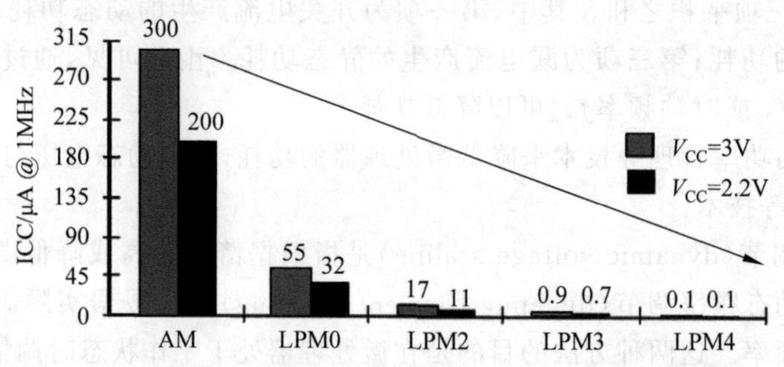

图 3.11 MSP430x4xx 不同功耗模式下的电流消耗
(图片来源:MSP430x4xx 用户指南)

3.3 开发板与操作系统

物联网无线节点常由于内部存储空间、计算能力、电池容量等资源有限而功能受限。从现阶段存储与处理能力的角度,可以把物联网设备大致分为低端、中端、高端三类。

- 低端设备是资源严重受限的设备,无法运行传统的操作系统(例如,Linux、Windows IoT 版)。其随机存储器(Random-Access Memory,RAM)约几千字节、闪存约几十千字节,处理器的时钟频率为几兆赫兹到几十兆赫兹。低端设备通常需要借助网关等设备方能接入互联网。低端设备主要用来执行基本的感知与控制任务,可用于实现无线传感器网络中的终端节点。
- 中端设备是资源较少的设备,具备一些处理能力,但不足以满足非常复杂的需求。其 RAM 约几十千字节、闪存约几百千字节,处理器的时钟频率为几十兆赫兹到几百兆赫兹。中端设备可使用专门为资源受限节点设计的协议栈接入互联网,它们可用来实现物联网系统中的网关等设备。网关是连接两个不同通信网络的设备。

- 高端设备是具有足够资源的设备，包括功能强大的处理器、大量的 RAM 与闪存，可运行传统的操作系统以及机器学习等算法，支持几乎所有的通信协议。它们可用来实现物联网系统中的复杂网关等设备。

物联网无线节点的处理子系统可由上述三类设备实现，根据具体的应用与功能需求，并结合传感子系统与通信子系统的需求，选择适合的设备。在设计与实现物联网无线节点时，可以上述设备的开发板和适用于这些设备的操作系统为起点进行开发，以减少工作量、缩短开发周期。当然，对于需求量较大或者对成本、尺寸、功耗等方面要求较高的应用，也可以从设计物联网无线节点的 PCB 开始。

作为实例，本节介绍两款常见的可用于开发物联网无线节点的开发板以及适用于物联网设备的 5 款常见操作系统。开发板（development board）是指可用于某些应用系统软硬件开发与测试的 PCB，板上包含以某些芯片或元器件（例如，微控制器芯片）为中心的一系列硬件组件。

市面上可用于开发物联网无线节点的开发板很多，它们在性能、售价、尺寸、功耗、供电方式、使用的无线通信技术等方面的差别也较大。目前常见的高、中端开发板包括树莓派（Raspberry Pi）系列和 Arduino 系列开发板等。

- 树莓派是英国树莓派基金会开发的一系列小型单板计算机，它们的售价较低、尺寸较小，在相关领域的研究与开发项目中被广泛使用。2019 年发布的树莓派 4 开发板如图 3.12(a)所示，售价低至 35 美元，配有主频为 1.5GHz 的 64 位四核 ARM Cortex-A72 处理器、2GB/4GB/8GB 的 RAM 及丰富的接口，支持 2.4GHz 和 5GHz 频段的 WiFi、蓝牙 5.0、BLE 无线通信，但功耗相对较高，至少需要 15W 的电源供电。Sense HAT 是一块树莓派 4 的附加板，可插在树莓派 4 开发板上，如图 3.12(b)所示。Sense HAT 具有一个 8×8 的彩色 LED 矩阵、一个有 5 个按钮的操纵杆，并包括陀螺仪、加速度计、磁力计、温度传感器、气压传感器、湿度传感器等。可以用树莓派 4 和 Sense HAT 实现处理能力较强的高端物联网无线节点。

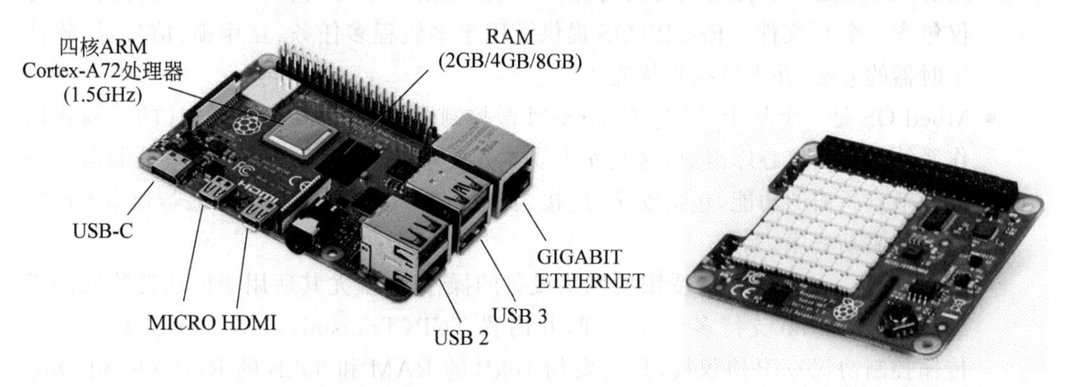

(a) 树莓派 4 开发板　　(b) Sense HAT

图 3.12　树莓派 4 与 Sense HAT

（原图来源：Raspberry Pi Foundation）

- Arduino 是一系列易于使用的硬件模块与开发板。其中一款名为 Arduino Nano 33 IoT 的开发板如图 3.13 所示，售价约 21 美元，配有主频为 48MHz 的 32 位 ARM Cortex-M0 处理器、32kB 的 SRAM、256kB 闪存、一个 SPI 接口和一个 I^2C 接口，并支持 2.4GHz 频段的 WiFi、蓝牙及 BLE 无线连接。此外，该开发板还配有加速度计和陀螺仪，使得该开发板适用于振动报警系统、相对定位、计步器等应用场景。可以用 Arduino Nano 33 IoT 实现相对简单的中、低端物联网无线节点。

图 3.13 Arduino Nano 33 IoT
（图片来源：Arduino）

尽管使用上述开发板支持的 WiFi、蓝牙和 BLE 无线连接可以满足一些应用的需求，但尚有一些需求无法满足，如超低功耗、远距离无线传输、节点众多的自组网、1GHz 以下频段等。若使用其他现有的无线通信标准可以满足这些需求，可优先考虑使用支持该现有无线通信标准的开发板实现物联网无线节点。若尚无现有的无线通信标准可满足特定的应用需求，也可以基于本书后续讲解的无线通信技术及现有的无线收发器（例如 CC1352R），自行设计并实现可满足这些特定应用需求的无线通信系统与物联网无线节点。

在物联网无线节点的软件开发方面，使用操作系统可能有助于简化应用软件的开发。但并非每个物联网无线节点都需要操作系统才能工作。如果应用软件比较复杂并且运行在高端设备上，则通常使用操作系统。如果应用软件比较简单并且运行在低端设备上，则通常不需要操作系统。在对程序效率和微处理器功耗有较高要求时，也可以不使用操作系统。

在物联网无线节点中，常见的操作系统除了 Linux 和 Windows IoT 版外，还包括 FreeRTOS、Mbed OS、Contiki、TinyOS、RIOT 等。在开发物联网无线节点时，可根据实际需要选用适合的操作系统。

- FreeRTOS 是一个轻量级的实时操作系统，包括一个内核和一组库。其内核本身仅包含 3 个 C 文件。FreeRTOS 提供了用于多线程多任务、互斥锁、信号量、软件定时器的方法，并支持线程优先级。
- Mbed OS 是一个基于 ARM Cortex-M 微控制器的专门为物联网设计的嵌入式操作系统。它由核心库组成，这些库提供了开发基于 ARM Cortex-M 微控制器的物联网节点所需的功能，包括安全、连接、实时操作系统，以及用于传感器和输入输出设备的驱动程序。
- Contiki 是一个用于内存受限的网络设备的操作系统，尤其适用于低功耗物联网无线设备。Contiki 支持多任务处理，并内置 TCP（Transmission Control Protocol，传输控制协议）/IP 协议栈，只需要约 10kB 的 RAM 和 30kB 的 ROM（Read-Only Memory，只读存储器）。包括图形用户界面的完整系统需要大约 30kB 的 RAM。Contiki 的一个新分支为 Contiki-NG，是用于物联网中资源受限设备的操作系统。Contiki-NG 包含低功耗 IPv6（Internet Protocol version 6，互联网协议第 6 版）协议栈，可在 ARM Cortex-M3/M4 和 TI MSP430 等低功耗微控制器上运行，约需要 100kB 的 ROM，至少 10kB 的 RAM。

- TinyOS 是一个专为低功耗无线设备而设计的操作系统。它用 nesC 编程语言编写，nesC 是针对内存受限传感器网络而优化的 C 语言扩展。TinyOS 程序由软件组件构建，组件使用接口相互连接。TinyOS 提供了用于分组通信、路由、传感、驱动及存储的接口和组件。但其从 2012 年以来没有更新过。
- RIOT 是一种用于内存受限的网络设备的小型操作系统，支持大多数低功耗物联网设备和微控制器架构。RIOT 基于微内核架构，允许应用程序使用 C 和 C++ 语言进行编程，并提供完整的多线程和实时功能。RIOT 提供多个网络协议栈，包括 IPv6、6LoWPAN（IPv6 over Low-power Wireless Personal Area Networks，低功耗无线个域网上的 IPv6）、RPL（Routing Protocol for Low-power and lossy networks，低功耗有损网络的路由协议）、UDP（User Datagram Protocol，用户数据报协议）、TCP、CoAP（Constrained Application Protocol，受限应用协议）等。

3.4　本章实验

本书选用基于 CC1352R 芯片的开发板 LAUNCHXL-CC1352R1（在本书中简称 CC1352R1），作为物联网无线节点的实验平台。

CC1352R1 开发板如图 3.14 所示。该开发板上除了 CC1352R 芯片，还带有 XDS110 仿真器，只需用一根 USB（Universal Serial Bus，通用串行总线）线缆连接该开发板与计算机，即可通过计算机对该开发板进行编程与调试。此外，该开发板带有一个 40 针的 BoosterPack 扩展接口，可外接 TI 公司的 430BOOST-SHARP96（简称 SHARP96）、BOOSTXL-SHARP128（简称 SHARP128）等液晶显示模块以及其他功能模块，便于开发与功能扩展。在本书后续的一些实验中，需要同时使用至少两块 CC1352R1 开发板，每块开发板可以选配一个 SHARP128 或 SHARP96 液晶显示模块。

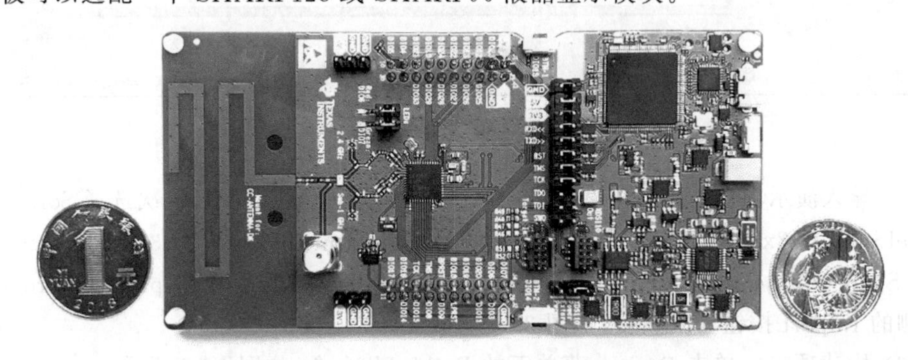

图 3.14　LAUNCHXL-CC1352R1 开发板

【实验 3.1】　使用蓝牙无线连接的物联网无线节点。

作为使用 CC1352R1 开发板的第一个实验，将在该开发板上编译运行一个使用蓝牙无线连接的物联网无线节点演示程序，以便熟悉该开发板的集成开发环境、掌握编译运行程序的步骤、进一步理解物联网无线通信的概念。

(1) 在支持蓝牙与 WiFi 连接的智能手机(或平板计算机)上安装名为 SimpleLink Starter 的 App,可通过 iOS 应用商店或安卓应用市场安装。

(2) 在计算机上安装 CCS(Code Composer Studio)集成开发环境和 SimpleLink CC13x2 软件开发工具包。

(3) 使用 CC1352R1 开发板附带的 USB 线缆,通过 USB 接口将开发板连接到计算机上。

(4) 在计算机上运行 CCS 集成开发环境。CCS 启动后的界面如图 3.15 所示。单击打开 Resource Explorer。

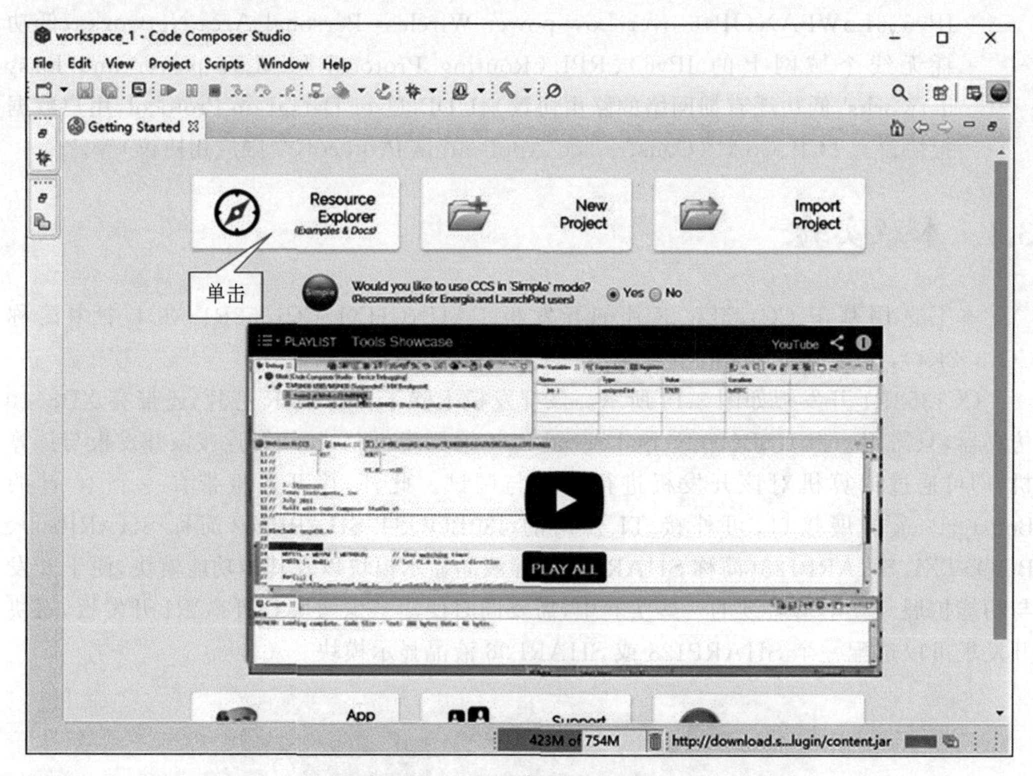

图 3.15 CCS 启动后的界面

(5) 导入演示项目。在 TI Resource Explorer 左侧的导航栏中,依次选择 Software→SimpleLink CC13x2 26x2 SDK→Examples→Development Tools→CC1352R LaunchPad→BLE5-Stack→project_zero→TI-RTOS→CCS Compiler 选项,在单击 project_zero 后,单击右侧的 Import 按钮导入项目,如图 3.16 所示。

(6) 构建项目。单击 Project 菜单下的 Build All 命令,如图 3.17 所示。

(7) 下载程序到开发板准备运行。单击如图 3.18 所示的下三角按钮打开调试菜单,再单击 Code Composer Debug Session 命令。也可以直接单击图 3.18 中下三角按钮左侧的图标。

(8) 打开串口终端窗口,用于查看即将在开发板上运行的程序的串口输出。单击如图 3.19 所示的 Open a Terminal 图标,在弹出的窗口中选择 Serial Terminal,并选择串口。

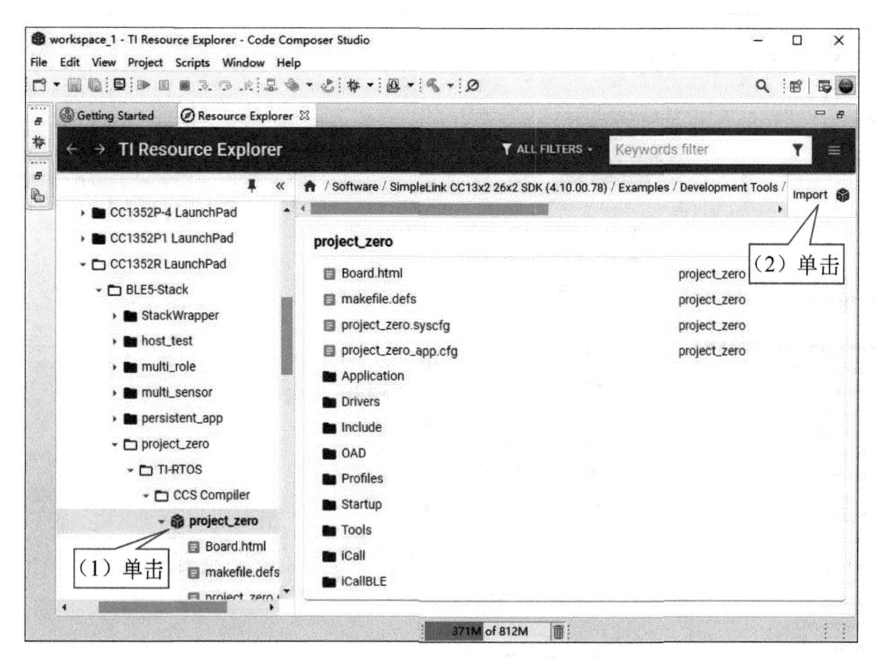

图 3.16　导入项目

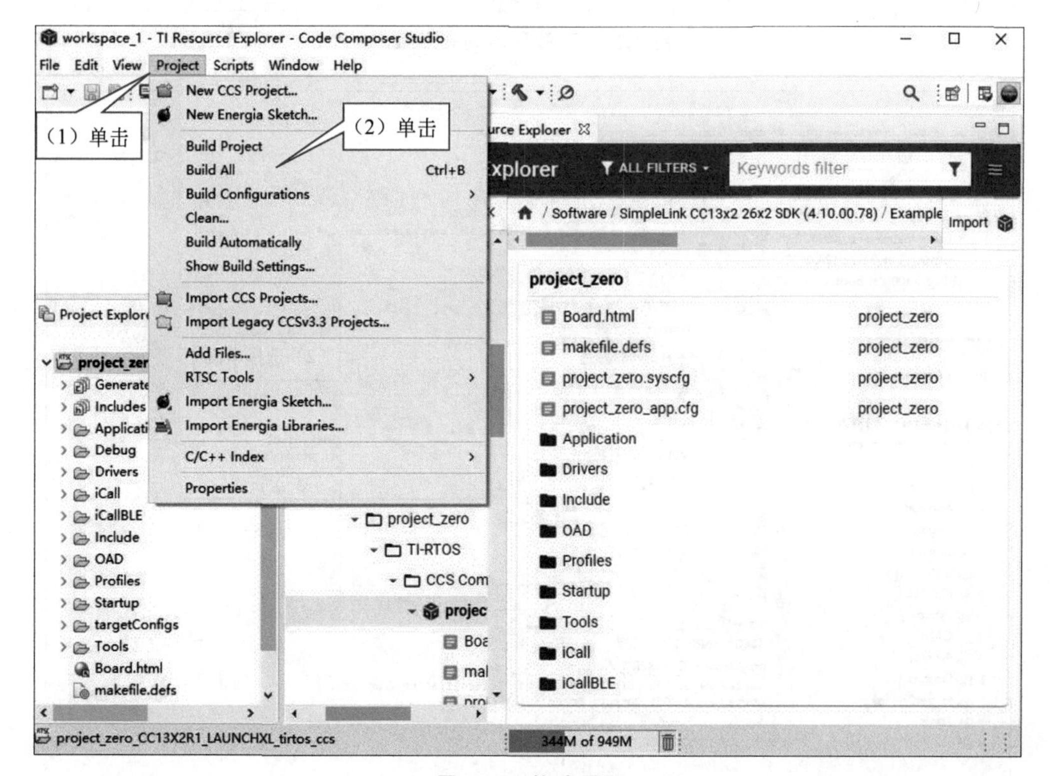

图 3.17　构建项目

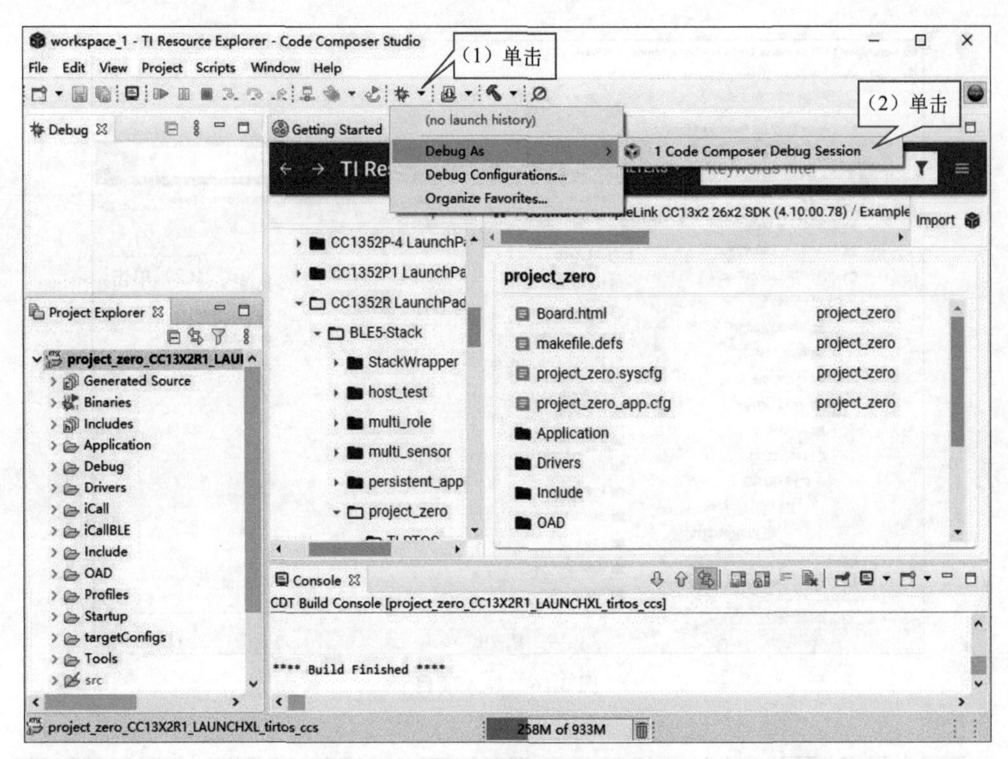

图 3.18　下载程序到开发板

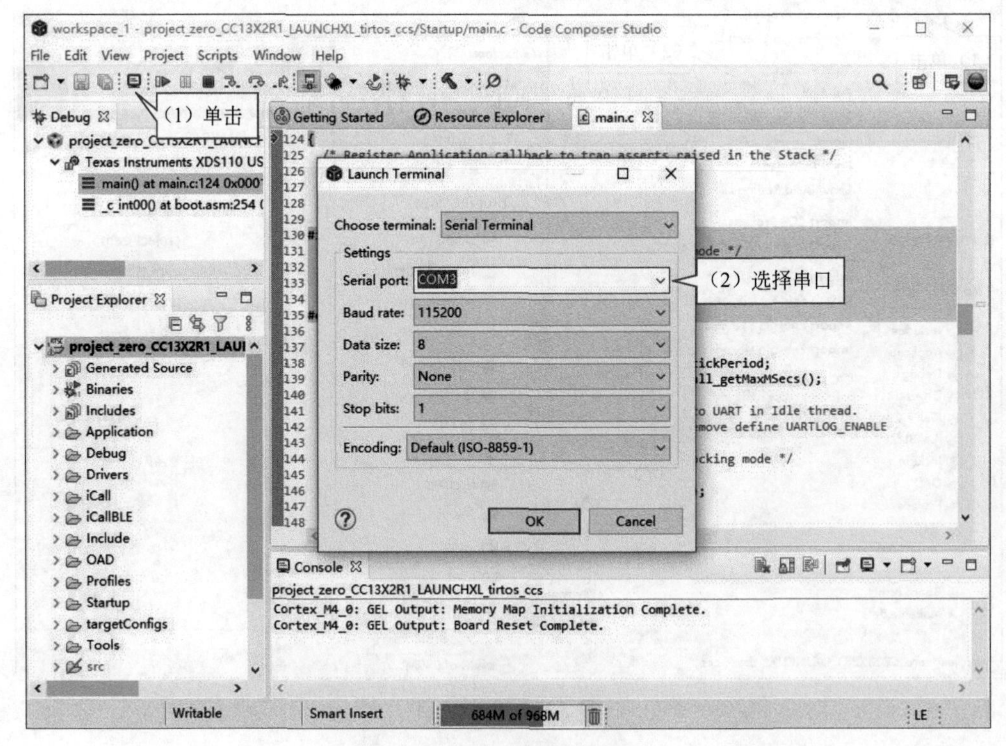

图 3.19　打开串口终端窗口

如果计算机上运行的是 Windows 操作系统，可通过查看操作系统“设备管理器”中的“端口(COM 和 LPT)”，找出 XDS110 Class Application/User UART 对应的串口号。然后在窗口中确认串口设置：波特率 115 200、8 位数据、无奇偶校验、1 个停止位。

(9) 运行下载到开发板上的程序。单击如图 3.20 所示的 Resume 图标，继续运行程序(程序运行后该图标显示为灰色)。下方的 Terminal 窗口内将显示程序运行时的串口输出。

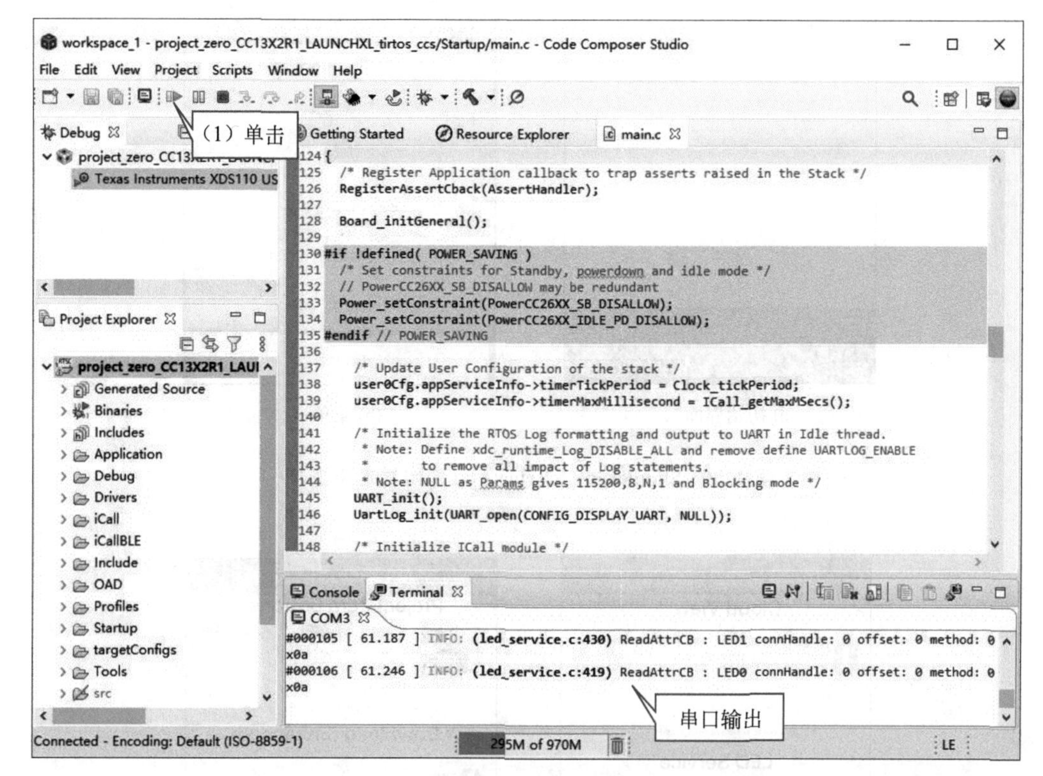

图 3.20　运行程序

(10) 打开智能手机(或平板计算机)的蓝牙连接，运行已安装的 SimpleLink Starter App，其初始界面如图 3.21(a)所示。其中名为 Project Zero 的蓝牙设备，即为 CC1352R1 开发板。选择该蓝牙设备后，将出现如图 3.21(b)所示的菜单，点击 Sensor View 选项，打开如图 3.22 所示的 SimpleLink Starter App 的主界面。

(11) 设置云平台。点击如图 3.22(a)所示的 Cloud View，将显示如图 3.23(a)所示的配置摘要，在浏览器中打开配置摘要中给出的网页链接。该 App 默认使用无须登录的 IBM Watson IoT 平台，如需更改云平台或高级配置选项，可点击如图 3.23(a)所示的界面右上角的 Edit，打开如图 3.23(b)所示的选项界面。

(12) 确保如图 3.22(a)所示主界面中的 Push to cloud 选项开启。通过点击该界面中 LED Service 的红色或绿色按钮打开或关闭开发板上相应的 LED 指示灯，并按下或松开位于开发板两侧的两个按键，观察开发板上 LED 指示灯的亮灭、App 中显示的按键状态及浏览器云平台页面上显示的数据(见图 3.24)。

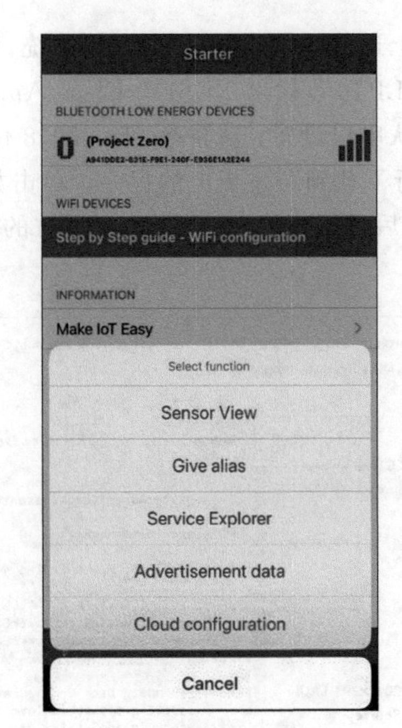

(a) 初始界面　　(b) 菜单

图 3.21　SimpleLink Starter App 初始界面及选项

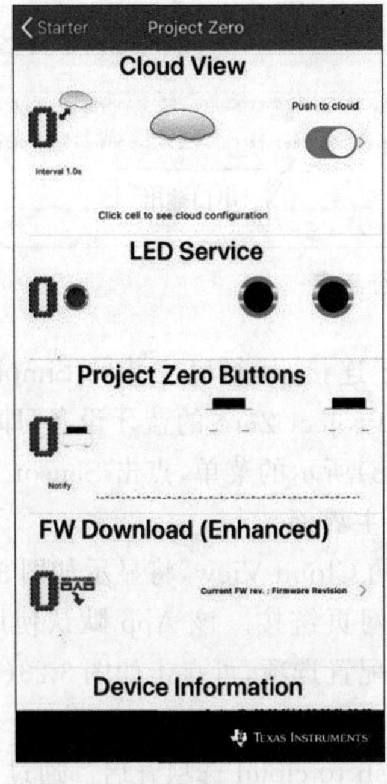

(a) 主界面 1　　(b) 主界面 2

图 3.22　SimpleLink Starter App 的主界面

(a) 配置摘要

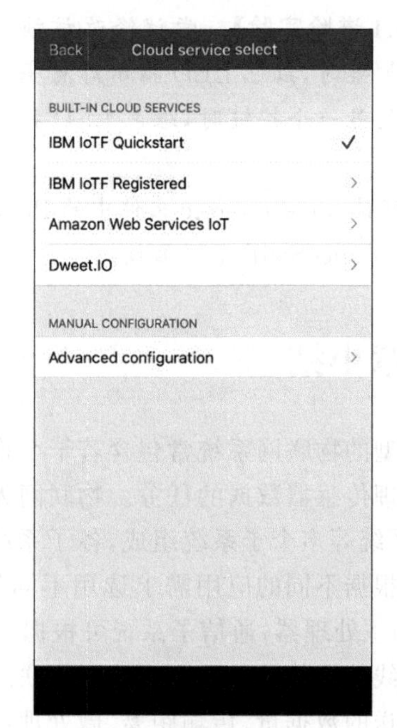

(b) 选项界面

图 3.23　SimpleLink Starter App 云平台配置

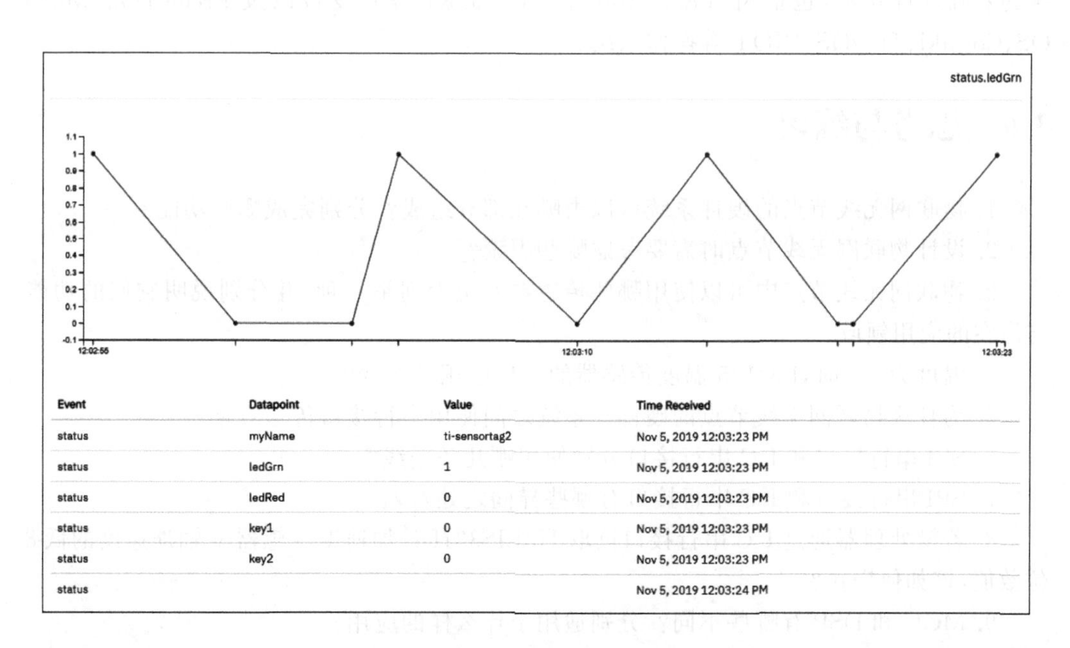

Event	Datapoint	Value	Time Received
status	myName	ti-sensortag2	Nov 5, 2019 12:03:23 PM
status	ledGrn	1	Nov 5, 2019 12:03:23 PM
status	ledRed	0	Nov 5, 2019 12:03:23 PM
status	key1	0	Nov 5, 2019 12:03:23 PM
status	key2	0	Nov 5, 2019 12:03:23 PM
status			Nov 5, 2019 12:03:24 PM

图 3.24　上传到云平台的数据

【实验 3.1 进阶实验】 尝试修改该演示程序的源代码，实现如下功能：当按下开发板上的一个按键时，红色 LED 指示灯点亮；当松开该按键时，红色 LED 指示灯熄灭；当按下开发板上的另一个按键时，绿色 LED 指示灯点亮；当松开该按键时，绿色 LED 指示灯熄灭。

提示：研读 project_zero.c 文件中的 ProjectZero_LedService_ValueChangeHandler()函数和 buttonDebounceSwiFxn()函数。

3.5 本章小结

一个典型的物联网系统常包含若干个物联网无线节点，这些无线节点往往担负着采集、传输、处理传感器数据的任务。物联网无线节点的硬件系统由传感子系统、处理子系统、通信子系统等多个子系统组成，各子系统之间可使用 SPI、I^2C 等串行接口传送数据。传感子系统根据不同的应用需求选用不同的传感器采集数据；处理子系统常使用 MCU 或 DSP 作为主处理器；通信子系统可根据不同需求使用支持不同无线通信技术的无线收发器实现无线数据传输。由于现阶段物联网无线节点多由容量受限的电池供电，其能耗与接收或发送的数据量、传输距离、微处理器电压及时钟频率等因素有关，因此在设计开发物联网无线节点时需要考虑采用包括动态电压调节、低功耗模式等一系列节省能耗的技术措施，以延长节点的工作寿命。物联网无线节点可以现有的、适用的开发板和操作系统为基础进行开发，包括树莓派、Arduino、CC1352R1 等开发板以及 FreeRTOS、Mbed OS、Contiki、TinyOS、RIOT 等操作系统。

3.6 思考与练习

1. 物联网无线节点的硬件系统可以由哪几部分组成？分别完成哪些功能？
2. 设计物联网无线节点时需要考虑哪些因素？
3. 物联网无线节点中可以使用哪些传感器？至少列举 3 种，并分别说明它们的功能与潜在的应用领域。
4. 温度为 0℃时，LM135 温度传感器的输出电压是多少？
5. 为什么物联网无线节点的硬件子系统之间使用串行接口传送数据？
6. SPI 串行接口和 I^2C 串行接口分别使用哪几条走线？
7. SPI 串行接口和 I^2C 串行接口有哪些异同之处？
8. 若微处理器通过 I^2C 串行接口读取 H3LIS331DL 加速度传感器 y 轴加速度的低 8 位数值，该如何操作？
9. MCU 和 DSP 有哪些不同？分别适用于什么样的应用？
10. 在物联网无线节点中，是否适合使用 FPGA 或 ASIC 作为处理子系统的主处理器？
11. 为什么可以使用 CC1352R 无线微控制器实现物联网无线节点的通信子系统和处理子系统？

12. 物联网无线节点通信子系统的能耗与哪些因素有关？为了降低通信子系统的能耗，可以采取哪些技术措施？

13. 物联网无线节点中处理器的功耗与哪些因素有关？为了降低功耗与能耗，可以采取哪些技术措施？

14. 为什么让微处理器动态地工作在不同的功耗模式下？

15. 低端、中端、高端物联网设备之间有哪些区别？

16. 分别列举 3 种可用于开发物联网无线节点的开发板与操作系统。

17. 按照实验 3.1 中进阶实验的要求，修改演示程序源代码，并运行测试。

18. 可以使用 CC1352R1 开发板开发哪些物联网应用？就其中一个具体应用场景，尝试设计一款基于该开发板的物联网无线节点，给出设计方案。必要时可加入所需的传感器。

第4章 无线电波传播与无线信道

物联网无线节点之间的数据传输，离不开连接无线发送端和无线接收端之间的传输通道，即无线信道，如图 4.1 所示。有线信道利用人造传输介质(如双绞线、同轴电缆、光纤)来传输信号；无线信道则通常利用不同频段的电磁波(如无线电波、红外线、可见光等)在空间中的传播来传输信号。信号是数据的传输载体。

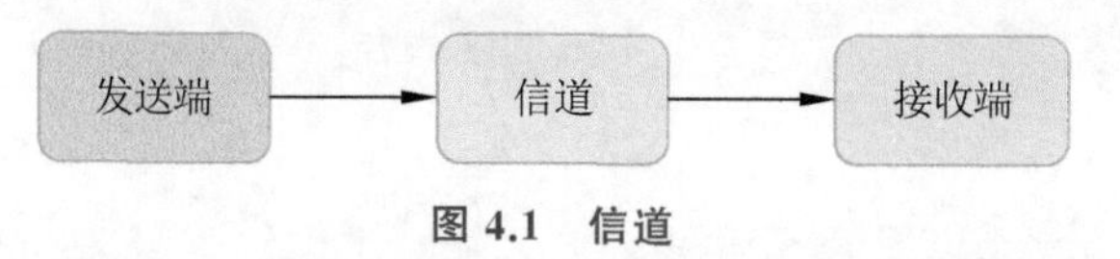

图 4.1 信道

与有线信道相比，无线信道固有的特点给无线通信带来了更多挑战。首先，由于技术等方面的限制，电磁波谱中目前只有少部分频段可用于无线通信。几乎所有的无线通信设备都不得不共享这些有限的频谱资源，从而给提高无线传输的数据传输率带来了挑战。其次，无线信号在传播时暴露在空气等开放介质中，容易受到人为噪声(例如电动机产生的火花放电形成的电磁波辐射)和自然噪声(例如闪电产生的电磁波辐射)的干扰(干扰意为将不需要的信号添加到有用信号中)，也容易被窃听甚至篡改，这不仅给无线信号的接收带来了更多困难，也给无线通信的安全带来了挑战。

本章通过讲述无线电波传播、无线信道、噪声等基本知识，给出无线通信需要解决的基本问题，并学习对基本的无线信道模型做初步仿真。

4.1 无线电波传播

在物理学中，将电磁波按照波长或频率的大小顺序进行排列，构成电磁波谱。人们习惯上把频率为 3kHz～300GHz 电磁波谱称为无线电频谱或射频频谱(radio spectrum)，如图 4.2 所示。电磁波谱中有限长的一段称为频段(frequency band)。

在使用方面，无线电频谱被划分为若干个频段，每个频段用于不同的业务。各个国家和地区对无线电频段的划分与使用不尽相同，由国际电信联盟无线电通信组(ITU-R)负责管理协调。例如，在我国，87～108MHz 的频段被分配给广

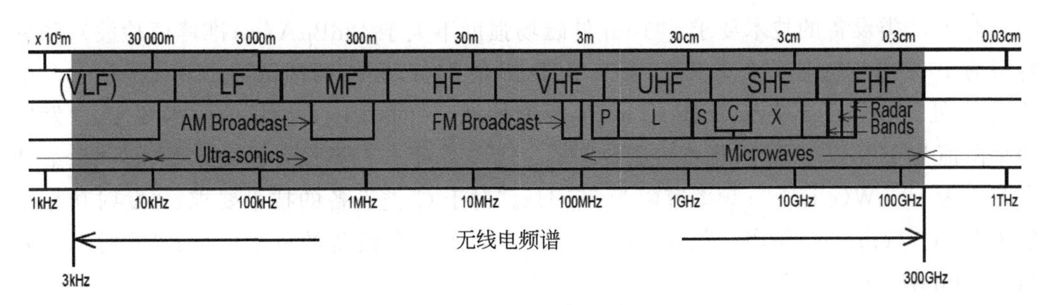

图 4.2 无线电频谱

(原图来源：National Telecommunications and Information Administration)

播使用，1.93～1.98GHz 的频段被分配给移动通信使用。这些需要经过无线电管理部门授权或购买后方可使用的频段，称为授权频段(licensed frequency band)。反之，无须授权就可使用的频段称为非授权频段(unlicensed frequency band)。工业、科学和医疗(Industrial，Scientific and Medical，ISM)频段中的部分频段为非授权频段，人们日常使用的 WiFi、蓝牙、微波炉等设备使用的就是 ISM 频段。物联网无线通信也常使用这些非授权的 ISM 频段。国际电信联盟(ITU)在《无线电规则》中，把全世界划分为三个区域：第一区、第二区和第三区。我国位于第三区。表 4.1 给出了 ITU 规定的适用于第三区的 ISM 频段。

表 4.1 ITU 规定的适用于第三区的 ISM 频段

频 段	中心频率	ITU 规则	工业和信息化部
6.765～6.795MHz	6.78MHz	需授权	C 类设备
13.553～13.567MHz	13.56MHz		C 类设备
26.957～27.283MHz	27.12MHz		C 类设备
40.66～40.7MHz	40.68MHz		E 类设备
902～928MHz	915MHz		
2.4～2.5GHz	2.45GHz		F 类设备(2.4～2.4835GHz)
5.725～5.875GHz	5.8GHz		G 类设备(5.725～5.85GHz)
24～24.25GHz	24.125GHz		H 类设备
61～61.5GHz	61.25GHz	需授权	
122～123GHz	122.5GHz	需授权	
244～246GHz	245GHz	需授权	

ITU 规定在满足设备电磁波辐射最小且不干扰使用频段之外的无线通信业务这两个条件下，可以使用表 4.1 中列出的非授权 ISM 频段。除此之外，使用 ISM 频段，须遵守国家无线电管理有关规定。工业和信息化部在 2019 年第 52 号公告中指出："符合《微功率短距离无线电发射设备目录和技术要求》的无线电发射设备，无须取得无线电频率使用许可。"该目录对使用不同频段的设备进行了分类，ISM 频段内的设备分类见表 4.1。

对于C类设备的技术要求:“10m处磁场强度不大于42dBμA/m(准峰值检波);频率容限为100×10^{-6};对于13 553~13 567kHz频段设备,频段两端偏移140kHz频率范围的10m处磁场强度不大于9dBμA/m(准峰值检波)。”对于E类设备的技术要求:“发射功率限值为10mW(e.r.p);频率容限为100×10^{-6}。”对于F类设备的技术要求:“发射功率限值为10mW(e.i.r.p);频率容限为75kHz。”对于G类设备的技术要求:“发射功率限值为25mW(e.i.r.p);频率容限为100×10^{-6}。”对于H类设备的技术要求:“发射功率限值为20mW(e.i.r.p)。”

在符合相应技术要求的前提下,可以把上述频段用于物联网设备之间的无线通信。除了上述ISM频段,该目录中还列出了一些非ISM频段,这些频段也可用于物联网无线通信。

不同频段的无线电波在空中是如何传播的?

无线电波作为电磁辐射的一种形式,和光波一样,会受到反射、折射、散射、衍射、吸收等现象的影响。在真空中,无线电波以光速(约300 000km/s)传播。在大气中,无线电波的传播速度非常接近光速,因此通常可近似认为是光速。低频无线电波(频率为30~300kHz)很容易穿过砖石,甚低频无线电波(频率为3~30kHz)甚至能穿过海水。但由于大气中含有水蒸气和氧气等成分,无线电波在大气中传播时,会被这些分子共振所吸收并被散射,从而产生衰减。总的来说,频率越高,衰减越严重;传播距离越长,衰减越大。对于频率在3GHz以下的无线电波的短距离传播(200m以内),大气的影响不大,可以忽略不计。此外,暴雨和降雪等降水也会吸收及散射无线电波,频率越高、降水率越大、传播距离越长,衰减越大。降水对10GHz以上的无线电波传播影响较大,对3GHz以下的无线电波的短距离传播影响较小。

衍射是波遇到障碍物时偏离原来直线传播的物理现象。无线电波的衍射效果取决于其波长与障碍物尺寸之间的大小关系。较低频率(约在3MHz以下)的无线电波更加容易在大尺寸障碍物(例如山丘)的周围衍射。由于衍射,较低频率的无线电波可沿山丘之类的障碍物弯曲,并作为沿地球轮廓的表面波传播到地平线之外,这种传播方式称为地波传播。

而对于频率在30MHz以上的无线电波,最常见的传播方式是视线传播(Line of Sight,LoS)。视线传播是指无线电波从发射天线沿直线传播到接收天线的传播方式。

4.1.1 自由空间路径损耗

考虑如图4.3所示的自由空间中发射天线与接收天线相距为d米的无任何障碍物的视线传播。自由空间是指相对介电常数和相对磁导率都恒定为1的理想环境。假设发射天线与接收天线彼此位于对方的远场,d远远大于无线电波的波长且远大于天线长度。

如果不考虑发射天线的方向性,即发射天线均匀地向空间中各个方向辐射功率,那么根据球体表面积计算公式可知,与发射天线相距为d米的接收天线处的功率密度$p(d)$为

$$p(d)=\frac{P_{\mathrm{T}}}{4\pi d^{2}} \tag{4-1}$$

式中 $p(d)$——功率密度,单位为$\mathrm{W/m^2}$;

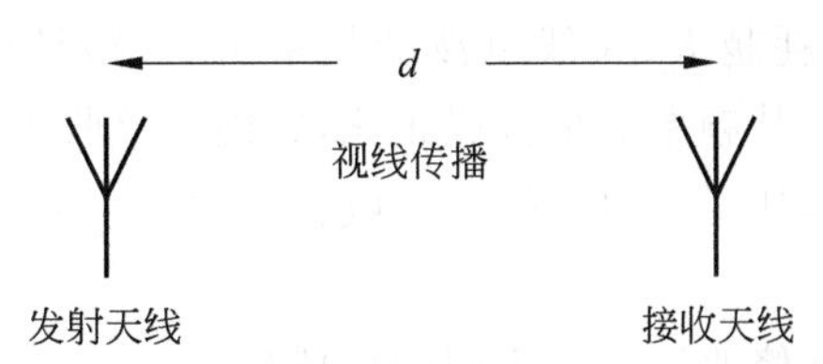

图 4.3　自由空间中发射天线与接收天线相距为 d 米的无任何障碍物的视线传播

P_T——发射天线的发射功率，单位为 W。

如果考虑天线的方向性但不考虑天线的馈线损耗与馈线不匹配损耗，将发射天线在接收天线方向上的天线增益记为G_T(见 6.7.2 节)，则上述功率密度可写为

$$p(d)=\frac{P_T}{4\pi d^2}G_T \tag{4-2}$$

若接收天线的有效孔径(effective aperture)为A_e，则接收天线的接收功率为

$$P_R=\frac{P_T}{4\pi d^2}G_T A_e \tag{4-3}$$

式中　P_R——接收天线的接收功率，单位为 W；

A_e——接收天线的有效孔径，单位为m^2。

借助热力学方法可以得出，接收天线的有效孔径A_e与其在发射天线方向上的天线增益G_R之间的关系为

$$G_R=\frac{4\pi A_e}{\lambda^2} \tag{4-4}$$

式中　λ——无线电波的波长，单位为 m。

将式(4-4)代入式(4-3)可得接收天线的接收功率

$$P_R=\frac{P_T G_T G_R \lambda^2}{(4\pi d)^2} \tag{4-5}$$

式(4-5)为弗里斯传输公式(Friis transmission formula)的一种形式。真空中无线电波的传播速度为光速 c。$c=\lambda f$，f 为无线电波的频率。将 $\lambda=c/f$ 代入式(4-5)可得接收天线的接收功率

$$P_R=\frac{P_T G_T G_R c^2}{(4\pi df)^2} \tag{4-6}$$

若将发射功率与接收功率之比定义为传播损耗 L，则有

$$L=\frac{P_T}{P_R}=\frac{(4\pi df)^2}{G_T G_R c^2} \tag{4-7}$$

若将路径损耗的值用分贝(dB)来表示，则式(4-7)变为

$$L=10\log_{10}\frac{(4\pi df)^2}{G_T G_R c^2} \tag{4-8}$$

式(4-7)与式(4-8)中的传播损耗 L 即为无线电波在自由空间中传播的路径损耗(path loss)，即因空间传播而导致的衰减。式(4-7)表明，在确定发射天线与接收天线之后，路径损耗的大小与距离 d 的平方成正比，亦与无线电波频率 f 的平方成正比。这说

明，传输距离越远，路径损耗越大；无线电波的频率越高，路径损耗也越大。值得说明的是，无线电波的路径损耗与其频率的平方成正比，归因于接收天线的有效孔径与无线电波波长的平方成正比。此外，如果发射天线与接收天线之间不为真空，在路径损耗计算中还需要考虑穿透损耗。

可以对式(4-8)做如下修改以适应不同的传播环境：

$$L = 10\log_{10}\frac{(4\pi f)^2 d^n}{G_T G_R c^2} \tag{4-9}$$

式(4-9)中的 n 称作路径损耗指数。对于自由空间中的视线传播，$n=2$，即式(4-8)。对于非视线传播，通常 $2<n<4$。在建筑、体育场馆等室内环境中，路径损耗指数可达 $4<n<6$。

在工程实践中，可通过无线电波传播模型来估算路径损耗。由于无线通信中无线电波的实际传播环境多种多样，用同一个模型来计算准确的损耗很困难。为了估算不同环境下的传播损耗，人们提出了一系列无线电波传播模型。其中，ITU-R 在 2017 版《用于 300MHz 到 100GHz 室内无线通信系统和无线局域网络规划的传播数据与预测方法》中，给出了一个用于估算室内环境下总路径损耗的模型，其计算公式为

$$L = 20\log_{10} f + N\log_{10} d + L_f(n) - 28 \tag{4-10}$$

式中 L——总路径损耗，单位为 dB；

f——无线电波的频率，单位为 MHz；

N——距离功率损耗系数，可通过表 4.2 查得；

d——距离，单位为 m，且 $d>1$；

$L_f(n)$——楼层穿透损耗因数，$L_f(0)=0$，$L_f(n)$可通过表 4.3 查得；

n——穿透楼层数，即发送端与接收端之间的楼层数，$n\geqslant 0$。

表 4.2 距离功率损耗系数 N(部分)

频率/GHz	住宅	办 公 室	商用建筑
0.8	—	22.5(视线传播时)	—
0.9	—	33	20
1.25	—	32	22
1.9	28	30	22
2.1	—	25.5(视线传播时)	20
2.2	—	20.7(视线传播时)	—
2.4	28	30	—
2.625	—	44	—
3.5	—	27	—
4	—	28	22
4.7	—	19.8(视线传播时)	—
5.2	30	31	—
5.8	—	24	—

表 4.3　楼层穿透损耗因数 L_f 与穿透楼层数 n

频率/GHz	住宅	办　公　室	商用建筑
0.9	—	9(n=1) 19(n=2) 24(n=3)	—
1.8～2	$4n$	15+4(n−1)	6+3(n−1)
2.4	10	14	—
3.5	—	18(n=1) 26(n=2)	—
5.2	13	16(n=1)	—
5.8	—	22(n=1) 28(n=2)	—

【例 4.1】　在自由空间中有一发送端，其发射天线在接收天线方向上的天线增益为 3，距其 100m 处有一接收端，其接收天线在发射天线方向上的天线增益为 2，发射天线与接收天线之间无任何障碍物。计算发送端与接收端之间 2.4GHz 无线电波传播的路径损耗。

【解】　根据式(4-8)可计算自由空间中视线传播的路径损耗为

$$\begin{aligned} L &= 10\log_{10}\frac{(4\pi df)^2}{G_T G_R c^2}\text{dB} \\ &= 10\log_{10}\frac{(4\times 3.141\,59\times 100\times 2.4\times 10^9)^2}{3\times 2\times (2.9979\times 10^8)^2}\text{dB} \\ &\approx 72.27\text{dB} \end{aligned}$$

【例 4.2】　月球与地球之间的平均距离为 384 400km。在月球上有一发送端，其发射天线增益为 34dB，发射功率为 20W，使用频率为 2282.5MHz 的无线电波向地球发射信号。在地球上有一接收端，其接收天线增益为 59dB。若发射天线与接收天线之间为自由空间且仅存在视线传播，求路径损耗与接收端的接收功率。

【解】　根据式(4-8)可计算自由空间中视线传播的路径损耗为

$$\begin{aligned} L &= 10\log_{10}\frac{(4\pi df)^2}{G_T G_R c^2}\text{dB} \\ &= 10\log_{10}\frac{(4\times 3.141\,59\times 384\,400\times 10^3\times 2282.5\times 10^6)^2}{10^{\frac{34}{10}}\times 10^{\frac{59}{10}}\times (2.9979\times 10^8)^2}\text{dB} \\ &\approx 118.31\text{dB} \end{aligned}$$

根据式(4-7)可计算接收功率为

$$\begin{aligned} P_R &= \frac{P_T}{L} = \frac{20}{10^{\frac{118.31}{10}}}\text{W} \\ &\approx 2.95\times 10^{-11}\text{W} = 29.5\text{pW} \end{aligned}$$

【例 4.3】 某办公楼一楼设有一工作在 5.8GHz 频段的无线局域网接入设备，在该办公楼二楼有一距此无线局域网接入设备 10m 远的无线局域网终端设备，估算二者之间无线电波传播的路径损耗。

【解】 可使用 ITU-R 的室内模型进行估算。经查表 4.2 和表 4.3，根据式(4-10)计算总路径损耗为

$$\begin{aligned}L &= (20\log_{10}f + N\log_{10}d + L_{\mathrm{f}}(n) - 28)\mathrm{dB} \\ &= (20\times\log_{10}5800 + 24\times\log_{10}10 + 22 - 28)\mathrm{dB} \\ &\approx 93.27\mathrm{dB}\end{aligned}$$

4.1.2 多径传播

以上讨论了理想情况下(自由空间中、无任何障碍物)无线电波视线传播的路径损耗。那么，为什么手机在与基站之间不存在视线传播的情况下，也能照常工作？

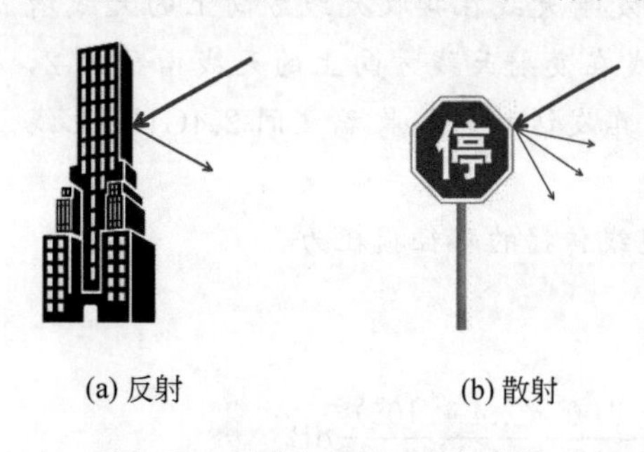

(a) 反射 (b) 散射

图 4.4 无线电波的反射与散射

无线电波与光波一样，除了随传播距离增加而衰减之外，还会发生反射、折射、衍射、散射等现象。如果障碍物的大小相比无线电波的波长大得多，那么无线电波在物体表面会发生反射现象，反射后的无线电波强度减弱，如图 4.4(a)所示；如果障碍物的大小与无线电波的波长接近甚至更小，那么无线电波会向不同方向散射，散射后的无线电波强度更弱，如图 4.4(b)所示。所有的这些效应同时发生，导致无线电波经过许多条不同的路径从发送端传播到接收端。这种传播现象称为多径传播(multipath propagation)。

如图 4.5 所示，发送端(例如图中左侧的基站)的发射天线辐射无线电波，接收端(例如图中右侧的手机)的接收天线接收无线电波。为了简化问题，这里假设无线电波仅通过 3 条路径从发射天线传播到接收天线：视线传播路径、经过建筑的反射路径及经过标志牌的散射路径。显然，这 3 条传播路径的长度不尽相同。由于无线电波在不同路径上的传播速度相同(都接近于光速)，因此，经过不同传播路径的无线电波到达接收天线的时刻不尽相同。假设发送端发送如图 4.5 左侧所示的两个信号，发射天线辐射的无线电波经过 3 条长度不尽相同的传播路径到达接收天线，接收天线可能在 3 个不同时段 3 次接收到同一个发送信号的副本(由于传播路径长度不尽相同，路径损耗也不尽相同，使得每次接收到的信号的振幅也不尽相同)，如图 4.5 右侧所示。图 4.5 中，接收天线接收第一个发送信号第 3 个副本的时段与接收第 2 个发送信号第 1 个副本的时段重叠，导致重叠时段内接收天线接收到的是两个信号的混叠，这使得接收端可能无法正确恢复出发送端发送的信息。

由于多径传播的存在，这种因发送端发送信号之间的时间间隔过小而导致在接收端

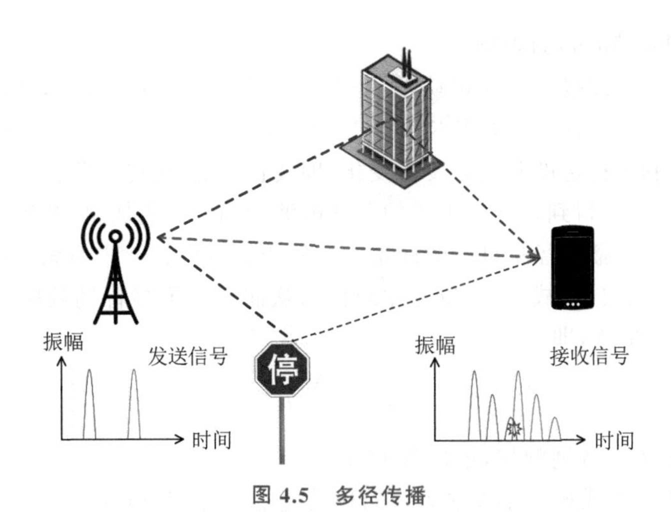

图 4.5 多径传播

接收天线处信号产生混叠的现象，称为符号间干扰(Inter Symbol Interference，ISI)。由于符号间干扰的存在，发送信号之间的最小时间间隔通常不能过小(应大于接收天线接收发送信号第一个副本的时刻与接收同一发送信号最后一个副本的时刻之差，这个时间差被称为 delay spread，即时延扩展)，这等于降低了无线信道的时间利用率，从而影响无线传输的数据传输率。数据传输率越高，越容易受到符号间干扰的影响。室内环境下时延扩展为几十到几百纳秒，室外环境下更高，甚至可达到毫秒数量级。

4.1.3 衰落

由于多径传播中的各条路径的长度可能不尽相同，这会导致经过各条传播路径到达接收端接收天线的无线电波的路径损耗、相位、到达角都可能不同。路径损耗不同意味着振幅的衰减程度不同。相同频率、不同振幅、不同相位的无线电波在接收天线处混叠在一起，可能会相互增强或抵消。

如果发射天线或接收天线的地理位置发生变化，那么两者之间的传播路径及其长度通常也会发生变化，这使得经过这些路径到达接收天线的相同频率的无线电波，因其路径损耗和到达相位有所不同，在接收天线处混叠后的增强或抵消程度有所不同，这表现为接收功率随发射天线或接收天线的地理位置变化而变化。

另一方面，不同频率的无线电波由于波长不同，即使经过完全相同的传播路径，到达接收天线时的相位和路径损耗也有所不同，这使得不同频率的无线电波经过同样的多条传播路径到达接收端，在接收天线处混叠后的增强或抵消程度不尽相同，这表现为接收功率随无线电波的频率发生变化。

接收功率随发射天线或接收天线的地理位置、无线电波频率、时间等变量变化而变化的现象称为衰落(fading)。衰落会导致通信系统性能下降，甚至会导致通信中断。

到目前为止，本书讨论的还只是发射天线、接收天线及其周围环境都静止不动的情况。如果发射天线、接收天线或其周围环境至少有一者移动或随时间发生改变，那么情况将变得更加复杂。在这种情况下，除了路径损耗与多径传播，无线电波的传播还会受到多普勒效应(Doppler effect)的影响。

无论是发射天线或接收天线移动,还是周围环境随时间发生改变,都可能使发射天线和接收天线之间各条传播路径及其长度随时间发生变化。在此过程中,发射天线辐射的无线电波的频率和传播速度并没有发生变化,即波长不变,而传播路径长度随时间发生变化(增大或减小),这使得到达接收天线的无线电波的相位变化加快(若传播路径长度随时间减小)或减慢(若传播路径长度随时间增大),等于到达接收天线的无线电波的频率随时间增大(相位变化加快)或减小(相位变化减慢),从而发生了多普勒效应。最大多普勒频移可通过式(4-11)估算,即

$$\Delta f = \frac{\Delta v}{c} f \tag{4-11}$$

式中 Δf——最大多普勒频移,单位为 Hz;

Δv——接收天线相对于发射天线的移动速度,单位为 m/s;

c——光速,约为 3×10^8 m/s;

f——发射天线辐射的无线电波的频率,单位为 Hz。

从式(4-11)可以看出,对于物联网无线通信中常使用的 6GHz 以下频段,最大多普勒频移通常不超过几百赫兹。

因此,在发射天线或接收天线移动或其周围环境随时间发生改变时,经过各条传播路径到达接收天线的无线电波,其路径损耗和到达相位(因为传播路径及其长度随时间变化)以及频率(因为多普勒效应)都可能随时间发生变化,从而使接收功率随时间发生变化,进一步导致衰落。

作为无线电波传播的一个实例,IEEE 802.11—2016 中给出了一个方形房间中的信号强度图,如图 4.6 所示,颜色越浅表示信号强度越大。房间的入口在图的右上方,图的左下方有一张金属桌子。最大信号强度和最小信号强度之间相差 50dB(接收功率相差十万倍)。

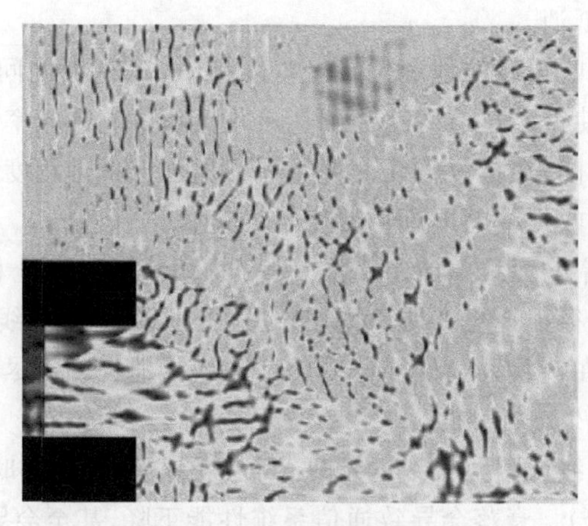

图 4.6 房间中的信号强度

(图片来源:IEEE 802.11—2016)

4.2　无线信道与噪声

在无线通信中，除了要克服(或利用)路径损耗、多径传播、衰落带来的影响，还要克服噪声带来的负面影响。

信道是信号传送的通道。信道可分为无线信道和有线信道。无线信道利用无线电波、可见光、红外线等介质在空间中的传播来传送信号。所需传送的信号从发送端的发射天线经过无线信道传送到接收端的接收天线。在接收端接收到的信号中，除所需的传送信号之外，总是存在不需要的随机的信号，即噪声。

噪声是一种有源干扰。噪声包括来自闪电、大气、太阳耀斑等自然界中存在的自然噪声，电气开关、电动机、车辆点火电路、计算机等由人类活动产生的人为噪声，以及由接收电路中电导体内部的电荷载流子随机热运动引起的热噪声。在高于绝对零度的温度下，导线、电阻、半导体器件都会产生热噪声。热噪声存在于所有电路中，并随温度升高而增强。在无线通信系统的工作频率范围内，热噪声的频谱接近于均匀分布，就好像白光的频谱在可见光的频谱范围内均匀分布那样，所以热噪声又被称为白噪声。

在无线通信接收端，接收机中噪声的主要来源取决于使用的频段。在大约 40MHz 以下的频段，自然噪声、人为噪声往往高于热噪声。反之，在更高的频段，热噪声通常是噪声的主要来源。

噪声总是存在的，如果接收天线与发射天线相距过远，以至于接收端接收到的信号弱于噪声，那么信号将被噪声淹没，如不进行特别处理，就难以正确恢复出发送信息。因此，噪声从根本上限制了无线通信的传输距离。

热噪声的功率P_N可由式(4-12)给出，即

$$P_N = k_B TB \tag{4-12}$$

式中　P_N——热噪声功率，单位为 W；

k_B——玻尔兹曼常数，$k_B \approx 1.38 \times 10^{-23}$ W·s/K；

T——温度，单位为 K；

B——带宽，单位为 Hz。

例如，在 290K 的室温下，带宽为 1kHz 的热噪声的功率为$P_N = 1.38 \times 10^{-23} \times 290 \times 1 \times 10^3 \text{W} \approx 4 \times 10^{-18} \text{W} \approx -144\text{dBm}$。在无线通信中，人们常用 dBm 表示功率，即把以毫瓦(mW)为单位的功率用分贝(dB)来表示。例如，$100\text{mW} = 10\log_{10}100\text{dBm} = 20\text{dBm}$，$0\text{dBm} = 10^{\frac{0}{10}}\text{mW} = 1\text{mW}$。这样做的好处是可以用短式来表示非常大或非常小的功率值。

热噪声在数学上可以被建模为加性高斯白噪声(Additive White Gaussian Noise, AWGN)。“加性”是指它可叠加在信号上。“白”是指它的功率谱密度几乎在整个频段上均保持为一个常数，即它在频段内几乎所有频率上的功率都相等。“高斯”是指它在时域上的值服从零均值高斯分布(正态分布)。

为了表述噪声与信号之间的相对强弱关系，常使用信噪比。在通信系统中同一处相同带宽内测得到的信号平均功率(所需要的)与噪声平均功率(不需要的，包括热噪声)之比被称为信噪比(Signal-to-Noise Ratio, SNR)，用于衡量信号质量。信噪比的值也常用

分贝来表示。

【例 4.4】 在 290K 的室温下，若 2MHz 带宽内的信号平均功率为 -75.3dBm，求仅考虑热噪声时的信噪比。

【解】 根据信噪比定义可得

$$10\log_{10}\frac{P_{\mathrm{S}}}{P_{\mathrm{N}}}\mathrm{dB}=10\log_{10}\frac{10^{\frac{-75.3}{10}}\times10^{-3}}{1.38\times10^{-23}\times290\times2\times10^{6}}\mathrm{dB}$$
$$\approx35.67\mathrm{dB}$$

为了便于进一步分析信道，通常先对信道建立数学模型。从数学的角度看，信道中的噪声是叠加在信号上的，并且无论信道中是否有信号，噪声都始终存在。若噪声的功率不随时间发生变化，可记为 n。对于发射天线(发送端)与接收天线(接收端)都静止不动的视线传播无线信道，可使用如图 4.7 所示的数学模型，即对信道的输入信号 $x(t)$ 先乘以一个系数 k，再叠加噪声。

在发射天线(发送端)与接收天线(接收端)静止不动、周围环境不随时间发生改变且不考虑信道噪声时，有限条多径传播路径的无线信道，可用抽头延时线的方式进行建模，如图 4.8 所示。假设信号从发射天线最多经过 m 条路径传播到接收天线。每条传播路径上的路径损耗不同，$k_0,k_1,\cdots,k_m$ 分别为各条路径上信号衰减的系数。信号经过各条路径到达接收端的时间不同，$\tau_0,\tau_1,\cdots,\tau_m$ 代表各条路径上的传播时延。信道的输出信号 $y(t)$ 为经过各条传播路径到达接收天线的信号的叠加。若发射天线或接收天线移动，或者周围环境随时间发生变化，那么图 4.8 中的 $k_0,k_1,\cdots,k_m$ 和 $\tau_0,\tau_1,\cdots,\tau_m$ 都将是时间 t 的函数。

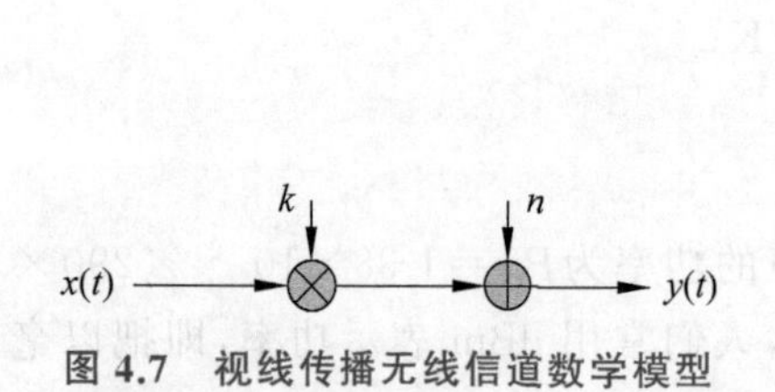

图 4.7 视线传播无线信道数学模型

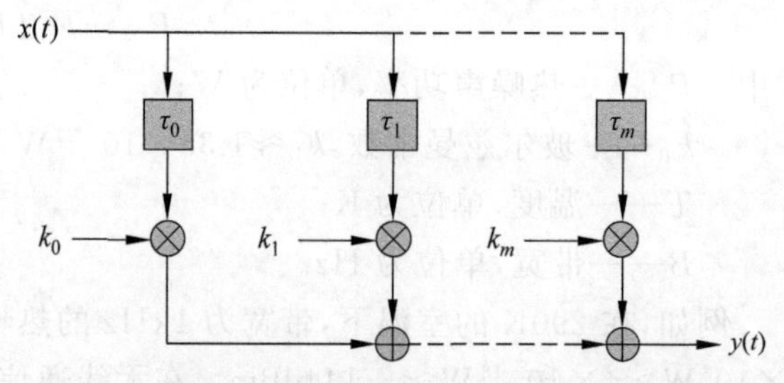

图 4.8 有限条多径传播路径的无线信道数学模型

4.3 本章实验

为了加深对路径损耗、多径传播等概念的理解，并学习使用软件工具进行仿真实验，本节将使用工具软件对 4.1 节中的路径损耗计算公式和 4.2 节中的多径传播无线信道数学模型做初步仿真。本书中使用的仿真工具软件为 GNU Octave。Octave 是 GNU 通用公共许可条款下的免费软件，主要用于数值计算，使用与 MATLAB 相似的高级语言。MATLAB 是一款用于无线通信、信号处理、数据分析等领域科学计算的商业软件。

鉴于目前 Octave 的中文学习资料没有 MATLAB 丰富，如果对 Octave 和 MATLAB 都不太熟悉的读者，可以利用两小时学习免费的 MATLAB 入门教程，也可以借助中文帮助文档快速入门。如果你有一些编程基础，学习 Octave 将更加容易。

【实验 4.1】 自由空间中视线传播距离与接收功率。

如图 4.3 所示，自由空间中的一对发射天线和接收天线之间存在且仅存在视线传播路径。如果发送端的发射功率为 1mW，发射天线与接收天线的增益都为 1，发射天线辐射的无线电波的频率为 2.4GHz，那么传播距离将如何影响接收端的接收功率？

(1) 在 Octave 程序中可先定义以下变量。

```
power_tx = 1;                          % 发射功率为 1mW
frequency = 2.4e9;                     % 无线电波频率为 2.4GHz
antenna_gain_tx = 1;                   % 发射天线增益为 1
antenna_gain_rx = 1;                   % 接收天线增益为 1
c = 299792458;                         % 真空中光速,单位为 m/s
max_distance = 1200;                   % 最大传播距离,单位为 m
```

(2) 初始化变量数组，用于保存不同传播距离对应的路径损耗与接收功率。

```
distance = 1 : max_distance;           % 传播距离为 1~1200m,间隔 1m
path_loss = zeros(size(distance));     % 初始化各传播距离上的路径损耗
power_rx_dbm = zeros(size(distance));  % 初始化各传播距离上的接收功率(dBm)
```

(3) 用循环为每个传播距离计算对应的路径损耗与接收功率。

```
for d = 1 : max_distance               % 传播距离 d 为 1~1200m
  path_loss(d) = (4 * pi * distance(d) * frequency) ^ 2 / (antenna_gain_tx * antenna_
gain_rx * c ^ 2);                      % 计算传播距离为 d 米的路径损耗
  power_rx_dbm(d) = 10 * log10(power_tx / path_loss(d));
                                       % 计算传播距离为 d 米的接收功率,单位为 dBm
end
```

(4) 根据计算结果绘制接收功率与传播距离的关系曲线。

```
figure;                                % 创建一个图形窗口
plot(distance, power_rx_dbm, 'b-', 'LineWidth', 2);     % 画接收功率随距离变化的曲线
grid on;                               % 打开网格线
xlabel('Distance (m)');                % 创建横轴标注
ylabel('Received power (dBm)');        % 创建纵轴标注
```

在 Octave 中运行上述代码，可得到如图 4.9 所示的关系曲线。以上这些代码可合并保存到一个 M 文件中，也可通过扫描二维码 V4.1 获取该 M 文件。从图 4.9 可以看出，接收功率随传播距离的增加而急剧下降。在传播距离大约为 100m 时，接收功率降至 −80dBm。

V4.1 实验 4.1 的 M 文件

【实验 4.2】 静止无噪声情况下有限条路径的多径传播。

在发射天线与接收天线静止不动、周围环境不随时间发生改变且不考虑信道噪声的情况下，如果频率为 2.4GHz 的正弦波从发射天线，经过路径损耗分别为 0dB、3dB、10dB、

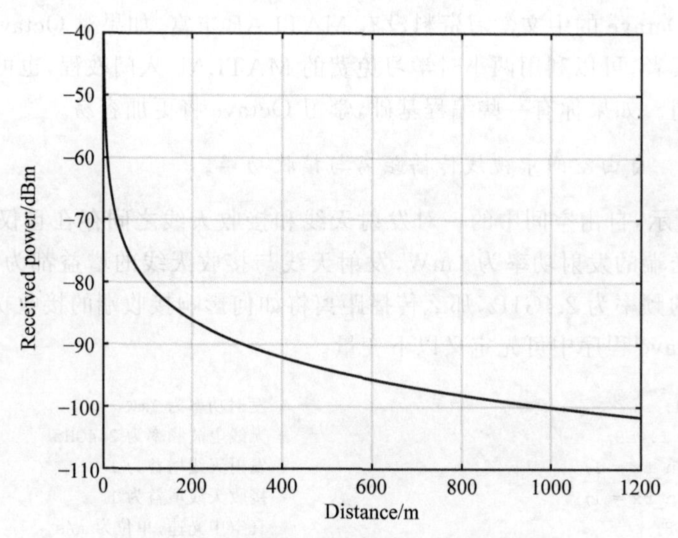

图 4.9 自由空间中视线传播距离与接收功率

18dB、26dB、32dB 以及传播时延分别为 0ns、50ns、110ns、170ns、290ns、310ns 的 6 条路径到达接收天线，那么接收天线将会收到什么样的信号？

(1) 可先在 Octave 程序中定义以下变量。

```
sine_frequency = 2.4e9;                                  % 正弦波频率,单位为 Hz
sine_initial_phase = 0;                                  % 正弦波初始相位
sine_amplitude = 1;                                      % 正弦波振幅
sampling_rate = 100e9;                                   % 采样频率,单位为 Hz
simulation_duration = 320e-9;                            % 仿真时长,单位为 s
plot_duration = 5e-9;                                    % 画图时长,单位为 s
path_delay = [0, 50e-9, 110e-9, 170e-9, 290e-9, 310e-9];       % 各路径传播时延,单位为 s
path_loss = [0, 3, 10, 18, 26, 32];                      % 各路径的路径损耗,单位为 dB
```

(2) 定义并初始化后续计算所需的变量。

```
sampling_interval = 1 / sampling_rate;                   % 采样间隔,单位为 s
number_of_simulation_samples = simulation_duration * sampling_rate;     % 仿真采样总量
number_of_path = length(path_delay);                     % 路径条数
sine_signals = zeros(1,number_of_simulation_samples);           % 初始化基准正弦波
path_signals = zeros(number_of_path, number_of_simulation_samples);
% 初始化经各路径到达的正弦波
sum_of_path_signals = zeros(1, number_of_simulation_samples);
% 初始化经各路径到达的正弦波的叠加
```

(3) 生成基准正弦波的采样值，以此得出经各路径到达接收端的正弦波，并叠加。

```
t = sampling_interval : sampling_interval : simulation_duration;   % 采样时间
sine_signals(1, 1 : end) = sine_amplitude * sin(2 * pi * sine_frequency * t+ sine_
initial_phase);                                                      % 生成基准正弦波
for i = 1 : number_of_path                                           % 对各条路径依次执行
  path_attenuation = sine_amplitude * 10 ^ (- path_loss(1, i) / 20);
```

```
% 计算经当前路径到达的正弦波的振幅
  number_of_delayed_samples = round(path_delay(1, i) * sampling_rate);
% 当前路径的传播时延(采样个数)
  path_signals(i, 1+ number_of_delayed_samples : end) = path_attenuation * sine_signals
(1, 1 : number_of_simulation_samples - number_of_delayed_samples);
% 经当前路径到达的正弦波
  sum_of_path_signals(1, :) = sum_of_path_signals(1, :)+ path_signals(i, :);
% 将经当前路径到达的正弦波与之前到达的正弦波相叠加
end
```

(4) 画出在接收天线上叠加后的波形。

```
figure;                                                    % 创建一个图形窗口
starting_sample_index = (simulation_duration - plot_duration) * sampling_rate+ 1;
% 画图时起始采样值的序号
plot(t(1, starting_sample_index : end) * 1e9, sum_of_path_signals(1, starting_sample_
index : end));                                             % 画出叠加后的波形
xlabel('Time (ns)');                                       % 创建横轴标注
ylabel('Amplitude of received signals');                   % 创建纵轴标注
```

在 Octave 中运行上述代码,可得到如图 4.10(a)所示的波形曲线。通过扫描二维码 V4.2 可获取上述代码的 M 文件。将正弦波频率参数改为 2.41GHz 后再次运行该代码,可得到如图 4.10(b)所示的波形曲线。对比这两个波形可以看出,不同频率的正弦波经过相同的多径信道到达接收端,即使它们的路径损耗相同,由于到达相位不同,它们在接收天线上混叠后的增强或抵消程度也不同,即振幅和功率不同。这种类型的衰落被称为频率选择性衰落(frequency selective fading)。

V4.2 实验 4.2 的 M 文件

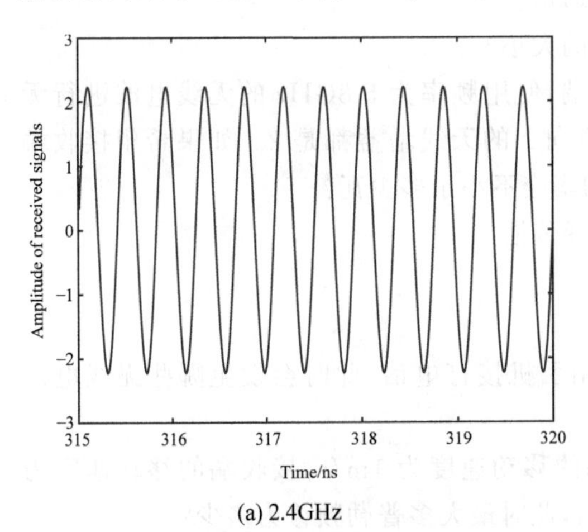

(a) 2.4GHz

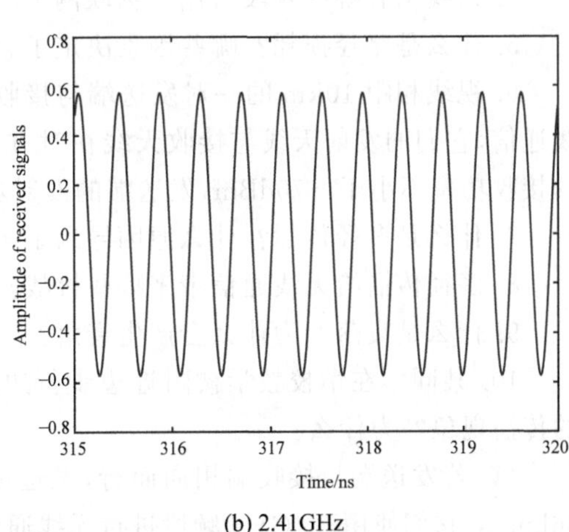

(b) 2.41GHz

图 4.10　经过多条路径传播到接收天线的正弦波的叠加

尝试修改正弦波频率等参数,观察不同参数下的运行结果。

4.4 本章小结

无线通信与有线通信的重要区别是它们使用的传输介质不同，即信道及传播特性不同，这给无线通信带来了更多需要解决的问题。自由空间中视线传播的无线电波受路径损耗影响，路径损耗的大小与传播距离的平方以及无线电波频率的平方成正比。实际场景中路径损耗更加严重，其大小与传播距离的 n 次方（n 通常为 2～6）成正比。无线电波在介质中传播及遇到障碍物时还会发生反射、折射、衍射、散射等现象，导致其从发射天线经过许多条不同路径传播到接收天线，即多径传播。多径传播会导致符号间干扰。同时，在发射天线与接收天线静止不动、周围环境也都不随时间发生改变的情况下，多径传播还会导致接收功率随无线电波的频率以及发射天线或接收天线的地理位置改变而发生变化，即衰落。在发射天线或接收天线移动，或其周围环境随时间发生改变的情况下，接收功率还将随时间发生变化，进一步导致衰落。无线通信的信道中同样存在噪声。无时无刻无处不在的噪声不仅限制了无线通信的传输距离，而且给接收端准确恢复发送信息带来困难。不论是路径损耗、多径传播、衰落，还是噪声，都是无线通信中必须想方设法克服的困难。

4.5 思考与练习

1. 什么是信号？什么是信道？什么是无线信道？

2. 相比有线通信，无线通信面临哪些挑战？

3. 什么是 ISM 频段？常用的 ISM 频段有哪些？

4. 在我国有哪些频段可用于物联网无线通信？

5. 什么是路径损耗？哪些因素决定了它的大小？

6. 视线相距 10km 的一对发送端与接收端，使用频率为 5.8GHz 的无线电波进行无线通信，它们的发射天线与接收天线在对方方向上的天线增益都是 2。如果希望接收端的接收功率不小于－70dBm，发送端的发射功率应不小于多少瓦？

7. 什么是多径传播？什么原因导致了多径传播？

8. 多径传播给无线通信带来哪些挑战？

9. 什么是衰落？为什么会产生衰落？

10. 某同学在学校教学楼附近边步行边用手机接打电话，此时会发生哪些无线电波的传播现象？为什么？

11. 若发送端与接收端相向而行，发送端的移动速度为 1m/s，接收端的移动速度为 36km/h，它们使用 2.4GHz 频段进行无线通信，此时最大多普勒频移为多少？

12. 什么是噪声？噪声有哪些来源？

13. 为什么说噪声从根本上限制了无线通信的传输距离？

14. 什么是加性高斯白噪声？

15. 在温度为 0℃ 的冬季室外，若 200kHz 带宽内的信号平均功率为－73dBm，求仅考虑热噪声时的信噪比。

16. 如何为视线传播无线信道建立数学模型?

17. 考虑实验 4.1 中的发送端与接收端,若接收端要求在 298K 温度下 1MHz 带宽内的信噪比不低于 10dB,那么接收天线最远可相距发射天线多少米?计算结果并通过仿真实验验证。

18. 结合实验 4.2 解释什么是频率选择性衰落,并分析其产生的原因。

第5章 信源

信源(source)是产生信息的实体。在物联网无线节点中,传感器是一种信源。物联网无线节点使用无线通信技术,把信源产生的信息传送到一个或多个目的地。

传感器种类繁多,其输出既有数字信号,也有模拟信号。如图 5.1 所示,对于传感器输出的模拟信号,需要先经过数字化过程转换成数字信号,以便于后续的处理与传输。为了抑制信号中的某些频率分量,可以对信号进行进一步处理,例如滤波。在发送端传输数字信号之前,还可以对数字信号进行数据压缩编码,以减小传输的数据量。在接收端进行相反过程,即解码,也可对信号进行滤波等处理。

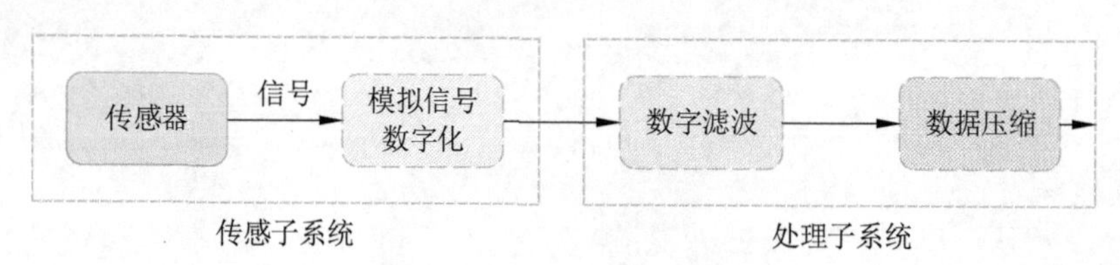

图 5.1 传感器信号与处理

本章首先讲述传感器的分类与特性,其次讲述信号的概念、模拟信号数字化过程以及信源编码方法,最后讲述频域与滤波的概念,并通过两个仿真实验加深读者对采样频率、频域、噪声、滤波的理解。

5.1 传感器

物联网中使用的无线节点,从供电角度看,大致可以分为无源节点和有源节点两类。无源节点多基于 RFID 技术,由读写器天线发射的磁场或电磁场通过无线节点(标签)的天线来为节点提供工作时所需的能量。有些无源节点上也配有传感器和处理器。有源节点多使用无线传感器网络等技术,通常具备传感器、处理器、无线收发器等部件,通过自带电池等方式供电,可以支持更远距离的无线数据传输。不论物联网无线节点使用 RFID 技术,还是使用无线传感器网络等技术,都是使用无线通信技术进行无线数据传输,只不过侧重点与技术复杂度略有不同。

不论是无源节点还是有源节点，在采集客观世界的数据时，都离不开传感器。本书3.1节从硬件与应用的角度对传感器做了初步讲解，本节将进一步从分类与特性指标的角度讲解传感器。由于节点自身的特点，物联网无线节点中倾向于使用能耗较低、尺寸不大、数据传输率不高的传感器。

5.1.1 传感器的分类

可被测量的客观世界变量多种多样，相应地，传感器也种类繁多。从不同的角度，传感器可被划分为不同的类别。从被测量的角度，传感器可分为物理量传感器、化学量传感器以及生物量传感器。物理量传感器的分类趋于成熟，化学量传感器和生物量传感器的新产品不断涌现。国家标准 GB/T 36378.1—2018 中给出了物理量传感器的分类，如表 5.1 所示。化学量传感器和生物量传感器包括气体、氧气、湿度、结露、露点、水分、离子、氢离子浓度、pH 值、DNA、葡萄糖、尿素、胆固醇、血脂、谷丙转氨酶、血型、生化需氧量、谷氨酸、血气、血液 pH、血氧、血液二氧化碳、血液电解质、血钾、血钠、血氯、血钙、血压、食道压力、膀胱压力、胃肠内压、颅内压、心音、体温、皮温、血流、呼吸、呼吸流量、呼吸频率、细胞膜电压、细胞膜电容等传感器。

表 5.1 物理量传感器的分类

被测量类别	具体被测量	被测量详细划分
力学量传感器	压力传感器	绝压传感器
		表压传感器
		差压传感器
	重力传感器	
	张力传感器	
	应力传感器	
	应变传感器	
	力矩传感器	扭矩传感器
		转矩传感器
	位移传感器	线位移传感器
		角位移传感器
	速度传感器	线速度传感器
		角速度传感器
		转速传感器
		流速传感器
	加速度传感器	线加速度传感器
		角加速度传感器
		振动传感器
		冲击传感器

续表

被测量类别	具体被测量	被测量详细划分
力学量传感器	流量传感器	质量流量传感器
		体积流量传感器
	位置传感器	物位传感器
		姿态传感器
	尺度传感器	测距传感器
		厚度传感器
		角度传感器
		倾角传感器
		表面粗糙传感器
	密度传感器	
	黏度传感器	
	硬度传感器	
热学量传感器	温度传感器	
	热流传感器	
	热导率传感器	
	热扩散率传感器	
光学量传感器	激光传感器	
	可见光传感器	
	红外光传感器	
	紫外光传感器	
	照度传感器	
	亮度传感器	
	色度传感器	
	光谱传感器	
	图像传感器	
	能见度传感器	
	浊度传感器	
磁学量传感器	磁场传感器	
	磁通量传感器	

续表

被测量类别	具体被测量	被测量详细划分
电学量传感器	电流传感器	
	电压传感器	
	电场传感器	
声学量传感器	超声波传感器	
	声压传感器	
	噪声传感器	
微波传感器		
射线传感器	X 射线感光器	
	α 射线传感器	
	β 射线感光器	
	γ 射线传感器	
	射线剂量传感器	

从转换原理的角度，传感器可分为物理传感器(包括电阻式、电容式、电感式、压电式、磁电式、热电式、光电式、谐振式、声波式、辐射式等)、化学传感器和生物传感器三大类。从是否需要外部电源的角度，可分为无源传感器(例如热电偶、电磁麦克风、压电传感器、光电二极管等)和有源传感器(例如碳麦克风、热敏电阻、应变计、电容式和电感式传感器等)。从绝对与相对测量的角度，可分为绝对传感器(例如热敏电阻测量绝对温度)和相对传感器(例如热电偶测量温度差)。从输出信号类型的角度，可分为模拟传感器(输出为模拟信号)和数字传感器(输出为数字信号)。

5.1.2　传感器的基本指标

理想的传感器应具有以下特点。

(1) 仅对被测量敏感。

(2) 输出与输入之间具有唯一的、稳定的对应关系。

(3) 输出可实时反映输入的变化。

实际中，传感器本身结构、电子电路器件、电路系统结构以及各种环境因素都可能会影响传感器的整体性能。

如果传感器的输入与输出之间存在某种对应关系，且对应关系不随时间发生变化，则可用传递函数来描述这个对应关系：$y=f(x)$。其中，x 为传感器的输入，y 为传感器的输出。大多数传感器具有线性传递函数：

$$y=a_0+a_1x \tag{5-1}$$

式中，a_0，a_1 为实数。线性传递函数的斜率 a_1 被称为传感器的灵敏度(sensitivity)。对于一些复杂的传感器，其非线性的传递函数不易求得，需做近似计算，例如用代数多项式

逼近，即

$$y = a_0 + a_1 x + a_2 x^2 + a_3 x^3 + \cdots + a_n x^n \tag{5-2}$$

式中，$a_0, a_1, \cdots, a_n$ 为实数。在许多情况下，n 可以取 2 或 3。也可使用线性分段逼近做近似计算，即把非线性传递函数分解为多个部分，每个部分视为线性。在 $n \geqslant 3$ 时，可使用样条插值做近似计算。对于非线性传递函数，灵敏度定义为传递函数的一阶导数。当传感器的输出取决于多个输入时，传递函数可能是多个变量的函数。例如湿度传感器，其输出取决于相对湿度和温度两个输入变量。

不会引起不可接受的较大误差的传感器输入 x 的范围称为满量程(Full Scale，FS)。在最大输入和最小输入下测得的传感器输出 y 之间的代数差，称为满量程输出(Full-Scale Output，FSO)。传感器在测量范围内可以检测到的输入的最小变化量，称为分辨力(resolution)。分辨力可以用最小变化量的典型值、平均值或最大值来表示。能使传感器的输出产生可测变化量的最小输入值，即零点附近的分辨力，被称为阈值(threshold)。

传感器的一个重要技术指标是准确度(accuracy)，这实际上意味着不准确度。不准确度是指传感器的输出值与真实值之间的最大偏差。不准确度可用多种方式衡量，例如绝对误差和相对误差。绝对误差为测量值与真实值的差。当误差独立于输入信号振幅时，常用此形式。相对误差为绝对误差与真实值的比。精度(precision)是指在相同的条件下反复测量相同的输入时，传感器给出相同输出的能力。精度描述这些测量读数之间的一致性，而这些读数不一定接近真实值。精度是准确度的必要条件，但不是充分条件。

实际中，真实值具有不确定性，因为无法完全确定真实值是多少。每个传感器都不是理想的，其性能也存在不确定性。无论单次测量的准确度有多高，即测量值与真实值有多接近，都无法保证测量值确实是准确的。由于实际传感器无法实现理想的传递函数，因此会产生一些类型的偏差，这些偏差会影响传感器的准确度，具体偏差如下。

(1) 滞后(hysteresis)误差。滞后是指传感器的输出因其输入是在增大过程中还是减小过程中达到同一输入值而有所不同。由此产生的传感器输出偏差称为滞后误差。产生滞后现象的主要原因是传感器机械部分存在不可避免的缺陷，包括材料结构变化等。

(2) 非线性误差。传感器的实际传递函数与理想的线性传递函数之间存在偏差，由此产生的传感器输出偏差称为非线性误差。

(3) 灵敏度误差。实际传感器的灵敏度可能与理想值有所不同，由此产生的传感器输出偏差称为灵敏度误差。

(4) 偏移量误差。如果传感器的输出值与真实值相差一个常数，则传感器存在偏移量误差。

(5) 动态误差。由被测量随时间的快速变化而引起的传感器输出偏差称为动态误差。

此外，传感器输出还会受到噪声等随机误差的影响。传感器也会受到漂移(drift)的影响。传感器的输出发生与被测量无关的、不需要的缓慢变化，称为漂移。它通常与传感器材料的老化有关，即材料某些方面的性能发生不可逆的变化。环境温度的变化也可能引起漂移。漂移表现为传感器的灵敏度、零点等特性随时间或温度发生变化。

当传感器的输入随时间快速变化时，传感器通常不能始终立即做出响应。传感器的这种与时间有关的特性，被称为动态特性。在控制系统理论中，通常通过常系数线性微分方程来研究传感器的动态特性。

5.2 信号

传感器输出的模拟电压信号、脉宽调制（Pulse-Width Modulation，PWM）信号、串行数字信号都是信号。

信号是信息的一种物理表示方式，是数据的传输载体。信号按物理属性分为电信号和非电信号。本书中提及的信号指的是电信号。电信号的基本形式是随时间变化的电压或电流。信号可以分为确定信号、随机信号、连续信号、离散信号、模拟信号、数字信号、周期信号、非周期信号等。在数学上，信号可表示为一个或多个自变量的函数。

在任意给定时刻 t，都有确定的函数值 $f(t)$，这样的信号称为确定信号。反之，在任意给定时刻 t 都具有随机值的信号，称为随机信号。

在连续的时间范围内有定义的信号，称为连续信号。这里的连续是指函数的定义域（时间变量）是连续的，其值域可以连续也可以不连续。若仅在一些离散的时间点才有定义的信号，则称为离散信号或序列。离散点的时间间隔 $T_n=t_{n+1}-t_n$ 可以相等也可以不相等，在通信中通常取等间隔，即 $T_n=T, n\in\mathbb{Z}$。离散信号可表示为 $f(nT)$，简写为 $f(n)$，其中 n 是序号，$n\in\mathbb{Z}$。

函数值也是连续值的连续信号称为模拟信号。函数值是连续值的离散信号称为采样信号。函数值为离散值的离散信号称为数字信号。

定义在$(-\infty,\infty)$区间，每隔一定时间 T（或整数 N），按相同规律重复变化的信号，称为周期信号。不具有周期性的信号称为非周期信号。对于连续的周期信号，满足式(5-3)的最小 T 称为该连续周期信号的周期。

$$f(t)=f(t+mT) \quad m=0,\pm1,\pm2\cdots \tag{5-3}$$

例如，正弦信号 $f(t)=A\sin(2\pi ft+\varphi)$的周期为 $1/f$，f 为其频率，A 为振幅，φ 为初始相位。同样，对于离散的周期信号，满足式(5-4)的最小整数 N 称为该离散周期信号的周期，即

$$f(n)=f(n+mN) \quad m=0,\pm1,\pm2\cdots \tag{5-4}$$

例如，正弦序列 $f(n)=\sin(\pi n)$的周期为 2。

由法国数学家、物理学家傅里叶（Fourier）发起的研究发现，任何周期函数都可以用由正弦函数和余弦函数构成的无穷级数来表示。周期为 $1/f$ 的周期信号 $f(t)$的傅里叶级数分解为

$$f(t)=\frac{c}{2}+\sum_{n=1}^{\infty}a_n\cos(2\pi nft)+\sum_{n=1}^{\infty}b_n\sin(2\pi nft) \tag{5-5}$$

式中 a_n、b_n——傅里叶系数；

$c/2$——周期信号的直流分量。

例如，周期为 $1/f$ 的方波（即在每个周期的前半个周期内函数值为 1，后半个周期内

函数值为−1)的傅里叶级数为

$$f(t)=\frac{4}{\pi}\sin(2\pi ft)+\frac{4}{3\pi}\sin(6\pi ft)+\frac{4}{5\pi}\sin(10\pi ft)+\cdots \tag{5-6}$$

式(5-5)表明,构造任意周期信号需要无限多个正弦函数和余弦函数叠加,这些函数(即谐波)的频率随 n 的增加而增高,并且都是基频 f 的倍数。对于通信而言,若要在发送端和接收端之间传输任意的周期信号,则需要在信道中传输无限多个频率任意高的正弦波信号,这就要求信道的带宽无限大。而实际上,任何介质,包括空气、电缆以及发射机的带宽都是有限的,无法支持传输无限多个频率任意高的正弦波信号。这也是为何数字信号(方波)不能直接通过无线信道传输的原因。

因此在实际中,人们仅使用有限个正弦函数和余弦函数来构造信道中传输的周期信号(也是模拟信号)。可以将传输信号视为一个正弦波信号或多个不同频率正弦波信号的叠加。

5.3 模拟信号数字化

由于物联网无线节点的处理子系统一般使用处理器处理数据,因此传感器输出的模拟信号须先经过 ADC 转换为数字信号后再输入处理器。从数学上看,模拟信号转换为数字信号的过程有 3 个步骤,即采样、量化和编码,如图 5.2 所示。

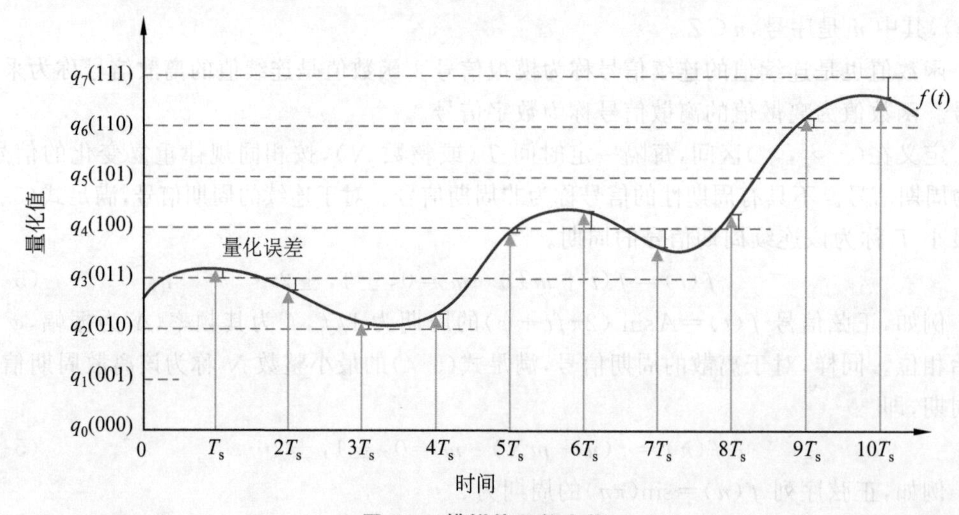

图 5.2 模拟信号数字化

(1) 采样。模拟信号被采样,成为采样信号。采样是指在一系列离散的时刻,对模拟信号采集其样值,得到一系列模拟信号在这些时刻的函数值。在通信中,通常采样的时间间隔相等,这个时间间隔记作 T_s。近些年发展起来的压缩感知(compressed sensing)技术支持不等时间间隔采样。

通过采样所得到的模拟信号在一系列离散时刻上的采样值,显然与输入的被采样模拟信号不一样,只包含该模拟信号波形中的一部分值。那么,这是否意味着仅通过采样后得到的一系列离散时刻上的采样值，无法准确恢复出被采样的模拟信号？

实际上，在采样时间间隔 T_s 满足一定条件时，可以由采样后得到的采样值准确恢复出被采样的模拟信号。奈奎斯特-香农采样定理（Nyquist-Shannon sampling theorem）指出：若模拟信号 $f(t)$ 的最高频率不超过 f_H 赫兹，则当以采样时间间隔 $T_s \leqslant 1/2f_H$（即采样速率 $f_s \geqslant 2f_H$）对其采样时，模拟信号 $f(t)$ 将被这些采样值完全确定。这个最低的采样频率 $2f_H$ 被称奈奎斯特速率，与此对应最大的采样时间间隔 $1/2f_H$ 被称为奈奎斯特间隔。在满足这个条件时，可以用一个截止频率为 f_H 的理想低通滤波器（也称重建滤波器）从采样信号中恢复出被采样的模拟信号。由于理想低通滤波器不可实现，实际的采样频率通常比奈奎斯特速率大一些，甚至数倍于奈奎斯特速率。

（2）量化。采样值仍是一个取值连续的变量，即它可以有无数个可能的连续取值。如果用 N 个二进制位来表示采样值的大小，则最多可表示 $M=2^N$ 个不同的数值。为了能够用这 N 个二进制位来表示所有的采样值，把采样值的取值范围划分成 M 个不重叠的区间，将落在每个区间内的采样值用同一个数值 q_i 来表示，$i=0,1,\cdots,M-1$。这个过程称为量化，这些区间称为量化区间。量化有多种方式，包括均匀量化（即均匀划分每个量化区间）和非均匀量化（即每个量化区间的划分并不均匀）、标量量化（即每次量化一个采样值）和矢量量化（即每次量化多个采样值）等。常见的标量均匀量化器包括中线（mid-tread）量化器和中升（mid-riser）量化器，前者的输入输出关系式为

$$Q(f(kT_s))=\left\lfloor \frac{f(kT_s)}{\Delta}+\frac{1}{2} \right\rfloor \cdot \Delta = i \cdot \Delta \tag{5-7}$$

式中 $f(kT_s)$——模拟信号 $f(t)$ 在第 k 个采样时刻的采样值，$k \in \mathbf{Z}$，T_s 为采样时间间隔；

i——M 个量化区间的索引，$i=0,1,\cdots,M-1$；

Δ——均匀量化的量化步长，也称为量化间隔；

$\lfloor \cdot \rfloor$——向下取整，$\lfloor x+1/2 \rfloor$ 表示对 x 四舍五入。

该式表明，采样值被与其距离最近的量化步长的整数倍（即量化值）所替代，如图5.2所示。从图5.2可以看出，采样值与其量化值之间通常存在一定的差异，这个差被称为量化误差。显然，对于同一输入信号，量化区间越多，即 M 越大，量化误差越小。

（3）编码。即把量化后的每个量化值都映射为一个二进制数值。在图5.2中，采样信号经过中线量化器量化后，量化值 $i \cdot \Delta$ 被编码为量化区间索引 i 的二进制数值，这种码被称为自然二进制码。上述将模拟信号转换为二进制数字信号的方法称为脉冲编码调制（Pulse-Code Modulation，PCM）。PCM 通常在 ADC 上实现。

至此，模拟信号被转换为数字信号。

5.4 信源编码

在物联网无线节点中，减少无线传输的数据量有助于降低节点与网络的能耗（见3.2节）。如能减少传感器产生的数据量，则可减少无线节点通过无线传输的数据量。因此，可以对5.3节中模数转换后的数字信号做进一步编码（即数据压缩），以减少冗余。数据

压缩是减少数据量的过程。当然,编码与解码过程也会给处理器带来一些运算量,从而增加物联网无线节点的能耗,是否做数据压缩是一个时空复杂度与能耗的折中考虑。

信源编码,是将信源产生的消息编码为二进制码字的过程。信源是产生信息的实体,在物联网无线节点中,传感器是一种信源。消息是信息的具体体现形式,信息是消息中所包含的有效内容。信源编码有两个目的:①将任意信源消息唯一地映射为一个二进制码字,包括将信源产生的模拟信号转换成数字信号(见 5.3 节);②有效地将信源消息映射为最紧凑的二进制码字,即数据压缩。与信源编码对应的相反过程,称为信源解码。信源编码与信源解码之间的部分,即编码后数据的传送通道,称为编码信道,如图 5.3 所示。其中,信宿(sink)是接收信息的实体。

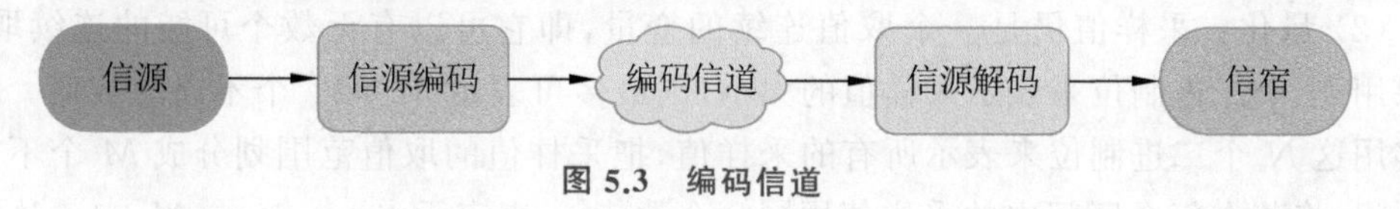

图 5.3　编码信道

先考虑一个数学问题。假如甲同学每次从 1、2、3、4 四个数字中随机抽出一个,且每个数字每次被抽到的概率都相等(即每个数字被抽到的概率都是 0.25)。乙同学不知道甲同学每次抽到的数字,只能通过向甲同学提问的方式获取有关数字大小的线索,而甲同学对乙同学的提问只能回答"是"或者"否"。那么,乙同学为了完全确定甲同学每次抽出的数字,需要针对每次抽出的数字平均至少提问几次?

显然,乙同学在提问时可以把这四个数字平均分成两组,从甲同学回答的"是"或"否"中,获知甲同学抽到的数字在哪一组中,然后再向甲同学提问这组两个数字中的一个是否为甲同学抽到的数字,从而总是可以通过两次提问完全确定甲同学抽到的数字。

如果这四个数字被甲同学抽到的概率不完全相等,例如 1 被抽到的概率为 0.5、2 被抽到的概率为 0.25、3 和 4 被抽到的概率为 0.125,那么在这种情况下,乙同学需要平均至少提问几次,才能完全确定甲同学每次抽出的数字?

由于 1 被抽到的概率最大,如果乙同学第一次提问的问题是"抽到的数字是否为 1",则乙同学有 0.5 的概率提问一次就可确定这个数字为 1;如果抽到的数字不是 1,乙同学的第二个问题可以问是否为剩下的数字中被抽到概率最大的数字,即"抽到的数字是否为 2",这时乙同学有 $0.25/(0.25+0.125+0.125)=0.5$ 的概率可确定这个数字为 2;如果经过两次提问都无法确定这个数字,那么通过第三次提问就可以确定这个数字具体为余下两个数字中的哪一个。采用这种方法提问,乙同学需要多至 3 次提问才能完全确定甲同学抽出的数字。但是,平均下来只需要 $1\times0.5+2\times0.25+3\times0.25=1.75$ 次提问,比之前等概率抽取情况下的平均提问次数还要少。

这个最少的平均提问次数,即为信息熵,常称作熵(entropy),用来衡量随机变量可能取值(抽出的数字)的不确定性。熵也可以解释为信源产生信息的平均速率。一般地,如果随机变量 S 的取值为 s_i 的概率是 $p(s_i)$,则 S 的熵 $H(S)$ 为

$$H(S)=-\sum_{i=1}^{m}p(s_i)\log(p(s_i)) \tag{5-8}$$

其中,S 的可能取值为 $s_1,s_2,\cdots,s_m$。如果式中对数的底取为 2,则熵 $H(S)$ 的单位为比

特(b)。

【例5.1】 某传感器输出的模拟信号经分辨率为3b的ADC转换成数字信号。ADC输出二进制数值“000”“001”“010”“011”“100”“101”“110”“111”的概率分别是0.01、0.04、0.15、0.3、0.3、0.15、0.04、0.01。求该随机变量的熵。

【解】 根据式(5-8)计算其熵$H(S)$为

$$\begin{aligned} H(S) &= -\sum_{i=1}^{m} p(s_i)\log_2(p(s_i)) \\ &= -(2\times 0.01\times \log_2 0.01 + 2\times 0.04\times \log_2 0.04 \\ &\quad + 2\times 0.15\times \log_2 0.15 + 2\times 0.3\times \log_2 0.3)\text{b} \\ &\approx 2.37\text{b} \end{aligned}$$

例5.1中ADC的输出存在平均3b－2.37b＝0.63b的冗余。可以对传感器或ADC输出的数据进行数据压缩编码以减少其中的冗余。数据压缩分为有损压缩和无损压缩，前者在压缩过程中会丢弃掉一些细节信息，常用于压缩语音、图像、音视频等数据。对于传感器数据，通常人们不希望对其压缩时丢失任何信息，因此这里使用无损压缩方法。数据压缩方法的选择需要权衡压缩程度、压缩和解压缩所需的运算量等因素。无损数据压缩方法包括赫夫曼编码(Huffman coding)、行程编码(Run-Length Encoding，RLE)、算术编码(arithmetic coding)、非对称数字系统(Asymmetric Numeral Systems，ANS)等。

编码本质上是一种映射过程，即把输入的一组二进制比特(被称为符号)，映射为输出的另一组二进制比特(即码字)。赫夫曼编码是一种变长码，即每个码字的长度并不完全相等。虽然赫夫曼编码并不总是最优的无损数据压缩方法，但其可以被有效实现。

赫夫曼编码的基本思想：把输入中出现概率较低的符号用较长的码字来表示，把输入中出现概率较高的符号用较短的码字来表示，从而减小输出码字的平均长度。编码的主要工作是找出输入符号与输出码字之间的最佳映射关系。

赫夫曼编码的基本做法：创建一棵二叉树，其各个叶节点为编码器输入中可能出现的符号，并且出现概率越小的符号所在的叶节点越可能位于二叉树的更深层。从二叉树根节点出发到某个符号所在的叶节点所经过的路径即为该符号编码后的输出。创建二叉树的算法如下，其中算法的输入为符号s_i的出现概率$p(s_i)$，$i=1,2,\cdots,m$，输出为创建的二叉树。

(1) 创建m棵二叉树的集合$A=\{T_1,T_2,\cdots,T_m\}$。其中每棵二叉树T_i只有一个带有概率值$p(s_i)$的根节点，其左、右子树均为空。

(2) 在A中选取根节点所带概率值最小的两棵树，分别作为左子树和右子树构造一棵新的二叉树。新二叉树根节点所带的概率值为其左、右两棵子树根节点所带的概率值之和。在A中删除选取的这两棵树，并将新的二叉树加入到A中。

(3) 重复上一步，直到A中只剩下一棵树为止。这棵树就是该算法创建的二叉树。

如果不知道符号s_i的出现概率$p(s_i)$，可以使用自适应赫夫曼编码(adaptive Huffman coding)、自适应算术编码(adaptive arithmetic coding)等方法。

【例 5.2】 对例 5.1 中 ADC 输出的符号做赫夫曼编码。

【解】 8 个符号“000”“001”“010”“011”“100”“101”“110”“111”出现的概率分别是 0.01、0.04、0.15、0.3、0.3、0.15、0.04、0.01。赫夫曼编码创建的二叉树（赫夫曼树）如图 5.4 所示。各符号对应的码字如表 5.2 所示。

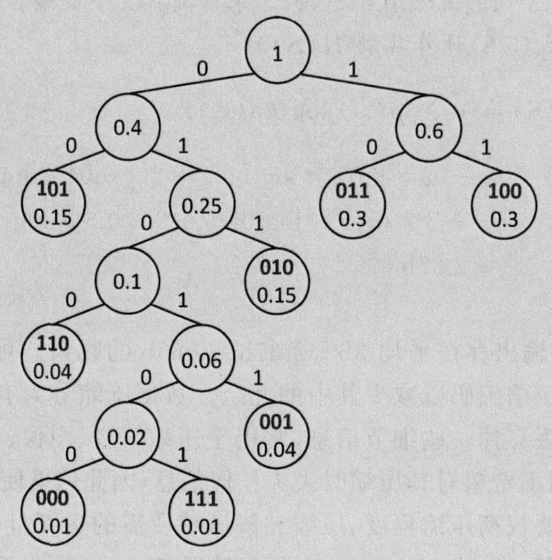

图 5.4 例 5.2 的赫夫曼树

表 5.2 例 5.2 的赫夫曼编码

输入符号	符号出现的概率	输出码字
000	0.01	010100
001	0.04	01011
010	0.15	011
011	0.3	10
100	0.3	11
101	0.15	00
110	0.04	0100
111	0.01	010101

例 5.2 中赫夫曼编码输出的码字的平均长度为 6b×0.01＋5b×0.04＋3b×0.15＋2b×0.3＋2b×0.3＋2b×0.15＋4b×0.04＋6b×0.01＝2.43b，相比 ADC 输出的每个 3b 长的符号，编码后传输每个符号平均减少 3b－2.43b＝0.57b 的数据量。由于平均码长 2.43b 与熵 2.37b 还有一些差距，本例中赫夫曼编码不是效率最高的无损压缩编码。

5.5 频域与滤波

5.2 节中讨论的信号 $f(t)$，其函数值随时间变化，这是从时域的角度分析信号的。对于同一信号，也可以从其他角度观察分析，以便更加直观地了解并分析信号。在通信中，人们经常从频域的角度分析信号。频域是指对频率而不是时间进行信号分析。

可以使用被称为变换的一对数学算子在时域和频域之间转换给定的信号。常用的变换是傅里叶变换(Fourier transform)，它可以将时域信号分解为不同频率的正弦波之和，每个正弦波代表一个频率分量。5.2 节中的傅里叶级数是傅里叶变换的一种形式，其特点是时域连续、频域离散。为了便于在处理器上运算，我们更关注傅里叶变换的时域和频域都离散且序列长度有限的形式，即离散傅里叶变换(Discrete Fourier Transform, DFT)。

设 $x(n)$ 为 M 点有限长的复数序列，即在 $0 \leqslant n \leqslant M-1$ 内有值，则可定义 $x(n)$ 的 N 点离散傅里叶变换为

$$X(k)=\mathrm{DFT}[x(n)]=\sum_{n=0}^{N-1} x(n)\mathrm{e}^{-\mathrm{j}\frac{2\pi}{N}nk}, \quad k=0,1,\cdots,N-1 \tag{5-9}$$

式中　N——离散傅里叶变换的点数，$N \geqslant M$；

e——自然常数；

j——虚数单位，$\mathrm{j}^2=-1$。

当 $N>M$ 时，需要为 $x(n)$ 补 $N-M$ 个零值点，即当 $M \leqslant n \leqslant N-1$ 时 $x(n)=0$。

为了便于理解离散傅里叶变换的含义，将式(5-9)写为

$$\begin{aligned} X(k) &= x(0)\mathrm{e}^{-\mathrm{j}2\pi k\frac{0}{N}}+x(1)\mathrm{e}^{-\mathrm{j}2\pi k\frac{1}{N}}+\cdots+x(N-1)\mathrm{e}^{-\mathrm{j}2\pi k\frac{N-1}{N}} \\ &= \boldsymbol{u}_k^{\mathrm{H}}\boldsymbol{x}=\boldsymbol{x}\cdot\boldsymbol{u}_k \\ \boldsymbol{u}_k &= (\mathrm{e}^{\mathrm{j}2\pi k\frac{0}{N}},\mathrm{e}^{\mathrm{j}2\pi k\frac{1}{N}},\cdots,\mathrm{e}^{\mathrm{j}2\pi k\frac{N-1}{N}})^{\mathrm{T}} \\ \boldsymbol{x} &= (x(0),x(1),\cdots,x(N-1))^{\mathrm{T}} \end{aligned} \tag{5-10}$$

式中　$(\cdot)^{\mathrm{H}}$——共轭转置；

$(\cdot)^{\mathrm{T}}$——转置。

式(5-10)表明，可以把 $X(k)$ 看成两个矢量 $\boldsymbol{u}_k$ 和 $\boldsymbol{x}$ 的内积。由于矢量 $\boldsymbol{x}$ 在矢量 $\boldsymbol{u}_k$ 上的标量投影为

$$\frac{\boldsymbol{x}\cdot\boldsymbol{u}_k}{\boldsymbol{u}_k\cdot\boldsymbol{u}_k}=\frac{X(k)}{N} \tag{5-11}$$

因此，$X(k)$ 可以理解为矢量 $\boldsymbol{x}$ 在矢量 $\boldsymbol{u}_k$ 上的标量投影的 N 倍。由欧拉公式(Euler's formula) $\mathrm{e}^{\mathrm{j}\theta}=\cos\theta+\mathrm{j}\sin\theta$ 可知，构成矢量 $\boldsymbol{u}_k$ 的复指数序列为

$$\begin{aligned} f(nT_{\mathrm{s}}) &= \mathrm{e}^{\mathrm{j}2\pi k\frac{n}{N}}=\mathrm{e}^{\mathrm{j}2\pi k\frac{nT_{\mathrm{s}}}{NT_{\mathrm{s}}}}=\mathrm{e}^{\mathrm{j}2\pi\left(\frac{k}{N}f_{\mathrm{s}}\right)(nT_{\mathrm{s}})} \\ &= \cos\left(2\pi\left(\frac{k}{N}f_{\mathrm{s}}\right)(nT_{\mathrm{s}})\right)+\mathrm{j}\sin\left(2\pi\left(\frac{k}{N}f_{\mathrm{s}}\right)(nT_{\mathrm{s}})\right), \quad n=0,1,\cdots,N-1 \end{aligned} \tag{5-12}$$

式中 T_s——复指数序列的采样时间间隔,与序列 $x(n)$一致;

f_s——采样频率,$f_s=1/T_s$。

由式(5-12)可知,构成矢量 $\boldsymbol{u}_k$ 的复指数序列由频率为 kf_s/N 的余弦序列和同频率正弦序列构成,因此 $X(k)$对应频率为 kf_s/N 的频率分量。

【例 5.3】 求序列 $x(n)=\cos(n\pi/2)$的 4 点离散傅里叶变换,其中 $0\leqslant n\leqslant 3$。

【解】 依题意 $M=4$、$N=4$,根据式(5-9)计算

$$X(0)=\cos(0)+\cos\left(\frac{\pi}{2}\right)+\cos(\pi)+\cos\left(\frac{3\pi}{2}\right)=1+0-1+0=0$$

$$\begin{aligned}X(1)&=\cos(0)+\cos\left(\frac{\pi}{2}\right)\cdot \mathrm{e}^{-\mathrm{j}\frac{\pi}{2}}+\cos(\pi)\cdot \mathrm{e}^{-\mathrm{j}\pi}+\cos\left(\frac{3\pi}{2}\right)\cdot \mathrm{e}^{-\mathrm{j}\frac{3\pi}{2}}\\&=1+0+1+0=2\end{aligned}$$

$$\begin{aligned}X(2)&=\cos(0)+\cos\left(\frac{\pi}{2}\right)\cdot \mathrm{e}^{-\mathrm{j}\pi}+\cos(\pi)\cdot \mathrm{e}^{-\mathrm{j}2\pi}+\cos\left(\frac{3\pi}{2}\right)\cdot \mathrm{e}^{-\mathrm{j}3\pi}\\&=1+0-1+0=0\end{aligned}$$

$$\begin{aligned}X(3)&=\cos(0)+\cos\left(\frac{\pi}{2}\right)\cdot \mathrm{e}^{-\mathrm{j}\frac{3\pi}{2}}+\cos(\pi)\cdot \mathrm{e}^{-\mathrm{j}3\pi}+\cos\left(\frac{3\pi}{2}\right)\cdot \mathrm{e}^{-\mathrm{j}\frac{9\pi}{2}}\\&=1+0+1+0=2\end{aligned}$$

例 5.3 中,$x(nT_s)=\cos(nT_s\pi/(2T_s))=\cos(2\pi(f_s/4)(nT_s))$,即该余弦序列的频率为 $f_s/4$。若采样频率 $f_s=4\text{Hz}$,则该余弦序列的频率为 1Hz,可画出例 5.3 中的序列 $x(n)$及其频谱,如图 5.5 所示。

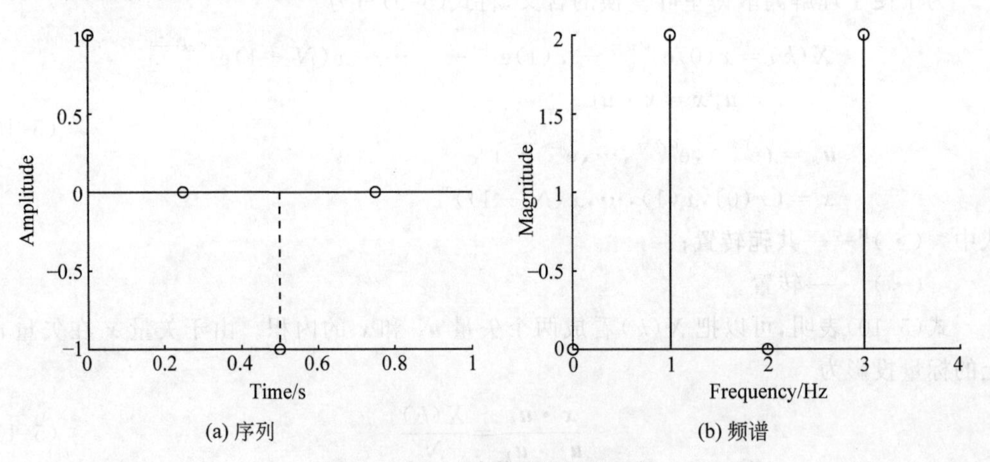

(a) 序列　　(b) 频谱

图 5.5 例 5.3 中的序列及其频谱

值得说明的是,当 $x(n)$为实数序列时,可得到

$$\begin{aligned}|X(N-k)|&=\left|\sum_{n=0}^{N-1}x(n)\mathrm{e}^{-\mathrm{j}\frac{2\pi}{N}n(N-k)}\right|=\left|\sum_{n=0}^{N-1}x(n)\mathrm{e}^{-\mathrm{j}\left(2\pi n-\frac{2\pi}{N}nk\right)}\right|\\&=\left|\sum_{n=0}^{N-1}x(n)\mathrm{e}^{\mathrm{j}\frac{2\pi}{N}nk}\right|=\left|\sum_{n=0}^{N-1}x(n)\cos\left(\frac{2\pi}{N}nk\right)+\mathrm{j}\sum_{n=0}^{N-1}x(n)\sin\left(\frac{2\pi}{N}nk\right)\right|\end{aligned}$$

$$= \left| \sum_{n=0}^{N-1} x(n)\cos\left(-\frac{2\pi}{N}nk\right) + \mathrm{j}\sum_{n=0}^{N-1} x(n)\sin\left(-\frac{2\pi}{N}nk\right) \right|$$

$$= \left| \sum_{n=0}^{N-1} x(n)\mathrm{e}^{-\mathrm{j}\frac{2\pi}{N}nk} \right| = |X(k)| \tag{5-13}$$

即 $X(N-k)$的模等于 $X(k)$的模。例如,在例 5.3 中,$|X(3)|=|X(1)|$。

定义复数序列 $X(k)$的 N 点离散傅里叶逆变换(Inverse Discrete Fourier Transform,IDFT)为

$$x(n) = \mathrm{IDFT}[X(k)] = \frac{1}{N}\sum_{k=0}^{N-1} X(k)\mathrm{e}^{\mathrm{j}\frac{2\pi}{N}nk}, \quad n=0,1,\cdots,N-1 \tag{5-14}$$

为了便于理解离散傅里叶逆变换的含义,在式(5-11)的基础之上,将矢量 $\boldsymbol{x}$ 在矢量 $\boldsymbol{u}_k$ 上的矢量投影$\mathrm{proj}_{\boldsymbol{u}_k}(\boldsymbol{x})$写为

$$\mathrm{proj}_{\boldsymbol{u}_k}(\boldsymbol{x}) = \frac{\boldsymbol{x}\cdot\boldsymbol{u}_k}{\boldsymbol{u}_k\cdot\boldsymbol{u}_k}\boldsymbol{u}_k = \frac{X(k)}{N}\boldsymbol{u}_k \tag{5-15}$$

通过式(5-14)可求得

$$\boldsymbol{x} = \begin{pmatrix} x(0) \\ x(1) \\ \vdots \\ x(N-1) \end{pmatrix} = \begin{pmatrix} \frac{1}{N}\sum_{k=0}^{N-1} X(k)\mathrm{e}^{\mathrm{j}2\pi k\frac{0}{N}} \\ \frac{1}{N}\sum_{k=0}^{N-1} X(k)\mathrm{e}^{\mathrm{j}2\pi k\frac{1}{N}} \\ \vdots \\ \frac{1}{N}\sum_{k=0}^{N-1} X(k)\mathrm{e}^{\mathrm{j}2\pi k\frac{N-1}{N}} \end{pmatrix}$$

$$= \frac{1}{N}\sum_{k=0}^{N-1} X(k)\begin{pmatrix} \mathrm{e}^{\mathrm{j}2\pi k\frac{0}{N}} \\ \mathrm{e}^{\mathrm{j}2\pi k\frac{1}{N}} \\ \vdots \\ \mathrm{e}^{\mathrm{j}2\pi k\frac{N-1}{N}} \end{pmatrix} = \sum_{k=0}^{N-1} \mathrm{proj}_{\boldsymbol{u}_k}(\boldsymbol{x}) \tag{5-16}$$

从式(5-16)可以看出,离散傅里叶逆变换本质上是将矢量 $\boldsymbol{x}$ 在矢量 $\boldsymbol{u}_k$ 上的矢量投影相加,$k=0,1,\cdots,N-1$。

综上所述,$X(k)$和 $x(n)$是一个有限长序列的离散傅里叶变换对。已知其中一个序列就可以唯一确定另一个序列。从定义式(5-9)和式(5-14)中可以看出,通过定义式直接计算傅里叶变换或其逆变换,需要做 N^2 次复数乘法以及 $N(N-1)$次复数加法,运算量随 N 的增大而急剧增加,这给在处理器中实现该变换带来挑战。因此,通常使用快速算法,即快速傅里叶变换(Fast Fourier Transform,FFT)和快速傅里叶逆变换(Inverse Fast Fourier Transform,IFFT)来分别实现 DFT 和 IDFT。当 $N=2^L$(L 为正整数)时,常见的 FFT 算法只需要$(N/2)\log_2 N$ 次复数乘法与 $N\log_2 N$ 次复数加法,大幅度降低了运算量。

有些时候,在 ADC 或传感器输出的序列中,或者在信源解码后的序列中,含有一些不需要的频率分量。可以使用滤波器从序列中去除这些频率分量。滤波器可以对时域信

号的频谱做一些改变,包括滤除时域信号中不需要的频率分量。

滤波器可以使用包括数字滤波器在内的多种不同技术实现。数字滤波器的本质是直接在DSP、MCU等处理器上运行的程序中实现所需滤波器的差分方程,其输入与输出均为序列。与模拟滤波器一样,数字滤波器将信号中的某些频率分量加以放大,而将另外一些频率分量加以抑制。也就是通过运算增强所需要的信号,滤除不需要的信号、噪声或干扰。从频域上看,滤波器可分为低通滤波器(允许低频分量通过,抑制高频分量)、高通滤波器(允许高频分量通过,抑制低频分量)、带通滤波器(仅允许频带内的频率分量通过)、带阻滤波器(仅抑制频带内的频率分量)4种常见类型,如图5.6所示。

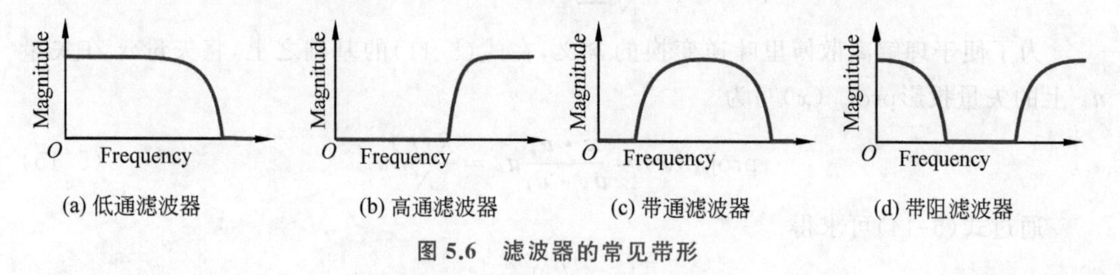

图5.6 滤波器的常见带形

数字滤波器在时域上可以用常系数线性差分方程来表示

$$y(n)=\sum_{i=0}^{M}b_i x(n-i)-\sum_{j=1}^{N}a_j y(n-j) \tag{5-17}$$

式中 $x(n)$——输入序列;

$y(n)$——输出序列;

b_i——系数,$i=0,1,2,\cdots,M$;

a_j——系数,$j=1,2,\cdots,N$。

$M+1$和N分别为两组系数的个数。M和N两者中较大的数为滤波器的阶数。不同滤波器的系数个数及其取值不同。

数字滤波器可以分为两大类:有限冲激响应(Finite Impulse Response,FIR)滤波器和无限冲激响应(Infinite Impulse Response,IIR)滤波器。式(5-17)中,若$a_j=0,j=1,2,\cdots,N$,则该滤波器为FIR滤波器。FIR滤波器的最大特点是可以有严格的线性相位,这对某些信号的传输很重要。式(5-17)中,若至少有一个$a_j\neq0,j=1,2,\cdots,N$,则该滤波器为IIR滤波器。IIR滤波器比较高效,若实现同样参数的滤波器,IIR可以比FIR使用更少的阶数。

5.6 本章实验

为了进一步理解频域与滤波的概念,本节将使用仿真工具软件Octave计算序列的频谱,并通过数字低通滤波器滤除序列中的高频噪声。

【实验5.1】 采样频率与频谱。

频率分别为20Hz和45Hz、振幅分别为0.7和1、初始相位均为0的两个正弦波信号混叠在一起。若以180Hz采样频率对混叠后的信号采样,画出采样信号及其频谱。

(1) 在程序中定义采样频率变量并生成采样后的序列。

```
fs = 180;                                  % 采样频率,单位为 Hz
t = 0 : 1 / fs : 5 - 1 / fs;               % 采样时刻,单位为 s
points = length(t);                        % 采样后的序列长度
xn = 0.7 * sin(2 * pi * 20 * t) + sin(2 * pi * 45 * t);
% 生成采样后的序列(两个正弦波的频率分别为 20Hz 和 45Hz)
```

(2) 为了画出与采样后序列对照的模拟信号波形,生成用更高采样频率采样得到对照序列。

```
contrast_fs = 2000;                        % 对照采样频率,单位为 Hz
contrast_t = 0 : 1 / contrast_fs : 5;      % 对照采样时刻,单位为 s
contrast_xn = 0.7 * sin(2 * pi * 20 * contrast_t) + sin(2 * pi * 45 * contrast_t);
% 生成对照序列
```

(3) 在同一个子图中画出前0.2s的采样后序列及对照序列。采样值在图中用红色圆圈标出。蓝色曲线为对照序列,近似采样前的模拟信号波形。

```
figure;                                    % 创建图形窗口
subplot(2, 1, 1);                          % 两个竖排子图中的第一个子图
plot(contrast_t(1 : 0.2 * contrast_fs + 1), contrast_xn(1 : 0.2 * contrast_fs + 1));
% 画对照序列(0.2s 时长)
hold on;                                   % 保持同一子图
stem(t(1 : 0.2 * fs + 1), xn(1 : 0.2 * fs + 1), '--r', 'MarkerSize', 4);
% 画采样后的序列(0.2s 时长)
title('Time domain');                      % 图标题
xlabel('Time (s)');                        % 横轴标注
ylabel('Amplitude');                       % 纵轴标注
```

(4) 通过快速傅里叶变换得到采样后序列的频谱,并在另一个子图中画出该频谱。

```
Xk = fft(xn);                              % 通过快速傅里叶变换得到序列 xn 的频谱
spectrum = abs(Xk(1 : points / 2 + 1) / points);   % 计算双边频谱
spectrum(2 : end - 1) = 2 * spectrum(2 : end - 1);  % 计算单边频谱
subplot(2, 1, 2);                          % 两个竖排子图中的第二个子图
plot(fs * (0 : (points / 2)) / points, spectrum);   % 画 xn 的频谱
title('Frequency domain');                 % 图标题
xlabel('Frequency (Hz)');                  % 横轴标注
ylabel('Magnitude');                       % 纵轴标注
```

在Octave中运行上述代码,可得到如图5.7所示的运行结果。通过扫描二维码V5.1可获取上述代码的M文件。

V5.1 实验5.1的M文件

尝试修改采样频率,观察不同采样频率下的运行结果。当采样频率降低至90Hz以下时,采样后序列的频谱会发生变化吗?尝试解释原因。

【实验5.2】 使用数字低通滤波器滤除序列中较高频率的噪声。

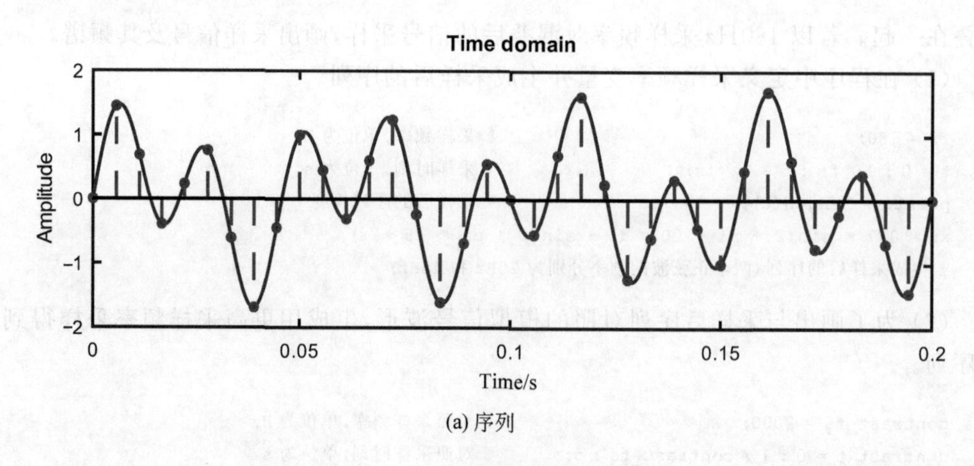

(a) 序列

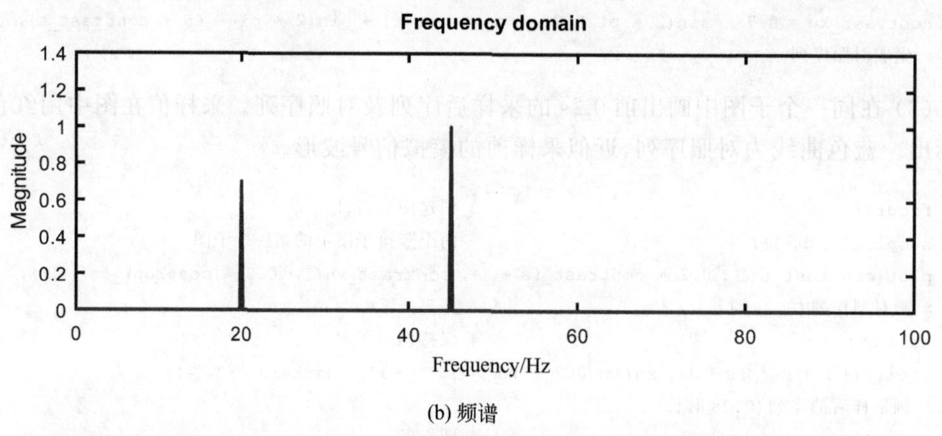

(b) 频谱

图 5.7 采样后序列及其频谱

对实验 5.1 中混叠后的信号采样，在所得到的采样后序列中，加入噪声（加性高斯白噪声），观察其波形和频谱的变化。然后用截止频率为 70Hz 的低通 FIR 数字滤波器，滤除其中较高频率的噪声，观察经过滤波器后序列的波形和频谱。

（1）生成采样后序列，并加入方差为 4 的加性高斯白噪声。

```
fs = 1000;                                          % 采样频率,单位为 Hz
t = 0 : 1 / fs : 2 - 1 / fs;                        % 采样时刻,单位为 s
points = length(t);                                 % 序列长度
xn = 0.7 * sin(2 * pi * 20 * t) + sin(2 * pi * 45 * t);
% 生成序列(两个正弦波的频率分别为 20Hz 和 45Hz)
noisy_xn = xn + 2 * randn(size(t));                 % 在序列上加入方差为 4 的加性高斯白噪声
```

（2）在同一图形窗口中画出采样后序列以及加入噪声后的序列。

```
figure;                                             % 创建图形窗口
plot(t(1 : 0.2 * fs + 1), noisy_xn(1 : 0.2 * fs + 1), 'g');
% 画加入噪声后的序列 noisy_xn(0.2s 时长)
hold on;                                            % 保持同一图形窗口
plot(t(1 : 0.2 * fs + 1), xn(1 : 0.2 * fs + 1), 'LineWidth', 2);    % 画序列 xn(0.2s 时长)
xlabel('Time (s)');                                 % 横轴标注
```

```
ylabel('Amplitude');                                          % 纵轴标注
legend('x(n)', 'x(n) + noise');                               % 图例
```

(3) 计算 60 阶截止频率为 70Hz 的 FIR 低通数字滤波器的系数,并用该滤波器对加入噪声后的序列滤波。

```
pkg load signal                                               % 在 Octave 中,需要加载信号函数包
fir_order = 60;                                               % FIR 滤波器的阶数
fc = 70;                                                      % 低通滤波器的截止频率,单位 Hz
b = fir1(fir_order, fc / (fs / 2), 'low', hamming(fir_order + 1), 'scale');
% 计算 FIR 滤波器系数
filtered_xn = filtfilt(b, 1, noisy_xn);                       % 对含噪声的序列 xn 低通滤波
```

(4) 在同一图形窗口中画出采样后序列、加入噪声的序列以及滤波后的序列。

```
figure;                                                       % 创建图形窗口
plot(t(1 : 0.2 * fs + 1), noisy_xn(1 : 0.2 * fs + 1), 'g');
% 画序列 noisy_xn(0.2s 时长)
hold on;                                                      % 保持同一图形窗口
plot(t(1 : 0.2 * fs + 1), xn(1 : 0.2 * fs + 1));              % 画序列 xn(0.2s 时长)
plot(t(1 : 0.2 * fs + 1), filtered_xn(1 : 0.2 * fs + 1), 'r', 'LineWidth', 2);
% 画滤波后的序列(0.2s 时长)
xlabel('Time (s)');                                           % 横轴标注
ylabel('Amplitude');                                          % 纵轴标注
legend('x(n) + noise', 'x(n)', 'filtered x(n) + noise');      % 图例
```

(5) 计算并在第一个子图中画出采样后序列的频谱。

```
Xk = fft(xn);                                                 % 通过快速傅里叶变换得到序列 xn 的频谱
spectrum_xn = abs(Xk(1 : points / 2 + 1) / points);           % 计算双边频谱
spectrum_xn(2 : end - 1) = 2 * spectrum_xn(2 : end - 1);      % 计算单边频谱
figure;                                                       % 创建图形窗口
subplot(3, 1, 1);                                             % 3 个竖排子图中的第一个子图
plot(fs * (0 : (points / 2)) / points, spectrum_xn);          % 画 xn 的频谱
title('Spectrum of x(n)');                                    % 图标题
xlabel('Frequency (Hz)');                                     % 横轴标注
ylabel('Magnitude');                                          % 纵轴标注
```

(6) 计算并在第二个子图中画出加入噪声后序列的频谱。

```
noisy_Xk = fft(noisy_xn);                                             % 快速傅里叶变换
spectrum_noisy_xn = abs(noisy_Xk(1 : points / 2 + 1) / points);       % 计算双边频谱
spectrum_noisy_xn(2 : end - 1) = 2 * spectrum_noisy_xn(2 : end - 1);  % 计算单边频谱
subplot(3, 1, 2);          % 3 个竖排子图中的第二个子图
plot(fs * (0 : (points / 2)) / points, spectrum_noisy_xn);            % 画频谱
title('Spectrum of x(n) + noise');                                    % 图标题
xlabel('Frequency (Hz)');                                             % 横轴标注
ylabel('Magnitude');                                                  % 纵轴标注
```

(7) 计算并在第三个子图中画出加入滤波后序列的频谱。

```
filtered_Xk = fft(filtered_xn);                                       % 快速傅里叶变换
spectrum_filtered = abs(filtered_Xk(1 : points / 2 + 1) / points);    % 计算双边频谱
spectrum_filtered(2 : end - 1) = 2 * spectrum_filtered(2 : end - 1);  % 计算单边频谱
subplot(3, 1, 3);          % 3 个竖排子图中的第三个子图
plot(fs * (0 : (points / 2)) / points, spectrum_filtered);            % 画频谱
```

```
title('Spectrum of filtered x(n) + noise');                    % 图标题
xlabel('Frequency (Hz)');                                      % 横轴标注
ylabel('Magnitude');                                           % 纵轴标注
```

V5.2 实验 5.2 的 M 文件

在 Octave 中运行上述代码,可得到如图 5.8 和图 5.9 所示的运行结果。通过扫描二维码 V5.2 可获取上述代码的 M 文件。从图 5.8(a)中可以看出,加入加性高斯白噪声后的序列在波形上发生了显著变化。图 5.8(b)中滤波后的序列在波形上接近于未加入噪声之前的序列,但二者之间

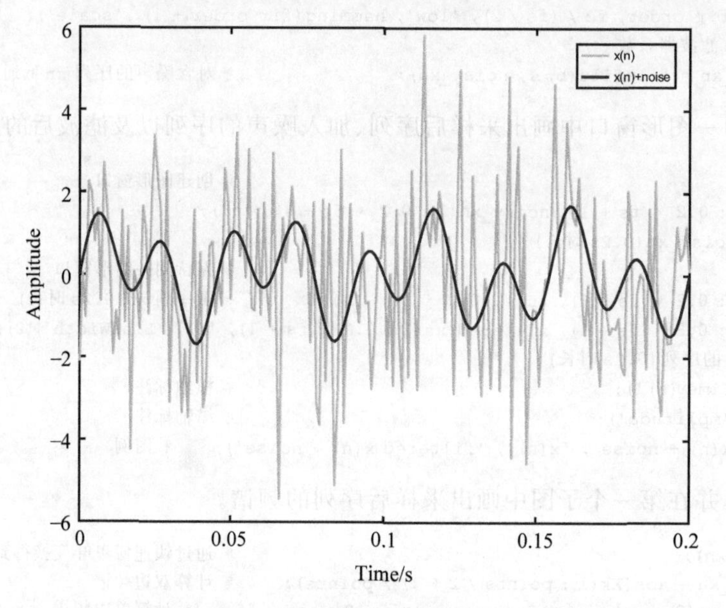

(a) 采样后序列

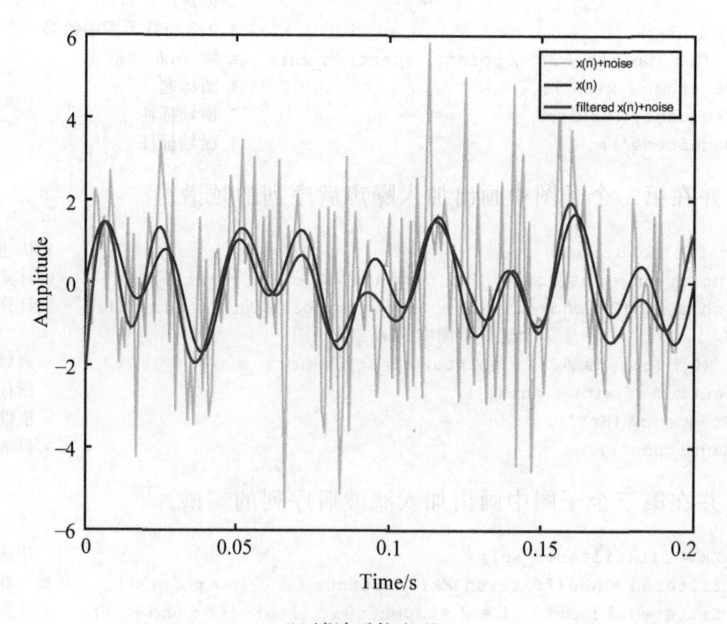

(b) 滤波后的序列

图 5.8 采样后序列与滤波后的序列

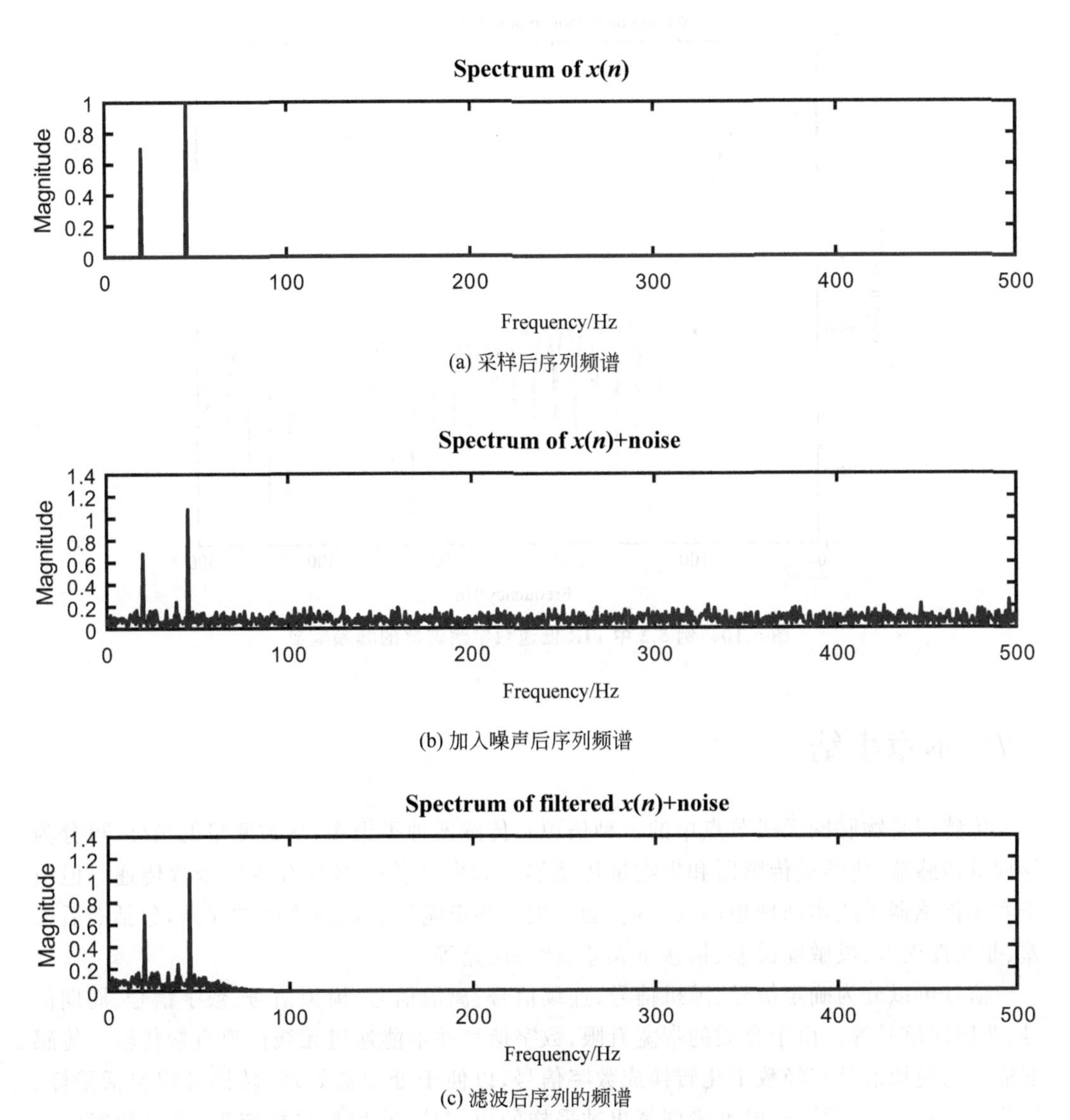

(a) 采样后序列频谱

(b) 加入噪声后序列频谱

(c) 滤波后序列的频谱

图 5.9　采样后序列、加入噪声后序列、滤波后序列的频谱

仍存在一些差别，这是由于低通滤波器只能抑制高于其截止频率的噪声，滤波后的序列中仍存在较低频率的噪声。图 5.10 给出了本例中 FIR 低通数字滤波器的幅频响应，可以看出，实际滤波器在幅频响应上与理想滤波器之间存在一些差异。

重复运行上述代码，观察加入噪声后序列和滤波后序列的波形变化。从图 5.9 可以看出，加性高斯白噪声的频谱分布在整个频段上，使用滤波器可以有效滤除噪声的一部分频率分量。

尝试修改程序中正弦波与加性高斯白噪声的参数，观察不同参数下的运行结果。

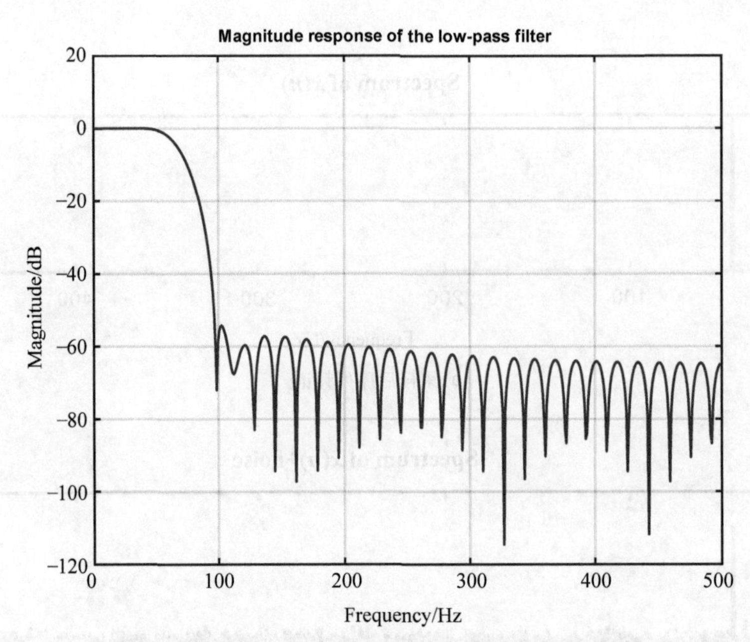

图 5.10 例 5.2 中 FIR 低通数字滤波器的幅频响应

5.7 本章小结

传感器是物联网无线节点中的一种信源。传感器种类繁多,从被测量的角度,可分为物理量传感器、化学量传感器和生物量传感器。大多数传感器具有线性函数传递。但由于实际传感器无法实现理想函数传递,会产生一些影响传感器准确度的误差,包括滞后误差、非线性误差、灵敏度误差、偏移量误差、动态误差等。

信号可以分为确定信号、随机信号、连续信号、离散信号、模拟信号、数字信号、周期信号、非周期信号等。由于介质的带宽有限,数字信号并不能通过无线信道直接传输。传感器输出的模拟信号需经数字化转换成数字信号,以便于处理器处理,转换过程包括采样、量化、编码 3 个步骤。若要准确恢复出被采样的模拟信号,根据采样定理,采样频率应至少为模拟信号最高频率的两倍。在物联网无线节点中,可以对传感器等信源产生的数字信号进行信源编码(包括赫夫曼编码在内的无损压缩编码),以减小无线通信传输的数据量。

在通信中,人们经常从频域的角度分析信号,通过 DFT 计算离散信号(序列)的频谱,DFT 可由 FFT 算法实现。滤波器可以滤除信号中不需要的频率分量,从带形上可分为低通滤波器、高通滤波器、带通滤波器、带阻滤波器 4 种常见类型。可以在处理器上通过实现滤波器的差分方程来实现数字滤波器。数字滤波器包括 FIR 滤波器和 IIR 滤波器两大类。

5.8 思考与练习

1. 传感器可以被划分为哪些类别？

2. 物理量传感器的被测量类别有哪些？列举出10个具体被测量。

3. 什么是传感器的传递函数、灵敏度、满量程、分辨力、准确度和精度？

4. 传感器为什么会产生误差？误差有哪些来源？

5. 什么是连续信号、离散信号、模拟信号、数字信号和采样信号？

6. 为什么数字信号(方波)不能直接通过无线信道传输？

7. 模拟信号如何被数字化？详细说明。

8. 求对模拟信号 $x(t)=3\cos(200t)+\sin(80\pi t)$ 进行理想采样的奈奎斯特速率。

9. 什么是信源？信源编码的目的有哪些？

10. 若 $p(s_1)=0.0625$、$p(s_2)=0.125$、$p(s_3)=0.25$、$p(s_4)=0.5$、$p(s_5)=0.0625$，计算随机变量 S 的熵。

11. 若赫夫曼编码的输入符号为 s_1,s_2,s_3,s_4,s_5，它们的出现概率与第10题相同，给出编码后的输出码字。

12. $x(n)$为6点长实数序列，$x(n)=\{1,2,4,3,0,5\}$，求其离散傅里叶变换后的 $X(0)$和 $X(3)$。

13. 写出一个FIR数字滤波器的差分方程和一个IIR数字滤波器的差分方程。

14. 用C语言编程创建例5.2中的赫夫曼树。

15. 以100Hz的采样频率对第8题中的模拟信号采样，用软件Octave画出采样后序列的频谱。

第6章

物 理 层

在本章及后续的两章中，将讨论物联网无线通信的核心问题：网络中的多个物联网无线节点如何通过无线的方式相互传输数据。本章将讨论物联网无线节点发送端如何把传感器等信源产生的数据通过无线信道发送给接收端，以及接收端如何根据从无线信道中接收到的信号恢复出发送端所发送的数据，即一对无线节点如何通过无线信道传输数据的问题。

本章首先概述物理层在物联网无线通信系统中所处的位置及其基本组成；其次分别讲述加扰与解扰、信道编码与解码、交织与解交织、数字调制与解调、射频前端与天线等物理层的组成部分，以及复用与双工的概念；最后通过两个实验加深读者对数字调制与解调、信道编码与解码，以及物理层的理解。

6.1 物理层概述

为了使各个厂商生产的通信设备及芯片能够互相兼容、互联互通，在通信领域，一些国际组织机构不断制定新的或更新已有的通信标准，通常向使用标准的厂商收取一定费用。这些标准组织包括 IEEE-SA（Institute of Electrical and Electronics Engineers Standards Association）、ITU 等。其中，IEEE 802 工作组制定了常用的以太网和无线局域网等标准，如表 6.1 所示。

表 6.1 IEEE 802 部分工作组

名 称	描 述
IEEE 802.3	以太网（Ethernet）
IEEE 802.11	无线局域网（Wireless Local Area Network，WLAN）
IEEE 802.15	无线个域网（Wireless Personal Area Network，WPAN）
IEEE 802.15.3	高数据传输率无线多媒体网络（high data rate wireless multi-media networks）
IEEE 802.15.4	低数据传输率无线网络（low-rate wireless networks）
IEEE 802.15.6	无线体域网（wireless body area networks）
IEEE 802.15.7	短距离光无线通信（short-range optical wireless communications）
IEEE 802.16	宽带无线接入系统（broadband wireless access systems）
IEEE 802.22	无线区域网（wireless regional area networks）

1984 年，国际标准化组织(International Organization for Standardization，ISO)发布了开放系统互连(Open Systems Interconnection，OSI)模型，该模型把通信系统划分为 7 个抽象的层，每层都为在其之上的层服务。这 7 层由下至上分别为物理层(physical layer)、数据链路层(data link layer)、网络层(network layer)、传输层(transport layer)、会话层(session layer)、表示层(presentation layer)和应用层(application layer)。虽然 OSI 模型仍在教学和文献中使用，但由于为 OSI 模型设计的协议未得到普及，OSI 模型已不适用于当今的网络。

美国国防部在 20 世纪 70 年代与一些大学及研究人员合作开发了 TCP/IP。1982 年，美国国防部把 TCP/IP 列为所有军事计算机网络的标准。1984 年 OSI 模型发布后，美国国防部曾计划从 TCP/IP 过渡到 OSI。但 TCP/IP 技术简单高效，且早已集成到 UNIX 操作系统中，最早将路由器商业化的公司也提供了 TCP/IP 产品。如今，TCP/IP 已成为事实上的互联网协议标准。不同于 OSI 模型，TCP/IP 定义了一个 4 层模型，由下至上分别为链路层(link layer)、互联网络层(Internet layer)、传输层、应用层。从功能的角度，TCP/IP 模型的传输层对应于 OSI 模型的传输层，TCP/IP 模型的互联网络层对应于 OSI 模型的网络层。

IEEE 802 系列标准，进一步把 OSI 模型的数据链路层由下至上分为两个子层，即介质接入控制(Medium Access Control，MAC)子层和逻辑链路控制(Logical Link Control，LLC)子层。无线信道与有线信道的差异(见第 4 章)使得无线通信在物理层与 MAC 子层上相比有线通信存在较大差异。IEEE 802 系列标准对物理层和 MAC 子层的功能以及与网络管理有关的较高层功能进行了规定。

LLC 子层提供多路复用机制，支持多种网络协议共存。LLC 还可以提供流量控制和自动重传请求差错管理机制。但是，大多数协议栈都不使用 LLC 子层提供的流量控制和差错管理机制，因为流量控制和差错管理可由 TCP 等传输层协议或某些应用层协议来完成。这些协议栈仅使用 LLC 子层的复用功能，因此本书不对 LLC 子层做深入讨论。

由于物联网无线节点具有低功耗、资源受限、自组、多跳、随机部署等特点，网络层协议也与传统网络存在差异。因此本书主要讨论物联网无线通信的物理层、MAC 子层以及网络层，如图 6.1 所示。

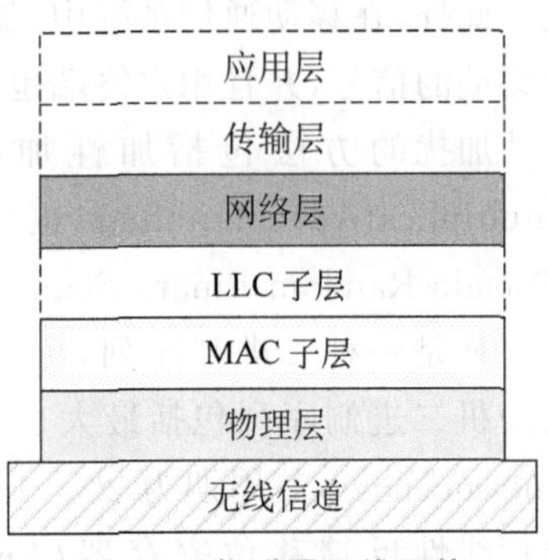

图 6.1 物联网无线通信系统的抽象层

物理层的主要功能是通过物理传输介质在发送设备与接收设备之间发送和接收非结构化的原始数据，即比特流，为其上层提供点到点的比特流传输服务。从通信系统的角度看，物联网无线通信系统的物理层主要由加扰、信道编码、交织、数字调制、发送端射频前端、发射天线、接收天线、接收端射频前端、数字解调、解交织、信道解码、解扰等部分组成，如图 6.2 所示。其中，数字调制与解调、射频前端与天线，通常是物联网无线通信系统物理层的必要组成部分。这些物理层的基本组成部分将在本章以下各节中进一步讨论。

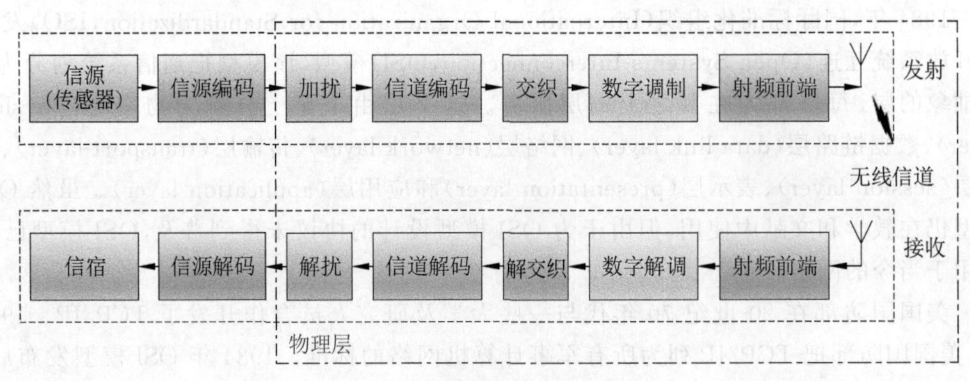

图 6.2　物理层的一种基本组成

6.2 加扰与解扰

许多客观世界的数据包含重复成分。例如温度传感器的输出值在短时间内变化并不显著。传输这些非随机数据将带来两个问题：①传输时信号频谱中的某些频率分量远大于平均值；②长的 0 序列或 1 序列会导致二进制数据中 0 和 1 之间的跳变不够频繁。为了解决这些问题，通信中使用加扰来随机化数据。

加扰(scrambling)也称随机化，是将输入的二进制数据转换为长度相同的看似随机的输出二进制数据，以避免数据中出现长的 0 序列或 1 序列。解扰(descrambling)是加扰的逆过程。使用加扰的主要目的有两个：①为了能够在发送端不使用冗余的线路码(line code)的情况下，接收端仍可进行准确的定时恢复；②为了减少调制后载波之间的干扰。此外，在移动通信系统中，加扰也是为了在物理层基站可以分离同时来自多个不同用户终端的信号，并且用户终端也可以分离同时来自多个不同基站的信号。

加扰的方法包括加性加扰(additive scrambling，也称同步加扰)和乘性加扰(multiplicative scrambling，也称自同步加扰)等。加性加扰使用伪随机二进制序列(Pseudo-Random Binary Sequence，PRBS)通过模二加法来转换输入数据。伪随机二进制序列是一种二进制序列，可以确定地生成，其频谱类似于随机二进制序列。常用的伪随机二进制序列包括最大长度序列(Maximum Length Sequence，MLS)，也称 m 序列(m-sequence)，其周期为 2^m-1，m 为生成器中二进制位的个数。伪随机二进制序列可以用线性反馈移位寄存器(Linear-Feedback Shift Register，LFSR)来生成。图 6.3 为 IEEE 802.15.4 中的伪随机二进制序列生成器。其中$\oplus$代表模二加法，即异或。寄存器的初始值可以为任何非零值，IEEE 802.15.4 中规定的初始值为 $a_8a_7a_6a_5a_4a_3a_2a_1a_0=$ 111111111。

加性加扰的过程是，输入二进制数据按位跟伪随机二进制序列生成器的输出比特做异或，异或的结果就是加扰的输出数据，如图 6.3 所示。由于一个二进制位跟 0 或者 1 做两次异或运算的结果是其本身，因此加性加扰在接收端的解扰过程即是对加扰后的数据重复发送端的加扰过程。加性加扰通常用于对数据块进行加扰，例如一帧数据。

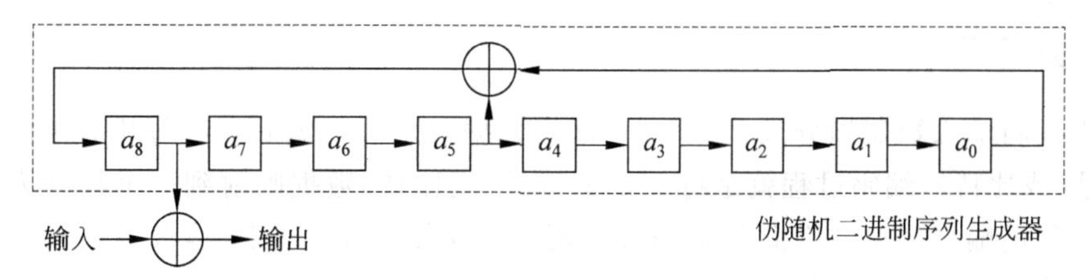

图 6.3　加性加扰

乘性加扰通常用于对连续比特序列进行加扰。乘性加扰与解扰是通过多项式除法与多项式乘法运算实现的。在发送端，输入二进制数据表示为多项式的形式，以此多项式除以特定的生成多项式，所得到的商就是加扰的输出。在接收端，接收到的加扰后的二进制数据同样表示为多项式的形式，再乘以加扰过程使用的生成多项式，所得到的积就是解扰的输出。多项式的除法与乘法也可以用线性反馈移位寄存器实现。

6.3　信道编码与解码

信号经过信道传输，会受到噪声、衰落等影响从而可能发生差错。由信道传输引入的差错可能会随机出现，即各个差错的出现是统计独立的，这样的差错称为随机差错(random error)，例如由加性高斯白噪声引起的差错。差错也可能会相对集中出现，即在短时间内连续出现许多差错，而在这段时间之前或之后的一段时间内都没有差错出现，这样的差错称为突发差错(burst error)，例如由闪电引起的差错。

信道编码的目的是检测出并纠正这些由于信道传输而产生的差错，从而提高信号经信道传输的可靠性。与信源编码不同，信道编码在输入数据中加入一些冗余数据，这使得接收端在信道解码过程中，可以借助这些冗余检测出接收数据中发生的有限个差错，也可以纠正一些差错，从而当差错数量在可纠错范围内时，发送端无须重新发送这些数据。

为了接收端能够检测出或者纠正差错，发送端在发送的比特流中加入一些额外的用于控制差错出现的比特，这种编码方法称为差错控制编码(error control coding)，使用的编码称为纠错码(Error Correction Code，ECC)。一般来说，加入的额外比特越多，检错或纠错的能力就越强，但是数据传输效率也越低，即用降低传输效率的代价换取传输可靠性的提高。

物理层常用的差错控制技术为前向纠错(Forward Error Correction，FEC)。前向纠错是指发送端在发送数据中添加冗余，这些冗余使得接收端可以检测出接收数据中任何位置发生的有限个差错，也可纠正有限个差错。可以纠正的差错数量取决于使用的纠错码。纠错码主要分为分组码(block code)和卷积码(convolutional code)两大类。分组码适用于固定大小的数据块，卷积码则适用于可变长度的数据块，数据块长度可以从几比特到几千比特。

在通信中，衡量可靠性的常用指标之一为比特差错率(Bit Error Rate，BER)，即单位时间内的比特差错数。BER 也指 Bit Error Ratio，即比特差错数与传输的比特总数之间的比值，通常表示为百分比。

6.3.1 分组码

分组码将输入数据划分成若干块，对每块数据分别进行编码。若每块数据的长度为 k 个符号(或比特)，编码过程就是将每 k 个符号(或比特)数据映射到一个长度为 n 个符号(或比特)的输出码字。因此分组码可以用(n,k)来表示。其中，输入数据长度 k 与输出码字长度 n 的比，称为码率(code rate)，即码率 $R=k/n$。

在计算机中，字(word)是处理器处理数据的基本单位，不同处理器的字长可能不同，例如一个字可能长 8b、16b、32b、64b 等。类似地，在通信中，符号(symbol)是通信设备通过调制信道传输数据的基本单位。取决于调制方式等因素，一个符号可以代表 1 比特或者多比特。

在信息论中，两个长度相等的符号串之间的汉明距离(Hamming distance)是相应符号不同的位置数。换句话说，它是将一个符号串转换为相同长度的另一个符号串所需的最小替换符号个数。在分组码中，两个相同长度码字之间的汉明距离称为码距。同一分组码中任意两个码字之间码距的最小值，称为分组码的最小码距。例如，83690000 与 83680001 的码距为 2，1010101 与 1001001 的码距为 3。

分组码的检错、纠错能力取决于最小码距。如果分组码的最小码距为 d，那么该分组码最多可检测出 $d-1$ 个差错(错误的符号)，或者最多纠正$\lfloor (d-1)/2 \rfloor$个差错，其中$\lfloor \cdot \rfloor$表示向下取整。例如，若某分组码的二进制码字为 000、011、101、110，其最小码距为 2，则其最多可以检测出 1 比特的差错。如果接收端收到 001，不在允许的码字之中，说明传输过程中产生了差错。但是由于 001 与码字 000、011、101 的距离都是 1，无法确定距离哪个码字最近，也就是无法确定发送端最可能发送的是哪个码字，因此该分组码不具备纠错能力。

常见的分组码包括里德-所罗门编码(Reed-Solomon code)、汉明码(Hamming code)等。里德-所罗门编码在数字通信和存储中具有广泛应用，适合于纠正突发差错。

分组码的参数决定了检错纠错能力以及编解码实现的复杂度。在里德-所罗门编码中，k 是输入的信息符号(information symbol)个数，n 是输出的码字长度(单位为符号)，$n \leqslant 2^m-1$，m 是一个符号可以代表的比特数，$n-k$ 为校验符号(parity symbol)个数，如图 6.4 所示。里德-所罗门编码最多可以纠正 $t=\lfloor (n-k)/2 \rfloor$个符号差错，$\lfloor \cdot \rfloor$表示向下取整。

里德-所罗门编码把每个符号都看作有限域(finite field)中的一个元素。有限域，也称伽罗瓦域(Galois field)，是包含有限个元素的域。这里使用本原元为 2 的包含 2^m 个元素的有限域，记为 $GF(2^m)$。每个元素对应里德-所罗门编码的一个 mb 长的符号。每个元素都可由一个多项式来表示：

$$a_{m-1}x^{m-1}+\cdots+a_1x+a_0 \tag{6-1}$$

式中 $a_{m-1},\cdots,a_1,a_0$——取值为 0 或 1 的 1b 长的系数，对应于构成 mb 长的符号的各个二进制位。

例如，有限域 $GF(2^4)$中有 16 个元素，每个元素用多项式可表示为 $a_3x^3+a_2x^2+a_1x+a_0$，其中 a_3,a_2,a_1,a_0 对应于二进制数 0000～1111。

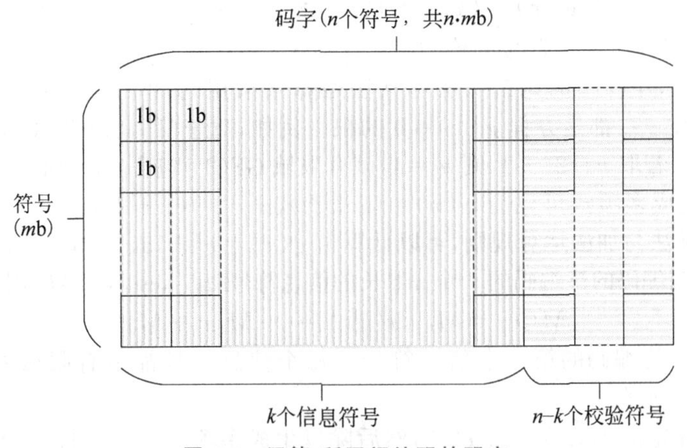

图 6.4　里德-所罗门编码的码字

定义有限域的一个重要部分是，有限域的本原多项式(primitive polynomial)$p(x)$，一个最高次为 m 的不可约多项式。例如，$GF(2^4)$域的本原多项式可以为 $p(x)=x^4+x+1$。

有限域的加减乘除运算与人们所熟知的运算过程有所不同。在本原元为 2 的有限域中，加法或减法运算等同于按位做异或运算。例如，$GF(2^4)$域的元素 x^3+x 与元素 x^3+x^2+1 相加或相减，结果都为 x^2+x+1。用二进制数的形式可写为 $1010 \pm 1101=0111$。

有限域的乘法定义为两个元素的乘积除以本原多项式 $p(x)$ 所得到的余数。例如，$GF(2^4)$域元素 x^3+x 与元素 x^3+x^2+1 相乘的计算过程为

$$
\begin{aligned}
&((x^3+x)\cdot(x^3+x^2+1)) \bmod (x^4+x+1)\\
&=(x^6+x^5+x^3+x^4+x^3+x) \bmod (x^4+x+1)\\
&=(x^6+x^5+x^4+x) \bmod (x^4+x+1)\\
&=x^3+x+1
\end{aligned}
\tag{6-2}
$$

式中　mod——取余运算。

余数可以通过除法运算求得。有限域的除法可通过多项式长除法运算。例如，式(6-2)中取余运算的除法计算过程为

$$
\begin{array}{r l}
 & x^2+x+1 \\
x^4+x+1 \,\big) & x^6+x^5+x^4+x \\
 & x^6+x^3+x^2 \\
\hline
 & x^5+x^4+x^3+x^2+x \\
 & x^5+x^2+x \\
\hline
 & x^4+x^3 \\
 & x^4+x+1 \\
\hline
 & x^3+x+1
\end{array}
\tag{6-3}
$$

由此得到商为 x^2+x+1，余数为 x^3+x+1。

(n,k)里德-所罗门编码通过其生成多项式 $g(x)$ 构造。$g(x)$ 可以为

$$g(x)=(x+2^0)(x+2^1)\cdots(x+2^{2t-1}) \tag{6-4}$$

式中 t——最多可纠正的符号差错数。

由于有限域GF(2^m)的元素加法与减法运算结果相同，即 $x+2^i=x-2^i$，因此 $x=2^i,i=0,1,\cdots,2t-1$，都是方程 $g(x)=0$ 的根。例如，对于(15,11)里德-所罗门编码，$n=15,k=11,t=2$。若取 $n=2^m-1$，则 $m=4$，该有限域GF(2^4)包含16个元素。(15,11)里德-所罗门编码的生成多项式可以为 $g(x)=(x+2^0)(x+2^1)(x+2^2)(x+2^3)$。根据有限域GF($2^4$)的元素乘法与加法运算规则，可以计算出 $g(x)=x^4+15x^3+3x^2+x+12$。

里德-所罗门编码的待编码的 k 个 mb长的信息符号 $M_{k-1},\cdots,M_1,M_0$ 用多项式表示为

$$M(x)=M_{k-1}x^{k-1}+\cdots+M_1x+M_0 \tag{6-5}$$

式中 M_{k-1}——待编码的第一个信息符号。每个信息符号都是有限域GF(2^m)的一个元素。

编码过程首先把 $M(x)$ 乘以 x^{n-k}，然后除以生成多项式 $g(x)$，即

$$\frac{M(x)\cdot x^{n-k}}{g(x)}=q(x)+\frac{r(x)}{g(x)} \tag{6-6}$$

式中 $q(x)$——商；

$r(x)$——余数，$r(x)$ 的最高次不超过 $n-k-1$。

则在 k 个信息符号后面附上 $n-k$ 个由 $r(x)$ 给出的校验符号即为里德-所罗门编码的输出码字，用发送多项式 $T(x)$ 表示为

$$\begin{aligned}T(x)&=M(x)\cdot x^{n-k}+r(x)\\&=M_{k-1}x^{n-1}+\cdots+M_0x^{n-k}+r_{n-k-1}x^{n-k-1}+\cdots+r_0\end{aligned} \tag{6-7}$$

式中 $M_{k-1},\cdots,M_0,r_{n-k-1},\cdots,r_0$——编码输出码字的 n 个符号。

将式(6-6)代入式(6-7)可得，$T(x)=M(x)\cdot x^{n-k}+r(x)=g(x)q(x)+r(x)+r(x)=g(x)q(x)$，说明发送多项式 $T(x)$ 可以被生成多项式 $g(x)$ 整除。

【例6.1】 使用本节中的(15,11)里德-所罗门编码为1,2,3,4,5,6,7,8,9,10,11共11个4b长的信息符号编码，写出输出码字。

【解】 本例中 $n=15,k=11,t=(n-k)/2=2$。首先用式(6-5)多项式表示待编码的11个4b长的信息符号为

$$\begin{aligned}M(x)=&x^{10}+2x^9+3x^8+4x^7+5x^6+6x^5+7x^4\\&+8x^3+9x^2+10x+11\end{aligned} \tag{6-8}$$

然后按式(6-6)计算

$$\begin{aligned}&\frac{M(x)\cdot x^{n-k}}{g(x)}\\&=\frac{(x^{10}+2x^9+3x^8+4x^7+5x^6+6x^5+7x^4+8x^3+9x^2+10x+11)\cdot x^4}{x^4+15x^3+3x^2+x+12}\\&=\frac{x^{14}+2x^{13}+3x^{12}+4x^{11}+5x^{10}+6x^9+7x^8+8x^7+9x^6+10x^5+11x^4}{x^4+15x^3+3x^2+x+12}\end{aligned} \tag{6-9}$$

接下来，根据有限域GF(2^4)的元素乘法与减法运算规则，通过长除法求式(6-9)中除法的余数。由于除式较长，这里使用表格列出每步计算的中间结果，如表6.2所示。

表 6.2 例 6.1 中除法的中间结果

	x^{14}	x^{13}	x^{12}	x^{11}	x^{10}	x^{9}	x^{8}	x^{7}	x^{6}	x^{5}	x^{4}	x^{3}	x^{2}	x^{1}	x^{0}
	1	2	3	4	5	6	7	8	9	10	11	0	0	0	0
除数×x^{10}	1	15	3	1	12										
		13	0	5	9	6	7	8	9	10	11	0	0	0	0
除数×$13x^{9}$		13	7	4	13	3									
			7	1	4	5	7	8	9	10	11	0	0	0	0
除数×$7x^{8}$			7	11	9	7	2								
				10	13	2	5	8	9	10	11	0	0	0	0
除数×$10x^{7}$				10	12	13	10	1							
					1	15	15	9	9	10	11	0	0	0	0
除数×x^{6}					1	15	3	1	12						
							12	8	5	10	11	0	0	0	0
除数×$12x^{4}$							12	8	7	12	15				
									2	6	4	0	0	0	0
除数×$2x^{2}$									2	13	6	2	11		
										11	2	2	11	0	0
除数×$11x$										11	3	14	11	13	
											1	12	0	13	0
除数×1											1	15	3	1	12
												3	3	12	12

由表 6.2 可知式(6-9)中除法的余数为 $r(x)=3x^3+3x^2+12x+12$。将 $r(x)$ 代入式(6-7)可得编码输出码字的发送多项式为 $T(x)=x^{14}+2x^{13}+3x^{12}+4x^{11}+5x^{10}+6x^9+7x^8+8x^7+9x^6+10x^5+11x^4+3x^3+3x^2+12x+12$，即编码输出的码字为 1,2,3,4,5,6,7,8,9,10,11,3,3,12,12。

在接收端，如果接收到的码字的接收多项式 $R(x)$ 能够被里德-所罗门编码的生成多项式 $g(x)$ 整除，则认为传输过程中没有引入差错，即 $R(x)=T(x)$。如果不能整除，则说明 $R(x)$ 中存在差错，可以启动纠错过程尝试纠错。如果 $R(x)$ 中的符号差错不超过 t 个，则通过纠错可以纠正这些差错。实际上，不论是上述判定过程，还是后续的纠错过程，都有可能发生解码差错，即解码器输出的码字并不是发送端发送的码字。但这种差错发生的概率非常小，McEliece 等人的报告中给出，对于(255,223)里德-所罗门编码，解码差错的概率小于 3×10^{-14}。

可以把接收多项式 $R(x)$ 表示为发送多项式 $T(x)$ 与传输过程中引入差错的差错多

项式 $E(x)$ 之和的形式

$$R(x)=T(x)+E(x) \tag{6-10}$$

式中,$E(x)=E_{n-1}x^{n-1}+\cdots+E_1x+E_0$,系数 $E_{n-1},\cdots,E_1,E_0$ 都是 mb 长的差错值。显然,这 n 个差错值中非零值的个数就是差错的个数。在纠错过程中,假设接收码字中的符号差错个数为 v 个,$v\leqslant t$。由此 $E(x)$ 又可以写为

$$E(x)=Y_1x^{e_1}+Y_2x^{e_2}+\cdots+Y_vx^{e_v} \tag{6-11}$$

式中 $Y_1,Y_2,\cdots,Y_v$——$E_0,E_1,\cdots,E_{n-1}$ 中的 v 个非零值;

$e_1,e_2,\cdots,e_v$——v 个非零值对应的 x 的指数。

若令 $x=2^i,i=0,1,\cdots,2t-1$,则 $T(2^i)=0$。这是因为 $x+2^i$ 是生成多项式 $g(x)$ 的因式,而 $T(x)$ 又可以被 $g(x)$ 整除。由式(6-10)可得

$$R(2^i)=T(2^i)+E(2^i)=E(2^i)=Y_1 2^{i\cdot e_1}+Y_2 2^{i\cdot e_2}+\cdots+Y_v 2^{i\cdot e_v} \tag{6-12}$$

即

$$\begin{cases}R(2^0)=Y_1 2^0+Y_2 2^0+\cdots+Y_v 2^0\\ R(2^1)=Y_1 2^{e_1}+Y_2 2^{e_2}+\cdots+Y_v 2^{e_v}\\ \vdots\\ R(2^{2t-1})=Y_1 2^{(2t-1)e_1}+Y_2 2^{(2t-1)e_2}+\cdots+Y_v 2^{(2t-1)e_v}\end{cases} \tag{6-13}$$

式中,t、v 为已知数,接收多项式的值 $R(2^0),R(2^1),\cdots,R(2^{2t-1})$ 也可以直接求得。通过求解方程组(6-13)可以求得 $Y_1,Y_2,\cdots,Y_v$ 和 $e_1,e_2,\cdots,e_v$ 的值,分别对应于 v 个差错的值及其在接收码字中的位置,由此可确定差错多项式 $E(x)$。求解过程略。

通过把求得的差错多项式 $E(x)$ 与接收多项式 $R(x)$ 相加,可以求得发送多项式 $T(x)$,从而完成纠错,即

$$R(x)+E(x)=T(x)+E(x)+E(x)=T(x) \tag{6-14}$$

由于上述纠错方法假设差错个数 v 已知,而实际中事先并不知道差错个数 v,因此需对差错个数 v 进行尝试。例如,从 $v=t$ 开始尝试,每次减 1,直到式(6-13)可求解。

6.3.2 卷积码

与分组码一样,卷积码也根据信息比特计算校验比特。与分组码不同的是,卷积码的发送端不是在发送信息比特之后附上校验比特,而是不发送信息比特、只发送校验比特(当然,校验比特中也可以包含信息比特)。

如图 6.5 所示,卷积码的编码器使用一个长度为 K 比特的滑动窗口,为滑动窗口内的 K 个信息比特计算 r 个校验比特,并只发送这 r 个校验比特给接收端,然后滑动窗口向前移动 1 比特,周而复始。计算的方法:本原元为 2 的有限域的元素加法,即异或,加数为滑动窗口中某些位置上的信息比特。在图 6.5 中,第一个校验比特 $p_0(n)$ 的值为滑动窗口中全部 3 个信息比特的异或值,第二个校验比特 $p_1(n)$ 的值为滑动窗口中前两个信息比特的异或值。

K 称为卷积码的约束长度(constraint length)。约束长度越长,通常意味着纠错效果提高,但是增加了解码复杂度。因此约束长度的选取需要折中考虑。由于滑动窗口每次滑动 1 比特,输出 r 个校验比特,因此这里的码率为 $1/r$。r 值越大,码率越低,纠错能力

越强，但是编码的开销也越大，这将降低传输效率。因此，通常在比特差错率足够小的情况下，选取尽可能小的 r 和约束长度 K。

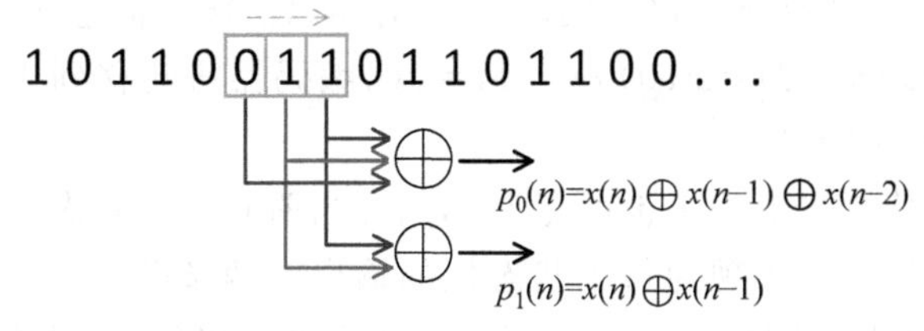

图 6.5 卷积码编码器示例（$K=3, r=2$，码率为 1/2）

一般地，卷积码生成的校验比特 $p_i(n)$ 可由式(6-15)给出，即

$$p_i(n)=\sum_{j=0}^{K-1} g_i(j)x(n-j) \tag{6-15}$$

式中 $x(n)$——当前滑动窗口中最新输入的信息比特；

$x(n-j)$——当前滑动窗口中 $x(n)$ 之前的第 j 个信息比特；

g_i——校验比特 p_i 的生成多项式，$i=0,1,\cdots,r-1$。

例如，图 6.5 中 $g_0(0)=1, g_0(1)=1, g_0(2)=1, g_1(0)=1, g_1(1)=1, g_1(2)=0$。

使用不同生成多项式生成的卷积码的各个序列之间的最小汉明距离不同，从而影响卷积码的纠错能力。由于式(6-15)可以看作 $g_i(n)$ 与 $x(n)$ 的卷积运算形式，故称此码为卷积码。在编码器刚开始编码时，由于滑动窗口中无任何输入的信息比特，这时可把滑动窗口中各个位的值初始化为 0。

【例 6.2】 使用如图 6.5 所示的卷积码编码器，为输入的信息比特 101100 编码。

【解】 本例中，$K=3, r=2, g_0=111, g_1=110, x(0)=1, x(1)=0, x(2)=1, x(3)=1, x(4)=0, x(5)=0$。当 $n<0$ 时，$x(n)=0$。由式(6-15)可求

$$p_0(0)=1+0+0=1,\quad p_1(0)=1+0=1$$
$$p_0(1)=0+1+0=1,\quad p_1(1)=0+1=1$$
$$p_0(2)=1+0+1=0,\quad p_1(2)=1+0=1$$
$$p_0(3)=1+1+0=0,\quad p_1(3)=1+1=0$$
$$p_0(4)=0+1+1=0,\quad p_1(4)=0+1=1$$
$$p_0(5)=0+0+1=1,\quad p_1(5)=0+0=0$$

因此，编码器的输出为 111101000110。

如果把卷积码滑动窗口中 $K-1$ 个信息比特 $x(n-1), x(n-2), \cdots, x(n-K+1)$ 的不同取值看作编码器不同的状态，那么由于 $x(n-1), x(n-2), \cdots, x(n-K+1)$ 的值随着窗口每次滑动而可能有所改变，可以把编码过程看成各个状态之间不断转移的过程。窗口每滑动一次，状态转移一次。$K-1$ 比特可表示的状态数量为 2^{K-1} 个。例如图 6.5 所示的卷积码，编码器的 $2^{3-1}=4$ 个状态分别为 00、01、10、11。

状态随时间的转移情况可用网格图（trellis diagram）来表示，如图 6.6 所示。网格图

的每列包含所有状态，不同的列代表不同的时刻。以图 6.5 所示的卷积码为例，其状态取决于滑动窗口中 $x(n-1)$ 与 $x(n-2)$ 的值。编码器初始化后，$n=0$，$x(n-1)x(n-2)=x(-1)x(-2)=00$，编码器处于 00 状态。若此时编码器输入信息比特 $x(0)=1$，下一时刻 $n=1$ 时 $x(n-1)x(n-2)=x(0)x(-1)=10$，编码器将转移到 10 状态，并相应地输出校验比特 $p_0(0)p_1(0)=11$。

由于 $x(n)$ 的取值既可能为 1 也可能为 0，因此当前时刻的状态转移到下一时刻的状态有两种可能，在网格图中体现为每个状态框的输出有两条分支，分别对应 $x(n)=0$ 的情况和 $x(n)=1$ 的情况。同样，$x(n-2)$ 的取值也有两种可能，因此有两个上一时刻的状态都可以转移到当前时刻的状态，在网格图中体现为每个状态框的输入也有两条分支。编码器生成的校验比特 $p_0(n)p_1(n)$ 取决于状态转移所经过的分支。例如，若经过 $00(n=0)\xrightarrow{1}10(n=1)$ 分支，则编码器生成的校验比特 $p_0(0)p_1(0)$ 为 11。这里，$00(n=0)$ 表示 $n=0$ 时编码器状态为 00，$00(n=0)\xrightarrow{1}10(n=1)$ 表示 $n=0$ 时输入的信息比特 $x(0)=1$，使得编码器状态从 $n=0$ 时的 00 转移到 $n=1$ 时的 10。

图 6.6 给出了例 6.2 中信息比特的编码网格图以及状态转移路径 $00(n=0)\xrightarrow{1}10(n=1)\xrightarrow{0}01(n=2)\xrightarrow{1}10(n=3)\xrightarrow{1}11(n=4)\xrightarrow{0}01(n=5)\xrightarrow{0}00(n=6)$。这条状态转移路径对应的编码器生成的校验比特 $p_0(0)p_1(0)p_0(1)p_1(1)p_0(2)p_1(2)p_0(3)p_1(3)p_0(4)p_1(4)p_0(5)p_1(5)$ 为 111101000110。

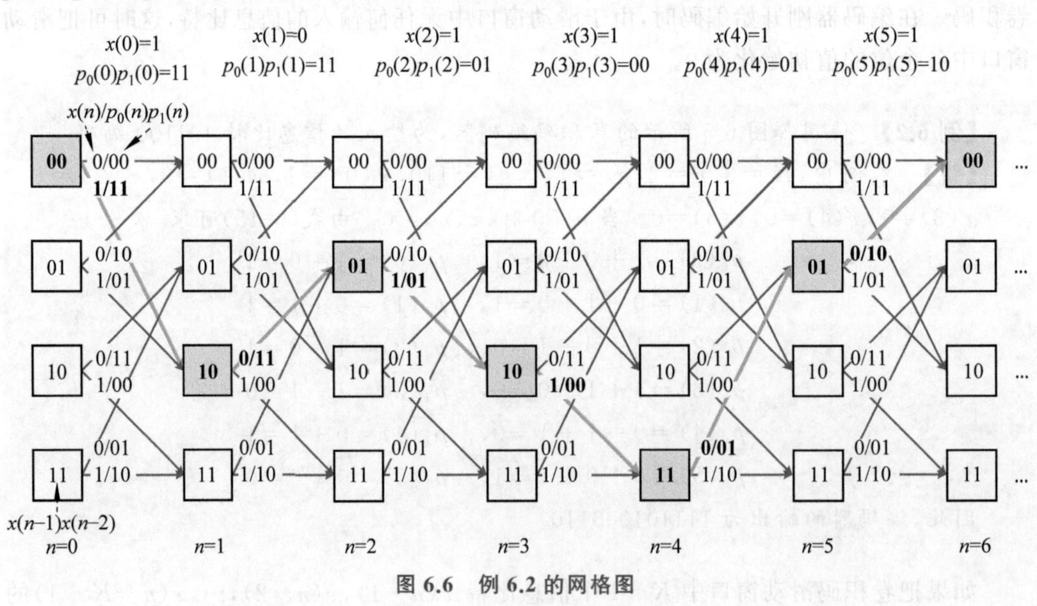

图 6.6 例 6.2 的网格图

在接收端，如果卷积码解码器接收到的校验比特序列中不存在差错，那么在网格图中一定存在一条状态转移路径，这条路径对应的编码器生成的校验比特序列与解码器收到的校验比特序列完全相同。由于网格图中的每条分支路径都唯一对应一个信息比特的值（例如 $00(n=0)\xrightarrow{1}10(n=1)$ 这条分支路径对应的信息比特值为 1），因此由状态转移路径可以得到信息比特序列。

如果解码器收到的校验比特序列中存在差错，则解码器需要根据接收到的校验比特序列来判断生成这个校验比特序列的最可能的编码器状态转移路径，从而找出最可能的编码器输入信息比特序列，这样做可使解码器判断失误的概率最小。发送端最可能发送的校验比特序列是与接收端解码器收到的校验比特序列汉明距离最小的序列。例如，发送端发送的校验比特序列为例6.2编码器生成的校验比特序列111101000110，如果接收端收到的校验比特序列为111011000110，则可判定其中存在差错，因为它与该编码器生成的任何有效校验比特序列都不相同。

在约束长度 $K \leqslant 3$ 时，可用维特比(Viterbi)算法来解码卷积码编码器生成的校验比特序列。这里以例6.2生成的校验比特序列为例，解释维特比算法的解码过程。假设接收端收到的校验比特序列为111011000110，其中存在2比特差错。解码过程如图6.7和图6.8所示。

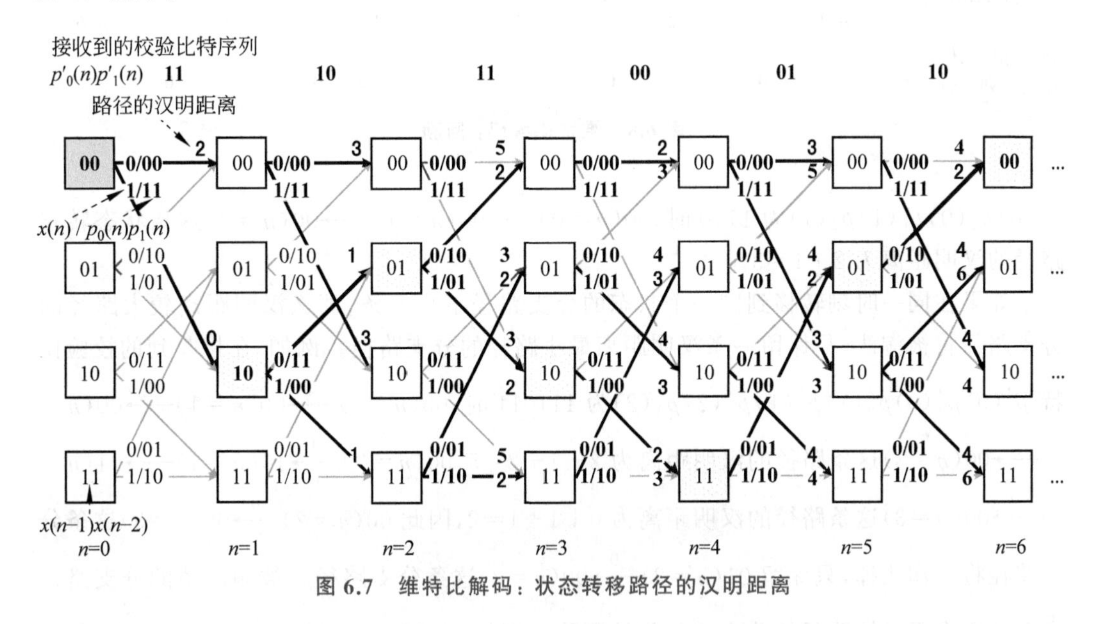

图6.7 维特比解码：状态转移路径的汉明距离

与编码器一样，解码器的初始状态也为00。如图6.7所示，从状态00($n=0$)既可通过 $x(0)=0$ 的分支路径转移到状态00($n=1$)，也可通过 $x(0)=1$ 的分支路径转移到状态10($n=1$)。由于每条分支路径对应的编码器生成的校验比特不同，每条分支路径对应的生成校验比特 $p_0(n)p_1(n)$ 与解码器接收到的校验比特 $p'_0(n)p'_1(n)$ 之间的汉明距离不同。例如，00($n=0$)$\xrightarrow{0}$00($n=1$)这条分支路径对应的生成校验比特 $p_0(0)p_1(0)$ 为00，若接收到的校验比特 $p'_0(0)p'_1(0)$ 为11，则二者之间的汉明距离为2；而00($n=0$)$\xrightarrow{1}$10($n=1$)这条分支路径对应的生成校验比特 $p_0(0)p_1(0)$ 为11，若接收到的校验比特 $p'_0(0)p'_1(0)$ 为11，则二者之间的汉明距离为0。

解码过程就是寻找一条汉明距离最小的状态转移路径的过程。状态转移路径的汉明距离为路径上各条分支路径的汉明距离之和。例如，在接收到的校验比特

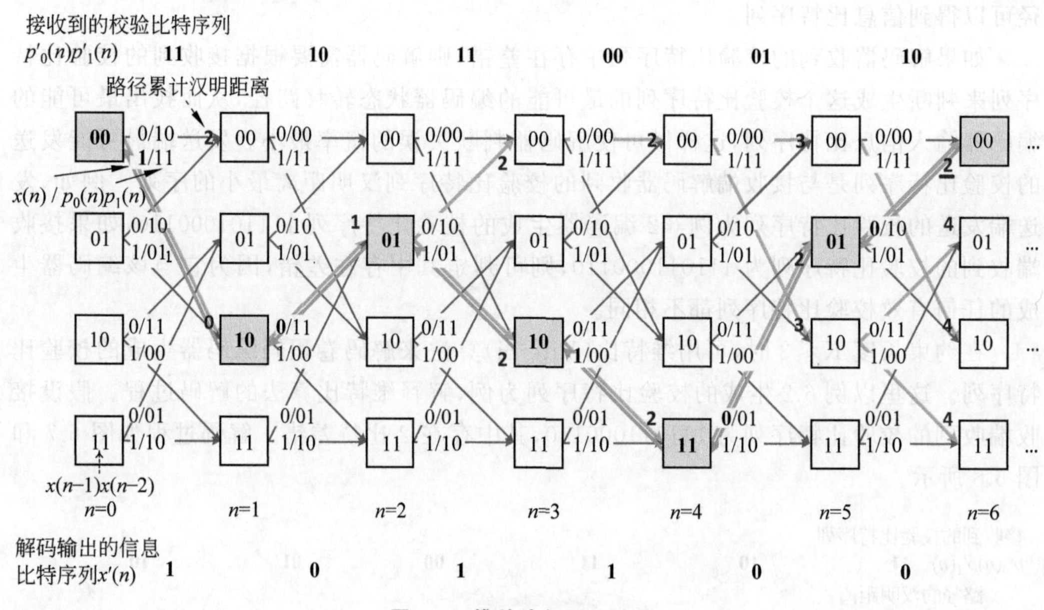

图 6.8 维特比解码：回溯

$p'_0(0)p'_1(0)p'_0(1)p'_1(1)$为 1110 时，$00(n=0)\xrightarrow{0}00(n=1)\xrightarrow{0}00(n=2)$这条状态转移路径的汉明距离为 $2+1=3$。

如果在同一时刻转移到同一个状态的分支路径不止一条，那么汉明距离较大路径的分支路径将被淘汰，只保留一条汉明距离最小路径的分支路径。例如，在接收到的校验比特 $p'_0(0)p'_1(0)p'_0(1)p'_1(1)p'_0(2)p'_1(2)$为 111011 时，$00(n=0)\xrightarrow{0}00(n=1)\xrightarrow{0}00(n=2)\xrightarrow{0}00(n=3)$这条路径的汉明距离为 $2+1+2=5$，$00(n=0)\xrightarrow{1}10(n=1)\xrightarrow{0}01(n=2)\xrightarrow{0}00(n=3)$这条路径的汉明距离为 $0+1+1=2$，因此 $00(n=2)\xrightarrow{0}00(n=3)$这条分支路径将被淘汰掉，只保留 $01(n=2)\xrightarrow{0}00(n=3)$这条分支路径。被淘汰掉的分支路径之前的所有无后续路径的分支路径将被删除。例如，由于 $00(n=2)\xrightarrow{0}00(n=3)$这条分支路径被淘汰，使得 $00(n=1)\xrightarrow{0}00(n=2)$这条分支路径失去后续路径，因此该分支路径将被删除。这些分支路径被删除后的网格图如图 6.8 所示。

如果在删除上述分支路径之后，相邻两个时刻之间只剩下一条分支路径，那么就可根据这条分支路径对应的信息比特的值，给出解码后的信息比特。例如，如图 6.8 所示，在 $n=0$ 时刻与 $n=1$ 时刻之间，只剩下 $00(n=0)\xrightarrow{1}10(n=1)$这条分支路径，因此可以给出 $n=0$ 时刻解码输出的信息比特为 1。

在所有接收到的校验比特都输入解码器之后，解码器可以确定一条汉明距离最小的状态转移路径。在图 6.8 中，$00(n=0)\xrightarrow{1}10(n=1)\xrightarrow{0}01(n=2)\xrightarrow{1}10(n=3)\xrightarrow{1}11(n=4)\xrightarrow{0}01(n=5)\xrightarrow{0}00(n=6)$这条路径的汉明距离为 2，是所有从 $n=0$ 到 $n=6$ 时

刻的状态转移路径中汉明距离最小的一条。根据这条路径中各分支路径对应的信息比特的值，给出解码输出的信息比特序列为 101100，完成解码与纠错。

使用维特比算法解码，可能会因解码器输入的接收到的校验比特中的差错过于密集，而导致解码器错误选择网格图中的状态转移路径，从而产生连续的解码差错（突发差错）。纠正突发差错正是分组码的优势。因此，卷积码常与分组码级联使用。在发送端，信道编码模块的输入数据首先使用分组码进行编码，然后再使用卷积码进行编码；在接收端，信道解码模块的输入数据首先进行卷积码解码，再进行分组码解码。在分组码和卷积码之间，还可以对数据进行交织。

6.4 交织与解交织

除了使用维特比算法解码卷积码可能会产生突发差错，无线信道中的衰落、闪电等自然噪声、电气开关等人为噪声，也可能会引起突发差错。尽管分组码常用来纠正突发差错，但是如果突发差错的持续时间过长，连续产生的差错数量过多，超出了纠错码的纠错能力，纠错码就不能成功纠错。如果能将连续产生的差错分散到一段较长的数据中，将其转换成类似于随机产生的差错，那么接收端借助纠错码就有可能纠正这些差错。

交织（interleaving）就是为了减小突发差错的影响而对数据进行重新排列的过程。它将顺序输入的数据中的符号，以不同的时间顺序输出，以便分散相对集中的突发差错。解交织（deinterleaving）是交织的逆过程。经典的交织方法有两种：块交织（block interleaving）和卷积交织（convolutional interleaving）。

在块交织中，输入数据中的符号按行写入一个存储矩阵，然后按列读出。矩阵的大小为 M 行、N 列。N 的取值与使用的信道编码有关，对于分组码，N 不小于码字长度；对于卷积码，N 不小于约束长度。图 6.9 给出了一个矩阵大小为 4×3 的块交织与解交织的例子。交织的过程为按行写入 4 个长度为 3 个符号的码字，然后按列读出。这样，对于分组码，同一码字中相连的两个符号，被分散为相距至少为 M 的两个符号。这样，如果一个码字最多可以纠正 t 个差错，M 个码字最多可纠正共 $M\cdot t$ 个差错，则通过交织，M 个码字最多可以纠正 $M\cdot t$ 个连续差错。因此 M 越大，通过块交织纠正突发差错的能力越强。在接收端，解交织过程与发送端的交织过程正相反：按列写入，按行读出。块交织的一种变型是伪随机交织，它将连续写入的数据按伪随机顺序读出。

从图 6.9 可以看出，块交织的交织和解交织过程都需要一个 M 行 N 列的存储矩阵，如果 M 和 N 较大，这将需要占用较多的存储资源。此外，在解交织过程中，只有在最后一列数据写入之后，才能按行读出完整的一行符号用于后续的信道解码，因此块交织的时延较大。

卷积交织需要的存储资源及其时延都比块交织小。在卷积交织中，共有 M 行存储单元，每行存储单元的数量都不同：第 0 行 0 个，第 1 行 J 个，第 2 行 $2J$ 个，以此类推，第 $M-1$ 行 $(M-1)J$ 个。每个存储单元存储一个符号。图 6.10 给出了一个 $M=4, J=1$ 的例子。在第 n 个时刻，第 $(n \bmod M)$ 行（mod 为取余运算）所有存储单元中存储的符号都向右移一个存储单元，最右侧存储单元中被移出的符号即为该时刻交织器的输出。然

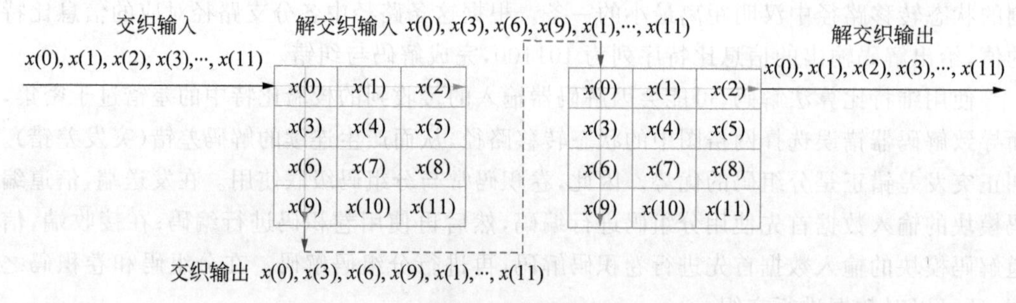

图 6.9 块交织

后，交织器在第 n 个时刻的输入符号 $x(n)$ 被存储到该行最左侧的存储单元。如果该行没有存储单元(第 0 行)，则输入符号 $x(n)$ 即为该时刻交织器的输出。解交织器的 M 行存储单元的排列与交织器相反，解交织过程与交织过程相同。

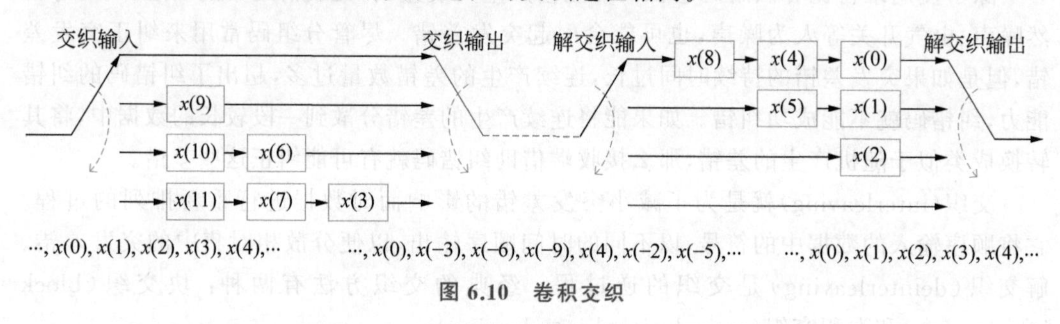

图 6.10 卷积交织

6.5 复用与双工

在通信中，为了充分利用有限的传输介质资源，多路信号可以使用复用(multiplexing)技术来共享传输介质(例如无线电波)。无线通信中常用的复用技术包括空分复用(Space-Division Multiplexing，SDM)、频分复用(Frequency-Division Multiplexing，FDM)、时分复用(Time-Division Multiplexing，TDM)、码分复用(Code-Division Multiplexing，CDM)等。

(1) 空分复用是指利用无线通信中的路径损耗或天线的方向性，通过改变发射天线之间在空间上的距离或者发射天线的位置与朝向，将多个发送端同时发送的相同频段的多路信号分隔开来，使各路信号之间互不干扰。例如，广播电台的覆盖范围通常仅限于某个区域，分布在世界各地的许多广播电台可以使用相同的频段而不会相互干扰。

(2) 频分复用将整个频谱划分为许多互不重叠的频段，为每路信号分配一个固定的频段。频分复用的优点是，接收端与发送端之间不需要经过复杂的协调，接收端只需调谐到发送端的频段即可接收信号。其缺点是，不论发送端是否处于工作状态，都将固定频段分配给发送端，造成频谱资源的浪费；此外，各个频段之间需要有一定间隔，以避免来自相邻频段的干扰。例如传统的地面电视广播，电视机需调谐到适当的频段才能收看电视，不同的电视频道使用不同的频段。

(3) 时分复用是从时间上来分隔多路信号，为每个发送端分配一个互不重叠的工作时段。所有发送端都可以使用相同的频段，但是使用时间不同。时分复用的优点是比较灵活，可以根据需要为重负荷发送端分配较多的使用时间，为轻负荷发送端分配较少的使用时间。其缺点是，发送端之间需要精确时钟同步，以避免同信道干扰。例如在公用电话交换网中，从时间上划分出一系列的帧(frame)，每个帧包含若干个时隙(time slot)，为每路语音信号分配一个时隙，从而将多路语音信号复用到一条线路上。

(4) 码分复用使用相互正交的伪随机二进制序列区分多路信号，为每个发送端分配一个不同的伪随机二进制序列，所有的发送端都可以在同一地点同时使用相同的频段。码分复用的优点是，频带利用率较高，且抗干扰防窃听能力较强；缺点是接收端与发送端之间需要精确时钟同步，并且发送端需要精确功率控制，接收端也较复杂。码分复用可以使用扩频技术实现，包括跳频扩频(Frequency-Hopping Spread Spectrum，FHSS)和直接序列扩频(Direct-Sequence Spread Spectrum，DSSS)。

到目前为止，假设通信中的发送端设备只能发送、接收端设备只能接收，这种方式称为单工(simplex)通信。例如在无线电广播中，收音机只能作为接收设备收听广播。如果通信双方都能够接收消息并且发送消息，但不能同时进行接收和发送，这种方式称为半双工(half-duplex)通信。例如对讲机，通信双方都用相同的频段进行发送和接收，但发送时不能接收，接收时不能发送。如果通信双方可以同时接收并发送消息，这种方式称为全双工(full-duplex)通信。例如传统的模拟电话，通话双方可以同时听和说。

从技术上看，全双工通信是使用同一信道同时进行接收与发送的通信方式。在传统的无线通信中，无线节点不能在相同频段上同时进行接收与发送，即不能以全双工的方式工作。这是因为无线电波随传播距离增大而迅速衰减(见4.1节)，同一无线节点的发送信号比其接收信号强得多，甚至强上百万倍。如果接收端在接收的同时也在相同频段上发送，那么微弱的接收信号与强大的发送信号混叠在一起，载波频率又相同，使得接收端难以正确解调其中的接收信号。这种因频率相同或相近的发送信号干扰接收信号导致接收端信噪比降低的现象称为自干扰(self-interference)。

在传统的无线通信中，全双工通信通常通过时分双工(Time-Division Duplexing，TDD)和频分双工(Frequency-Division Duplexing，FDD)等双工方式实现。时分双工使用时分复用技术来分隔发送信号与接收信号。在上行链路(uplink，即从移动台到基站的传输路径)和下行链路(downlink，即从基站到移动台的传输路径)数据传输率不对称的情况下，时分双工非常灵活，可根据链路的数据传输率动态地分配使用时间。例如IEEE 802.11、IEEE 802.15.4等无线网络，使用基于时分双工的双工方式。频分双工使用频分复用技术来分隔发送信号与接收信号，即发送和接收使用不同的频段。在上行链路和下行链路数据传输率相仿的情况下，使用频分双工比较高效。例如大多数移动通信系统使用频分双工。

近年来出现的自干扰消除(Self-Interference Cancellation，SIC)技术，可以在一定程度上消除无线节点同频发送信号对其接收的干扰，从而使全双工(在同一频段上同时进行接收与发送)在无线通信中成为可能。但引入自干扰消除技术也将增加无线节点的复杂度、成本以及功耗。

6.6 数字调制与解调

使用经过加扰、信道编码、交织后的数字信号，来改变模拟载波信号（通常为正弦波）的一个或多个参量（振幅、频率、初始相位）的过程，称为数字调制（digital modulation）。这些用来改变模拟载波信号参量的调制输入信号，称为调制信号（modulating signal）；结合了调制信号与载波信号的调制输出信号，称为已调信号（modulated signal）。数字调制本质上也是一种数模转换，这使得数字信号能够通过模拟信道传输。调制输出的已调信号，其频率分量位于载波频率附近的一个通带之中，被称为带通信号（bandpass signal）。相比之下，频率分量在0Hz附近的信号，被称为低通信号（lowpass signal），也称基带信号（baseband signal）。解调（demodulation）与调制相反，是从已调信号中恢复出调制信号的过程。

那么在无线通信中，为什么需要调制？首先，在5.2节讨论过，数字信号由于具有无限多个频率任意高的频率分量，无法通过带宽有限的信道直接传输。其次，为了有效利用宝贵的频谱资源，实现频分复用，使用不同频段同时传输多路信号，需要将各路信号搬移到不同的频段。再次，若要使天线有效地发射或接收信号，天线的尺寸应与信号的波长至少在同一数量级（例如，天线的长度为信号波长的1/2）。试算，若要有效地接收载波频率为1MHz的信号，天线的长度应在$3\times10^8/(1\times10^6)\times1/2\text{m}=150\text{m}$左右；若要有效接收载波频率为2.4GHz的信号，天线长度只需$3\times10^8/(2.4\times10^9)\times1/2\text{m}=6.25\text{cm}$。最后，不同频段无线电波的传播特性不同，需根据具体应用选择不同频段的无线电波作为载波信号。例如，水下无线通信可使用频率为3～30kHz的甚低频无线电波。

6.6.1 基本的数字调制方式

基本的数字调制方式有幅移键控（Amplitude-Shift Keying，ASK）、频移键控（Frequency-Shift Keying，FSK）和相移键控（Phase-Shift Keying，PSK），3种方式分别使用输入的数字信号（调制信号）来改变模拟载波信号的振幅、频率和初始相位。

1. 幅移键控

在通信中，通常把正弦型模拟载波信号写为余弦信号的形式（欧拉公式中实部为余弦信号），即

$$s(t)=A\cos(2\pi f_c t+\varphi) \tag{6-16}$$

式中 A——振幅，单位为V；

f_c——载波频率，单位为Hz；

t——时间，单位为s；

φ——初始相位，单位为rad。

幅移键控根据调制信号$x(n)$，$n\in\mathbb{Z}$，来改变模拟载波信号的振幅。调制开始时，调制信号$x(n)$首先被映射为一系列符号。取决于不同的调制方式，一个符号可以代表1比特或者多比特。在二进制键控中，一个符号代表1比特，即1比特被映射为一个符号；在

多进制键控中,一个符号代表多比特,即多比特被映射为一个符号。调制时,一个符号对应为一段持续时间 T_{symbol} 秒的已调信号,即每个符号的持续时间为 T_{symbol} 秒。这里以幅移键控的基本形式二进制幅移键控(Binary ASK,BASK)为例,讲解幅移键控调制与解调的基本过程。由于是二进制调制,一个符号代表 1 比特,因此这里省略了调制开始时比特到符号的映射过程,以及解调结束时符号到比特的映射过程。

BASK 最常见的形式:如果要发送的比特为 1,则发送振幅为 A 的载波信号;如果要发送的比特为 0,则不发送载波信号。由于这种形式 BASK 的输出是断断续续的载波信号,因此也被称为通断键控(On-Off Keying,OOK)。BASK(OOK)调制输出的已调信号 $s_{BASK}(t)$ 为

$$s_{BASK}(t)=\begin{cases}0, & x(n)=0\\ A\cos(2\pi f_c t), & x(n)=1\end{cases},\quad nT_{symbol}\leqslant t<(n+1)T_{symbol} \tag{6-17}$$

在 BASK 调制方式下,载波在每个符号持续时间 T_{symbol} 秒内,振幅、频率及初始相位都保持不变,振幅的大小取决于所发送的比特(符号)。图 6.11 给出了一种 BASK(OOK)的调制方法及已调信号的波形。调制信号 $x(n)$ 控制一组连接振荡器和输出的转换开关。当 $x(n)=0$ 时,转换开关断开,不输出任何信号;当 $x(n)=1$ 时,转换开关接通,输出振荡器产生的载波信号。实际上,每种调制方式通常都有多种调制方法与多种解调方法。

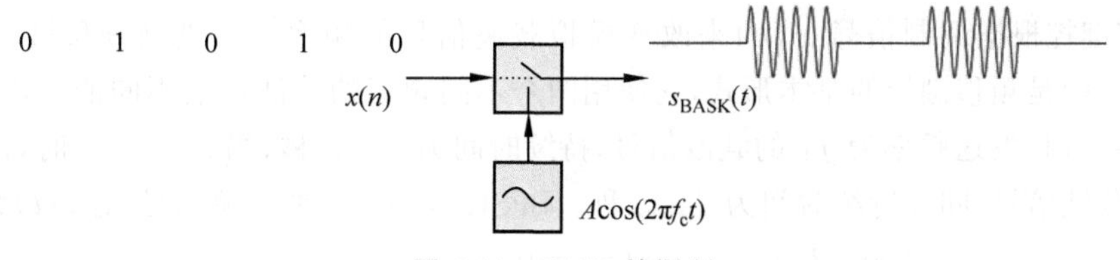

图 6.11 BASK 的调制

接收端如何从接收到的 BASK 已调信号中恢复出调制信号?如果把已调信号 $s_{BASK}(t)$ 与载波信号 $\cos(2\pi f_c t)$ 再次相乘,将得到一个高频信号和一个直流信号之和(如果发送的比特为 1)或者零(如果发送的比特为 0)

$$s_{BASK}(t)\cdot\cos(2\pi f_c t)=\begin{cases}0, & x(n)=0\\ A\cos(2\pi f_c t)\cdot\cos(2\pi f_c t)=\dfrac{A}{2}\cos(4\pi f_c t)+\dfrac{A}{2}, & x(n)=1\end{cases}$$

$$nT_{symbol}\leqslant t<(n+1)T_{symbol} \tag{6-18}$$

如果将其中的高频分量滤除,那么就可以根据剩余直流分量的大小推断出发送端发送的比特是 1 还是 0。例如,当检测到剩余直流分量大小超过 $(A/2+0)/2=A/4$ 时,则推断发送的比特为 1,否则推断发送的比特为 0。该解调方法如图 6.12 所示。

首先,对接收到的已调信号进行带通滤波,带通滤波器的中心频率为 f_c,以滤除其中的带外噪声。其次,将带通滤波后的信号与接收端产生的载波信号 $\cos(2\pi f_c t)$ 相乘,再对相乘后的信号做低通滤波,以滤除其中的高频分量。接收端解调中使用的载波信号通常从接收信号中提取。最后,每隔符号持续时间 T_{symbol} 秒,采样器对低通滤波器的输出进行采样,并将采样结果输入给后续的判决器。判决器根据预设门限(例如 $A/4$),将输入

的采样值对应为一个输出比特(如果是多进制调制,则先对应为一个符号,再将该符号映射为多比特),完成解调。由于信道、噪声、同步等因素的影响,判决器可能会做出错误判决,从而使解调输出的数字信号中可能含有随机差错与突发差错。这些差错可以通过信道解码过程尝试纠正。

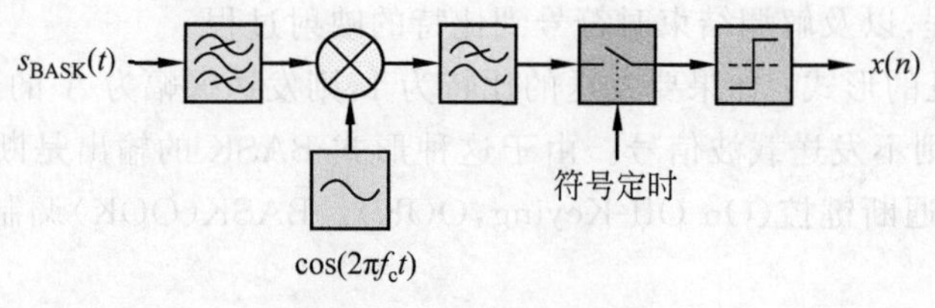

图 6.12 BASK 的解调

通信系统的性能可以从有效性和可靠性等方面来衡量。有效性可以通过频谱效率(spectral efficiency)来衡量,可靠性可以通过比特差错率来衡量。频谱效率反映了频谱的使用效率,通常为数据传输率与使用的频谱带宽的比值。ASK 调制方式的优点是频谱效率较高,缺点是抗加性高斯白噪声和衰落的性能较差(比特差错率相对较高)。

2. 频移键控

频移键控根据调制信号 $x(n)$ 来改变模拟载波信号的频率。二进制频移键控(Binary FSK,BFSK)是频移键控的基本形式,它使用两个不同频率的载波代表不同的二进制数值。当 $x(n)=0$ 时,发送频率为 f_1 的载波信号,持续时间为 T_{symbol} 秒;当 $x(n)=1$ 时,发送频率为 f_2 的载波信号,同样持续时间为 T_{symbol} 秒。BFSK 调制输出的已调信号 $s_{\text{BFSK}}(t)$ 为

$$s_{\text{BFSK}}(t)=\begin{cases}A\cos(2\pi f_1 t), & x(n)=0\\ A\cos(2\pi f_2 t), & x(n)=1\end{cases}\quad nT_{\text{symbol}}\leqslant t<(n+1)T_{\text{symbol}} \tag{6-19}$$

由式(6-19)可见,BFSK 调制器可由一组转换开关和两个振荡器实现,如图 6.13 所示。当调制器的输入为 0 时,转换开关接通上方的振荡器,发送频率为 f_1 的载波信号;当调制器的输入为 1 时,转换开关接通下方的振荡器,发送频率为 f_2 的载波信号。

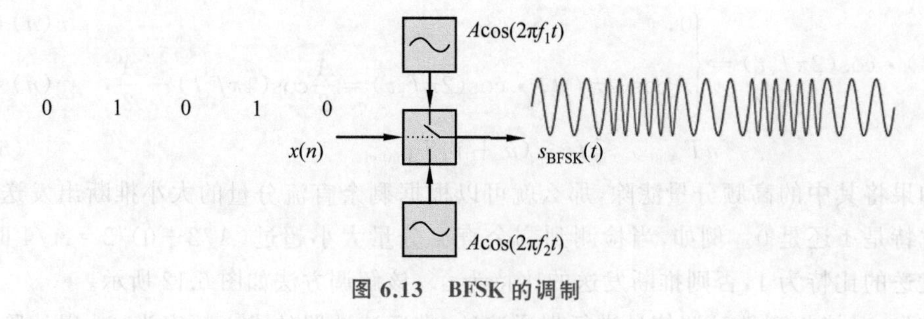

图 6.13 BFSK 的调制

BFSK 的解调可以使用两路 BASK 解调器实现,如图 6.14 所示。接收端接收到的 BFSK 已调信号同时输入两路带通滤波器,带通滤波器的中心频率分别为 f_1 和 f_2,然后分别与两路载波信号 $\cos(2\pi f_1 t)$ 和 $\cos(2\pi f_2 t)$ 相乘,并经过两个低通滤波器滤除两路所得信号中的高频分量。两个采样器每隔 T_{symbol} 秒对两个低通滤波器的输出同时进行采

样。判决器根据两路输入采样值的大小关系，输出 0 或 1。例如，在图 6.14 中，如果上方输入的采样值大于下方输入的采样值，则判决器输出为 0；反之，输出为 1。

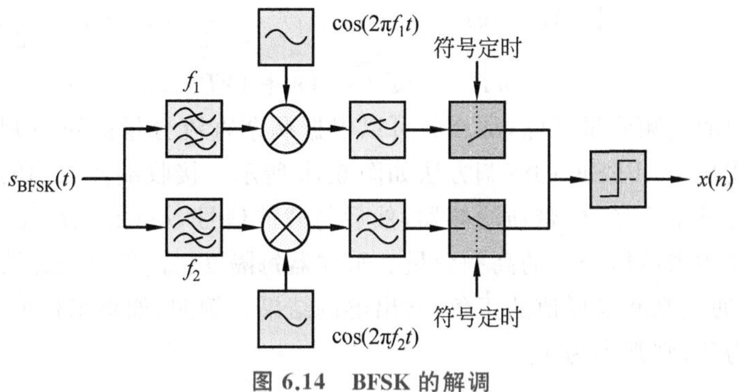

图 6.14　BFSK 的解调

FSK 调制方式的优点是抗噪声与抗衰落的性能较好，适用于衰落信道；缺点是占用的频带较宽，频谱效率较低。FSK 主要用于中低速数据传输。

3. 相移键控

相移键控根据调制信号 $x(n)$ 来改变模拟载波信号的初始相位。二进制相移键控(Binary PSK，BPSK)是相移键控的基本形式，它使用两个相隔 π(180°)的初始相位代表不同的二进制数值。当 $x(n)=0$ 时，发送载波信号，持续时间为 T_{symbol} 秒；当 $x(n)=1$ 时，发送相移 π 后的载波信号，同样持续时间为 T_{symbol} 秒。BPSK 调制输出的已调信号 $s_{\text{BPSK}}(t)$ 为

$$s_{\text{BPSK}}(t)=\begin{cases}A\cos(2\pi f_c t), & x(n)=0\\ A\cos(2\pi f_c t+\pi)=-A\cos(2\pi f_c t), & x(n)=1\end{cases}$$

$$nT_{\text{symbol}}\leqslant t<(n+1)T_{\text{symbol}} \tag{6-20}$$

与 BFSK 相似，BPSK 调制器可由一组转换开关、一个振荡器和一个移相器实现，如图 6.15 所示。当调制器的输入为 0 时，转换开关接通下方的振荡器，输出初始相位为 0 的载波信号；当调制器的输入为 1 时，转换开关接通上方的移相器，输出经过相移π(180°)后的载波信号。

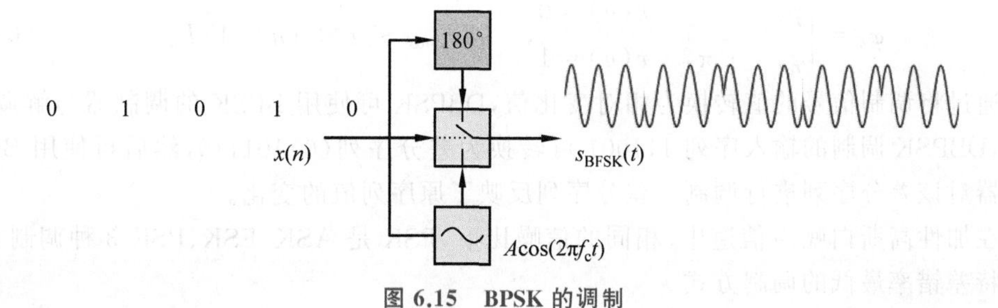

图 6.15　BPSK 的调制

在接收端，如果将已调信号 $s_{\text{BPSK}}(t)$ 再次与载波信号 $\cos(2\pi f_c t)$ 相乘，在每个符号持续时间内，将得到一个高频分量与一个直流分量之和，即

$$s_{\mathrm{BPSK}}(t)\cdot\cos(2\pi f_c t)=\begin{cases}A\cos(2\pi f_c t)\cdot\cos(2\pi f_c t)=\dfrac{A}{2}\cos(4\pi f_c t)+\dfrac{A}{2}, & x(n)=0\\ -A\cos(2\pi f_c t)\cdot\cos(2\pi f_c t)=-\dfrac{A}{2}\cos(4\pi f_c t)-\dfrac{A}{2}, & x(n)=1\end{cases}$$

$$nT_{\mathrm{symbol}}\leqslant t<(n+1)T_{\mathrm{symbol}} \tag{6-21}$$

如果将其中的高频分量滤除，那么就可以根据剩余直流分量的正负判断出发送端发送的比特是0还是1。BPSK的解调方法如图6.16所示。接收端接收到的BPSK已调信号首先通过中心频率为f_c的带通滤波器，然后与载波信号$\cos(2\pi f_c t)$相乘。然后，经过低通滤波器滤除相乘后信号中的高频分量。采样器每隔T_{symbol}秒对低通滤波器的输出进行采样，判决器通过判断采样值的正负，给出解调结果。例如，如果采样值为正，则判决为0；如果采样值为负，则判决为1。

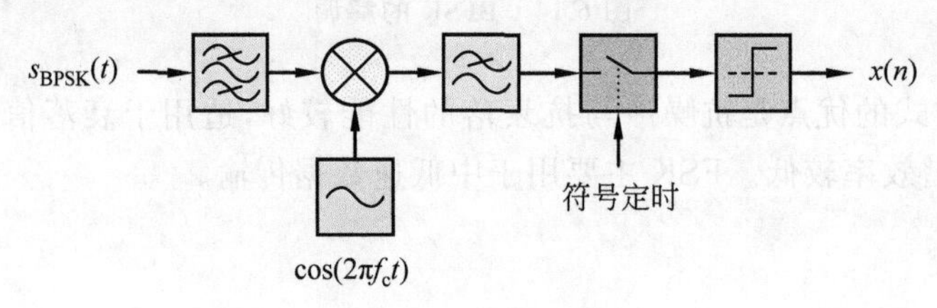

图 6.16 BPSK 的解调

PSK的解调依赖于接收端产生的载波信号的初始相位。在实际中，接收端载波信号通常从接收信号中提取，其初始相位与接收信号的初始相位之间有可能存在π(180°)左右的相位差(见6.6.4节)，使式(6-22)等号右侧第二项中$\cos(\Delta\varphi)\approx\cos(\pi)=-1$，从而引发连续的判决错误。

$$A\cos(2\pi f_c t)\cdot\cos(2\pi f_c t+\Delta\varphi)=\frac{A}{2}\cos(4\pi f_c t+\Delta\varphi)+\frac{A}{2}\cos(\Delta\varphi) \tag{6-22}$$

式中 $\Delta\varphi$——接收端载波信号初始相位与接收信号初始相位之间的相位差。

为了解决这个问题，PSK可改进为差分相移键控(Differential PSK，DPSK)。DPSK使用初始相位的相对变化来代表发送的符号。对于差分二进制相移键控(Differential BPSK，DBPSK)，调制输出的已调信号$s_{\mathrm{DBPSK}}(t)$为

$$s_{\mathrm{DBPSK}}(t)=A\cos(2\pi f_c t+\varphi_n)$$

$$\varphi_n=\begin{cases}\varphi_{n-1}, & x(n)=0\\ \varphi_{n-1}+\pi, & x(n)=1\end{cases},\quad nT_{\mathrm{symbol}}\leqslant t<(n+1)T_{\mathrm{symbol}} \tag{6-23}$$

通过将调制信号的值转换为相对变化值，DBPSK可使用BPSK的调制器与解调器。例如，DBPSK调制的输入序列111001可转换为差分序列(0)101110，然后再使用BPSK调制器对该差分序列进行调制。差分序列反映了原序列值的变化。

在加性高斯白噪声信道中，相同的信噪比下，PSK是ASK、FSK、PSK 3种调制方式中比特差错率最低的调制方式。

6.6.2 正交调幅

正交调幅(Quadrature Amplitude Modulation，QAM)是一种结合幅移键控与相移键

控的调制方式。QAM 根据调制信号 $x(n)$，同时改变模拟载波信号的振幅与初始相位。QAM 调制输出的已调信号 $s_{\mathrm{QAM}}(t)$ 为

$$\begin{aligned} s_{\mathrm{QAM}}(t) &= A_n \cos(2\pi f_c t + \varphi_n) \\ &= A_n \cos(\varphi_n)\cos(2\pi f_c t) - A_n \sin(\varphi_n)\sin(2\pi f_c t) \\ &= I_n \cos(2\pi f_c t) - Q_n \sin(2\pi f_c t) \\ &= I_n \cos(2\pi f_c t) + Q_n \cos\left(2\pi f_c t + \frac{\pi}{2}\right) \\ & nT_{\mathrm{symbol}} \leqslant t < (n+1)T_{\mathrm{symbol}} \end{aligned} \tag{6-24}$$

式中 A_n——发送第 n 个符号时的载波振幅；

φ_n——发送第 n 个符号时的载波初始相位；

I_n——同相分量(in-phase component)，$I_n = A_n \cos(\varphi_n)$；

Q_n——正交分量(quadrature component)，$Q_n = A_n \sin(\varphi_n)$。

从式(6-24)可以看出，QAM 的已调信号可以看作两个相同载波频率、初始相位差为 $\pi/2(90°)$ 的相互正交的幅移键控已调信号的叠加。因此，尽管从定义式来看，I_n、Q_n 的值取决于 A_n、φ_n 的值，但是作为两个相互正交的已调信号的振幅，I_n、Q_n 的值可以独立选取。

两个信号正交是指它们的乘积在一个符号持续时间 T_{symbol} 秒内的积分为零，例如当 T_{symbol} 为 $1/(2f_c)$ 的正整数倍时，$\cos(2\pi f_c t)$ 与 $\sin(2\pi f_c t)$ 正交。如果两个信号正交，那么在发送端同时发送这两个信号时，接收端在接收其中一个信号时不会受到另一个信号的干扰。

如果以 I_n 为横坐标，Q_n 为纵坐标，将 (I_n, Q_n) 作为平面直角坐标系中的点，就构成了信号星座图(constellation diagram)。图 6.17 为 IEEE 802.15.4 中的 16-QAM 信号星座图。图中 I_n、Q_n 的取值均为 $\{-3,-1,1,3\}$，因此 (I_n, Q_n) 共有 16 个可能的取值，对应信号星座图中的 16 个点。在每个符号持续时间 T_{symbol} 秒内，(I_n, Q_n) 的值为 16 个可能的取值之一，因此 16-QAM 在每个符号持续时间内可以传输 $\log_2 16 = 4\mathrm{b}$ 数据，即一个符号对应 4b。

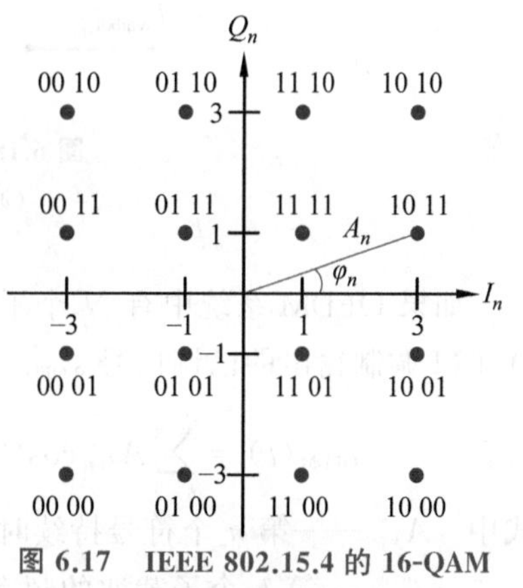

图 6.17 IEEE 802.15.4 的 16-QAM 信号星座图

显然，如果在 QAM 信号星座图上增加更多的点(例如 64 个、256 个、1024 个)，则在每个符号持续时间内可以传输更多的比特(例如 6b、8b、10b)。也就是说，在符号传输率不变的情况下，使用高阶 QAM 可以提高数据传输率。因此，QAM 的优点是频谱效率高。然而，在高阶 QAM 信号星座图上，点与点之间更加接近，更容易受到噪声的影响从而发生判决错误，导致比特差错率升高。为了克服噪声的影响，往往需要增加发送端的发射功率，以提高接收端的信噪比。此外，由于 QAM 使用相互正交的两路载波的不同振幅组合代表不同的符号，为了保持线性振幅，传统的解决办法是在发送端使用线性功率放大器，但这会降低功率放大器的效率，从而增加发送端的功耗。

6.6.3 正交频分复用

由于无线信道中传播的无线电波存在多径传播现象(见4.1.2节),接收端接收到的信号会受到符号间干扰的影响。一个解决办法是,通过降低符号的传输率($1/T_{symbol}$)、增加符号的持续时间来减小符号间干扰的影响。可以把单路符号传输率较高的比特流转换成多路符号传输率较低的比特流并行传输,以降低各路符号的传输率。每路符号传输率较低的比特流单独使用一个频段进行传输。此外,在符号传输率较低时,由于每个符号的持续时间足够长,还可以进一步在符号之间插入保护间隔,从而消除符号间干扰。这正是正交频分复用的初衷。

正交频分复用(Orthogonal Frequency-Division Multiplexing,OFDM)是一种基于频分复用的多载波调制方式。它在一个频段中划分出多个子频段,每个子频段分别使用一个子载波独立进行调制。调制方式可使用QAM、PSK等。各个子频段使用的调制方式可以不尽相同。所要发送的比特流经过串并转换后,被映射为一系列并行传输的符号,通过多个子频段并行传输,如图6.18所示。

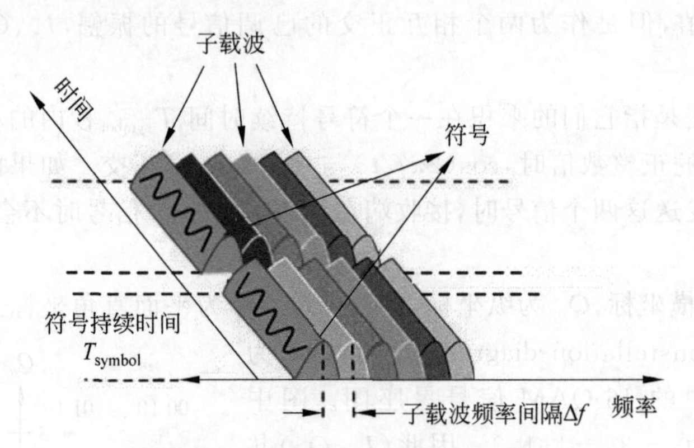

图6.18 OFDM中的子载波与符号

(原图来源:Award Solutions)

如果OFDM系统中有N个子频段,每个子频段分别使用一个子载波进行调制,那么OFDM调制输出的已调信号$s_{OFDM}(t)$为各子载波信号之和,即

$$s_{OFDM}(t)=\sum_{k=0}^{N-1}A_{k,n}\cos(2\pi f_k t+\varphi_{k,n}),nT_{symbol}\leqslant t<(n+1)T_{symbol} \tag{6-25}$$

式中 $A_{k,n}$——第n个符号持续时间内第k个子载波的振幅;

f_k——第k个子载波的频率;

$\varphi_{k,n}$——第n个符号持续时间内第k个子载波的初始相位。

为了提高频谱效率、消除子载波之间的串扰,并且接收端在接收时能完全分离各子频段内的信号,所有子载波均应相互正交。那么,如何使这些子载波相互正交?在一个符号持续时间T_{symbol}秒内,任意两个子载波相互正交的条件为

$$\int_0^{T_{symbol}}\cos(2\pi f_i t+\varphi_i)\cos(2\pi f_j t+\varphi_j)\mathrm{d}t=0 \tag{6-26}$$

式中，$i,j\in\mathbf{N}$，且 $f_i\neq f_j$。式(6-26)的等号左侧可以写为

$$
\begin{aligned}
&\frac{1}{2}\int_0^{T_{\text{symbol}}}\cos(2\pi(f_i+f_j)t+\varphi_i+\varphi_j)\mathrm{d}t+\frac{1}{2}\int_0^{T_{\text{symbol}}}\cos(2\pi(f_i-f_j)t+\varphi_i-\varphi_j)\mathrm{d}t\\
=&\frac{\sin(2\pi(f_i+f_j)T_{\text{symbol}}+\varphi_i+\varphi_j)}{4\pi(f_i+f_j)}-\frac{\sin(\varphi_i+\varphi_j)}{4\pi(f_i+f_j)}\\
&+\frac{\sin(2\pi(f_i-f_j)T_{\text{symbol}}+\varphi_i-\varphi_j)}{4\pi(f_i-f_j)}-\frac{\sin(\varphi_i-\varphi_j)}{4\pi(f_i-f_j)}
\end{aligned}
\tag{6-27}
$$

当 $(f_i+f_j)T_{\text{symbol}}=p,(f_i-f_j)T_{\text{symbol}}=q,p,q\in\mathbf{Z}$ 时，式(6-27)的结果为 0，使式(6-26)得以成立。此时，式(6-27)中的 φ_i、φ_j 可以取任意值。由此可得

$$
\begin{cases}
f_i=\dfrac{p+q}{2T_{\text{symbol}}}\\
f_j=\dfrac{p-q}{2T_{\text{symbol}}}\\
\Delta f=f_i-f_j=\dfrac{q}{T_{\text{symbol}}}
\end{cases}
\tag{6-28}
$$

当 $q=1$ 时，子载波的频率间隔 Δf 最小，此时 $\Delta f=1/T_{\text{symbol}}$。因此，OFDM 中相邻子载波的频率间隔为 $1/T_{\text{symbol}}$ Hz，此时任意两个子载波都相互正交。在实际系统中，这个频率间隔的大小通常在几千赫兹到几百千赫兹。

如果将 OFDM 的已调信号 $s_{\text{OFDM}}(t)$ 与其中的第 i 个子载波信号 $\cos(2\pi f_i t)$ 相乘，并在一个符号持续时间 T_{symbol} 秒内做积分，根据式(6-26)和式(6-28)可得

$$
\begin{aligned}
&\int_{nT_{\text{symbol}}}^{(n+1)T_{\text{symbol}}}s_{\text{OFDM}}(t)\cos(2\pi f_i t)\mathrm{d}t\\
=&\int_{nT_{\text{symbol}}}^{(n+1)T_{\text{symbol}}}\left(\sum_{k=0}^{N-1}A_{k,n}\cos(2\pi f_k t+\varphi_{k,n})\right)\cos(2\pi f_i t)\mathrm{d}t\\
=&\sum_{k=0}^{N-1}\int_{nT_{\text{symbol}}}^{(n+1)T_{\text{symbol}}}A_{k,n}\cos(2\pi f_k t+\varphi_{k,n})\cos(2\pi f_i t)\mathrm{d}t\\
=&\int_{nT_{\text{symbol}}}^{(n+1)T_{\text{symbol}}}A_{i,n}\cos(2\pi f_i t+\varphi_{i,n})\cos(2\pi f_i t)\mathrm{d}t\\
=&\frac{A_{i,n}}{2}\int_{nT_{\text{symbol}}}^{(n+1)T_{\text{symbol}}}\cos(4\pi f_i t+\varphi_{i,n})\mathrm{d}t+\frac{A_{i,n}}{2}\int_{nT_{\text{symbol}}}^{(n+1)T_{\text{symbol}}}\cos(\varphi_{i,n})\mathrm{d}t\\
=&\frac{A_{i,n}}{2}\left(\frac{\sin(4\pi f_i(n+1)T_{\text{symbol}}+\varphi_{i,n})}{4\pi f_i}-\frac{\sin(4\pi f_i nT_{\text{symbol}}+\varphi_{i,n})}{4\pi f_i}+\cos(\varphi_{i,n})T_{\text{symbol}}\right)\\
=&\frac{T_{\text{symbol}}}{2}A_{i,n}\cos(\varphi_{i,n})
\end{aligned}
\tag{6-29}
$$

在 T_{symbol} 确定后，式(6-29)的值只取决于第 n 个符号持续时间内第 i 个子载波的振幅 $A_{i,n}$ 与初始相位 $\varphi_{i,n}$。式(6-29)表明，当任意两个子载波都相互正交时，接收端可通过将接收信号与各个子载波信号分别相乘并在 T_{symbol} 秒内做积分的办法，对 OFDM 已调信号进行解调。接收端对各路积分结果分别进行判决，从而推断出各个子频段中传输的符号，再将符号映射到比特，完成对各个子频段的解调。最后，接收端将通过各个子频段并行接收到的多路比特流合并为一路输出比特流。

进一步地,如果在符号之间插入持续时间足够长(大于多径传播的时延扩展)的保护间隔(guard interval),使得当前符号持续时间内发送端发送的信号经过多径传播到达接收端的时刻都在接收端开始接收下一个符号之前,那么就可以消除符号间干扰。由于OFDM的符号持续时间 T_{symbol} 相对较长(通常在微秒数量级),消除符号间干扰所需的保护间隔与 T_{symbol} 相比较小。例如,在IEEE 802.15.4中,符号持续时间 T_{symbol} 秒为 96μs,保护间隔为 24μs,保护间隔占 20%;在LTE中,符号持续时间为 66.7μs,保护间隔平均为 4.76μs,保护间隔占 6.67%。

在符号之间插入保护间隔,尽管可以消除同一子载波上的符号间干扰,但是又引入了另外一个问题。如图6.19所示,以符号持续时间等于一个正弦波周期为例,说明该问题。发送端在符号持续时间内发送信号,在保护间隔期间不发送信号。由于多径传播,发送端发送的信号,经过若干条不同传播路径到达接收端接收天线,到达时间有先有后。例如,在图6.19中,①、②、③分别为经过3条不同传播路径到达接收天线的信号。其中,②、③到达接收天线的时间迟于①。这使得在当前符号持续时间 T_{symbol} 秒内,接收端接收到的经过多径传播到达的信号(例如②与③)的持续时间少于 T_{symbol} 秒。这会导致式(6-26)等号左侧积分不等于零,表现为各子载波的多径传播信号对其他子载波信号的解调造成了干扰。

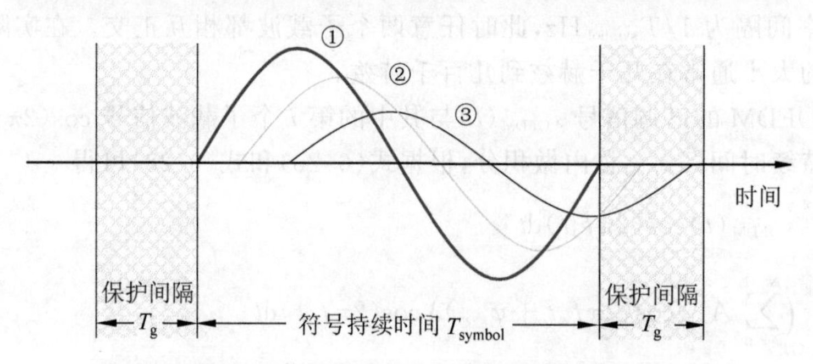

图6.19 经过3条不同路径到达接收端接收天线的信号

为了解决这个问题,OFDM引入了循环前缀(cyclic prefix),即在发送端将当前符号结尾处 T_g 时长内的发送信号复制到该符号之前的保护间隔 T_g 内重复发送,如图6.20所示。这样,接收端在一个符号持续时间 T_{symbol} 秒内,就可以始终接收到经过多径传播到达的各个子载波上的信号,从而使式(6-26)成立,如图6.21所示。

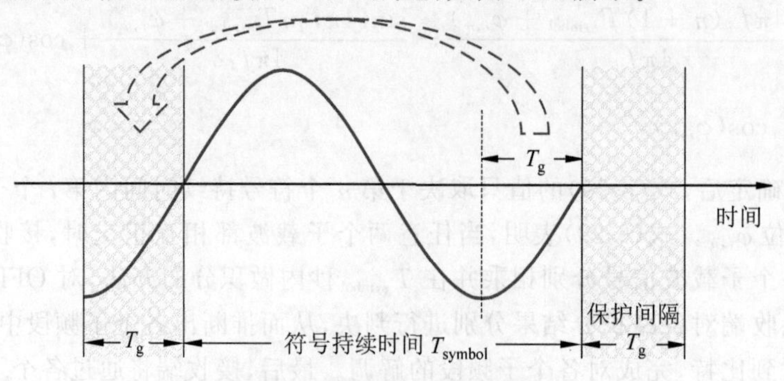

图6.20 OFDM中的循环前缀

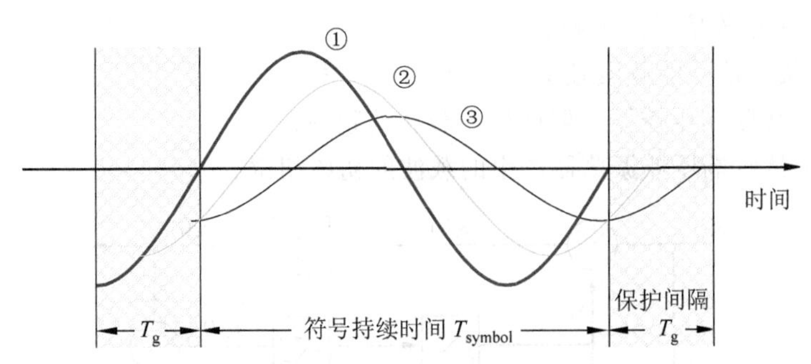

图 6.21　引入循环前缀后到达接收端接收天线的信号

在实际系统中，OFDM 的调制与解调过程可分别通过 IFFT 算法和 FFT 算法在 DSP 中有效实现。这是因为在 OFDM 调制中，生成一个由多个单一频率信号叠加而成的含有多个频率分量的时域信号的过程，正是离散傅里叶逆变换过程；在 OFDM 解调中，对一个含有多个频率分量的时域信号，在一个符号持续时间内与各个子载波信号分别相乘并做积分(累加)的过程，正是离散傅里叶变换过程。

OFDM 的优点是频谱效率高，并且抗多径衰落能力强、抗窄带干扰；缺点是对多普勒频移和频率偏差敏感。此外，OFDM 信号的峰均功率比(Peak-to-Average Power Ratio，PAPR)较高，需要发送端的数模转换器(Digital-to-Analog Converter，DAC)和接收端的 ADC 具有较高分辨率，并且需要发送端使用线性功率放大器，功率放大器的效率不够高。

6.6.4　载波同步与符号同步

上述调制方式的一些解调方法需要接收端产生载波信号，用于与接收信号相乘。这些解调方法能够正确解调的一个前提是，接收端产生的载波信号与接收信号中的载波信号具有相同的频率与初始相位。如果这两个载波的频率与初始相位相差较大，将会导致解调过程中的判决环节可能发生判决错误。使接收端产生的载波信号与接收信号中的载波信号在频率与初始相位上趋于相同的过程，称为载波同步(carrier synchronization)，或载波恢复(carrier recovery)。

接收端通常可以从接收信号中提取用于恢复载波频率与初始相位的信息。其中一种方法是科斯塔斯环(Costas loop)，该方法可用于 BPSK 等调制方式的解调，如图 6.22 所示。在理想情况下，即不考虑信道、噪声等因素带来的影响时，接收端接收到的已调信号 $s(t)=A(t)\cos(2\pi f_c t)$ 分别与压控振荡器(Voltage-Controlled Oscillator，VCO)产生的载波信号 $s_a(t)=\cos(2\pi f_{vco}t+\varphi_{vco})$ 及相移 π/2(90°)后的载波信号 $s_b(t)=\cos(2\pi f_{vco}t+\varphi_{vco}-\pi/2)=\sin(2\pi f_{vco}t+\varphi_{vco})$ 相乘，得到

$$\begin{aligned} s_c(t) &= A(t)\cos(2\pi f_c t)\cos(2\pi f_{vco}t+\varphi_{vco}) \\ &= \frac{A(t)}{2}\cos(2\pi(f_{vco}+f_c)t+\varphi_{vco})+\frac{A(t)}{2}\cos(2\pi(f_{vco}-f_c)t+\varphi_{vco}) \end{aligned} \tag{6-30}$$

$$\begin{aligned} s_d(t) &= A(t)\cos(2\pi f_c t)\sin(2\pi f_{vco}t+\varphi_{vco}) \\ &= \frac{A(t)}{2}\sin(2\pi(f_{vco}+f_c)t+\varphi_{vco})+\frac{A(t)}{2}\sin(2\pi(f_{vco}-f_c)t+\varphi_{vco}) \end{aligned} \tag{6-31}$$

式中 $A(t)$——接收信号的振幅；

f_{c}——接收信号的载波频率；

f_{vco}——接收端压控振荡器产生的载波的频率；

φ_{vco}——接收端压控振荡器产生的载波的初始相位。

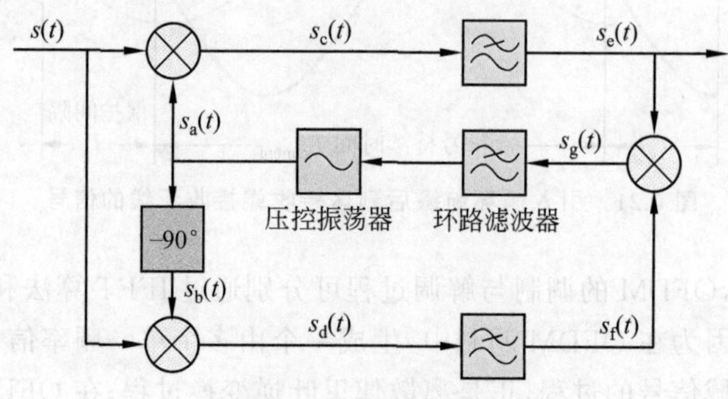

图 6.22 科斯塔斯环

$s_{c}(t)$、$s_{d}(t)$分别经过低通滤波器滤除高频分量后，可得

$$s_{e}(t)=\frac{A(t)}{2}\cos(2\pi(f_{vco}-f_{c})t+\varphi_{vco}) \tag{6-32}$$

$$s_{f}(t)=\frac{A(t)}{2}\sin(2\pi(f_{vco}-f_{c})t+\varphi_{vco}) \tag{6-33}$$

将 $s_{e}(t)$与 $s_{f}(t)$相乘得

$$\begin{aligned}s_{g}(t)&=\frac{A(t)}{2}\cos(2\pi(f_{vco}-f_{c})t+\varphi_{vco})\cdot\frac{A(t)}{2}\sin(2\pi(f_{vco}-f_{c})t+\varphi_{vco})\\&=\frac{A^{2}(t)}{8}\sin(4\pi(f_{vco}-f_{c})t+2\varphi_{vco})\end{aligned} \tag{6-34}$$

如果$|A(t)|$保持恒定，那么在 $4\pi(f_{vco}-f_{c})t+2\varphi_{vco}$的值较小时，$s_{g}(t)$近似正比于 $2\pi(f_{vco}-f_{c})t+\varphi_{vco}$。将 $s_{g}(t)$信号通过环路滤波器后，输入至压控振荡器，用来调整压控振荡器输出的载波信号的频率。环路滤波器是一个低通滤波器，只允许接近于直流的信号通过。直到 $f_{vco}=f_{c}$ 且 $\varphi_{vco}=0$ 时，$s_{g}(t)=0$。此时压控振荡器输出的载波信号的频率和初始相位与接收信号的载波频率和初始相位相同，达到载波同步。

当 $f_{vco}=f_{c}$ 且 $\varphi_{vco}=0$ 时，$s_{e}(t)=A(t)/2$，即 BPSK 解调中低通滤波器的输出信号。因此科斯塔斯环也可用于解调。但由于在 $f_{vco}=f_{c}$ 时，φ_{vco}存在多个取值满足 $s_{g}(t)=0$，例如$\varphi_{vco}=0$ 或$\varphi_{vco}=\pi$，因此用科斯塔斯环提取的载波信号存在初始相位不确定的问题。

在载波同步之后，接收端需要使其时钟与解调出的符号(或比特)的起止时刻保持一致。接收端在解调过程中，需要每隔符号持续时间 T_{symbol}秒，对低通滤波器的输出进行采样并做判决，或者需要对每个符号持续时间内的积分结果进行判决，以得出接收到的符号。如果接收端不能准确知道每个符号的起止时刻，那么在上述判决过程中就可能发生判决错误。由于发送端额外发送用于采样与判决的时钟信号给接收端会降低频谱效率，因此这个时钟信号通常也需要从接收信号中提取。接收端提取这个时钟信号的过程，称为符号同步(symbol synchronization)或定时恢复(timing recovery)。

一种可用于 BPSK 等调制方式解调的符号同步方法称为早迟门(early-late gate)，如图 6.23 所示。压控振荡器控制方波的产生时刻，产生的方波分别被提早 δ 秒和延迟 δ 秒后，与输入信号相乘，并在一个符号持续时间 T_{symbol} 秒内做积分。两路积分结果的绝对值相减之后，差经过环路滤波器被低通滤波，用于调整压控振荡器的输出。早迟门的输入信号是解调过程中接收信号与载波信号相乘之后经低通滤波器输出的信号。如果输入信号中符号的起止时刻与早迟门同步器产生的方波起止时刻不一致，那么两路积分结果的绝对值之差就不为零，据此调整压控振荡器的输出，直到差值为零。此时，压控振荡器输出信号与解调过程中低通滤波器输出信号中符号的起止时刻相一致，达到符号同步。

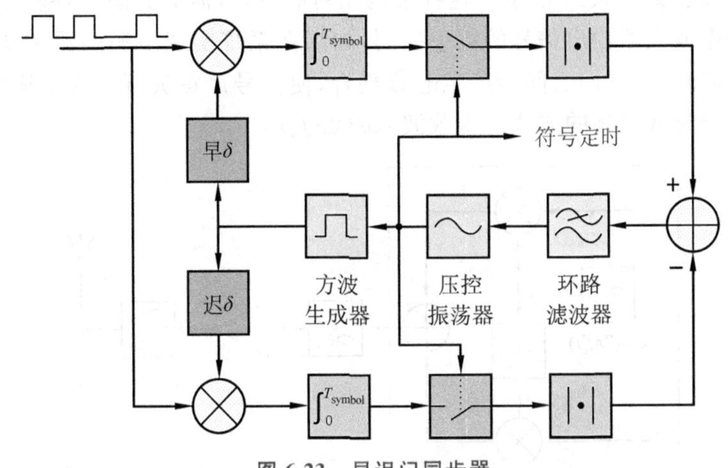

图 6.23　早迟门同步器

如果解调过程中低通滤波器的输出信号已经过 ADC 转换为数字信号，那么符号同步可使用以下两类方法：一类方法是通过定时误差检测算法(包括早迟算法)计算出定时误差的值，然后用该值去调整 ADC 的采样时刻，从而消除定时误差；另一类方法是将已有的数字信号进行插值，以得出所需时刻的信号值。

6.7　射频前端与天线

在发送端，已调信号经过混频、放大、滤波等处理后，通过发射天线向周围空间辐射；在接收端，通过接收天线接收到的含有噪声的微弱信号需先经过滤波、放大、混频等处理，再进行解调。传统上，这些处理多使用模拟方法完成。目前的发展趋势是尽可能多地使用数字方法取代模拟方法完成这些处理。

6.7.1　射频前端

在发送端和接收端中，数字基带系统与天线之间的模拟电路，包括滤波器、放大器、混频器等，构成了射频前端(RF front end)。发送端与接收端的射频前端各有多种架构。

1. 发送端射频前端

根据不同的架构，发送端射频前端可分为直接变频发射机(direct-conversion transmitter)、超外差发射机(superheterodyne transmitter)、直接射频发射机(direct RF transmitter)等。

1) 直接变频发射机

以同相分量和正交分量的调制为例，直接变频发射机将同相分量 I 和正交分量 Q 的两路已调信号之和，经过带通滤波器滤波和射频功率放大器(RF power amplifier)放大后，驱动发射天线，如图 6.24 所示。这种架构相对简单，所需的有源元件较少。但由于振荡器频率与功率放大器输出信号的频率相同，如果在系统实现中振荡器和功率放大器及天线的空间距离较近，它们之间会产生电磁耦合，使信号严重失真。为了避免电磁耦合，振荡器可采用分频或倍频的方式产生载波 $\cos(2\pi f_c t)$。

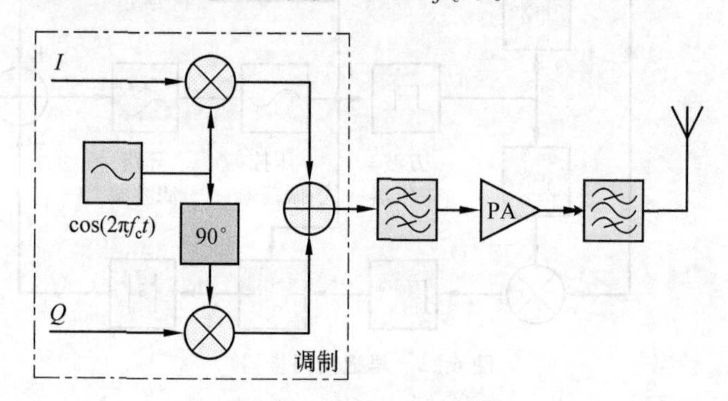

图 6.24 直接变频发射机

2) 超外差发射机

与直接变频发射机不同，超外差发射机通过两个或两个以上步骤来完成频率转换。外差是指通过组合其他两个频率(例如 f_1 和 f_2)而得到的信号频率(例如 f_1+f_2 和 f_2-f_1)。混频器(mixer)是输出信号的频率为两个输入信号频率组合的非线性电路。混频器可以实现两个正弦型信号的乘法。例如，当混频器的输入分别为 $\cos(2\pi f_1 t)$ 和 $\cos(2\pi f_2 t)$ 时，其输出包含 $\cos(2\pi(f_1+f_2)t)$ 和 $\cos(2\pi(f_2-f_1)t)$。

图 6.25 所示的超外差发射机通过两步完成频率转换：首先，将 I、Q 两路基带信号用频率为 f_1 的载波信号进行调制，这个频率称为中频(intermediate frequency)；其次，将已调信号与振荡器产生的频率为 f_2 的载波信号进行混频，得到包含频率分量 f_1+f_2 和 f_2-f_1 的射频信号，通常 f_1 远小于 f_2；再次，选择 f_1+f_2 和 f_2-f_1 其中一个频率分量通过带通滤波器，滤除其他频率分量；最后，将带通滤波器输出的射频信号放大后，驱动发射天线。如果选择 f_1+f_2 频率分量，则称为低侧注入(low-side injection)；如果选择 f_2-f_1 频率分量，则称为高侧注入(high-side injection)。

由于振荡器的频率与功率放大器输出信号的频率不同，超外差发射机中的电磁耦合大为减小。此外，超外差架构通过引入频率相对较低的固定中频，带来了灵敏度高、频率稳定度高、选择性好等一系列优点。但是，由于使用一级或多级中频混频，这种架构相对

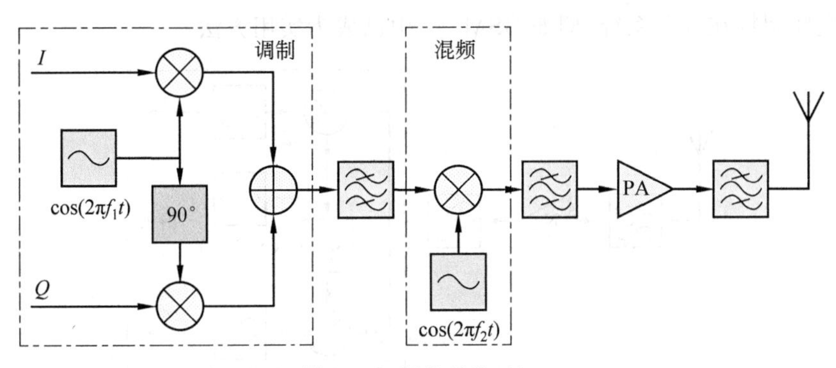

图 6.25　超外差发射机

复杂。该架构还存在镜像频率干扰、本机振荡器辐射、边带噪声等问题。

3）直接射频发射机

在过去的上百年中，超外差架构得到了广泛使用。近些年来，随着高性能的 DAC 与 ADC 技术的发展，直接射频架构已成为可能。在直接射频发射机中，调制在数字域中完成，压控振荡器被数控振荡器（Numerically-Controlled Oscillator，NCO）所取代。数字调制的输出为数字射频载波信号，该数字载波信号经过高速 DAC 转换为模拟信号。如图 6.26 所示，带通滤波器对 DAC 的输出进行滤波以滤除带外信号，滤波后的信号再经放大、带通滤波后驱动发射天线。

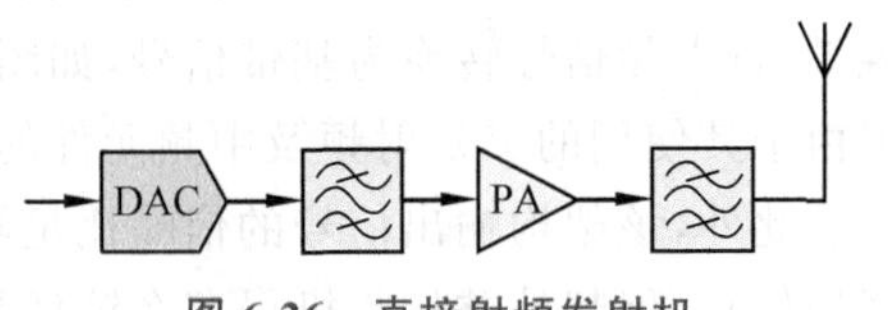

图 6.26　直接射频发射机

直接射频架构使用的元件更少，射频前端占用的硬件 PCB 空间更小；频率规划更加灵活，噪声性能更好。由于调制在数字域中完成，没有镜像频率干扰，I、Q 失配，本机振荡器辐射等问题。但目前高速 DAC 和 ADC 的价格仍较高（数十至数百美元），功耗较大（一瓦至数瓦）。

2. 接收端射频前端

根据不同的架构，接收端射频前端可分为直接变频接收机（direct-conversion receiver）、超外差接收机（superheterodyne receiver）、直接射频采样接收机（direct radio frequency sampling receiver）等。

在接收端，天线接收到的微弱信号经带通滤波后，由低噪声放大器（Low-Noise Amplifier，LNA）进行放大。低噪声放大器在放大功率非常低的信号的同时，不会显著降低其信噪比。

1）直接变频接收机

在直接变频接收机中，放大后的接收信号直接与振荡器产生的同频率载波信号进行混频，经低通滤波器滤除高频分量后，输出用于后续采样与判决的基带信号。图 6.27 为正交解调的直接变频接收机。这种接收机尽管相对简单，但也有与直接变频发射机相同的电磁耦合等问题。近几十年来，借助于信号链集成与数字校准技术，这些问题得以解决，直接变频架构在许多系统（例如 GSM 等）中已成为实用方法。

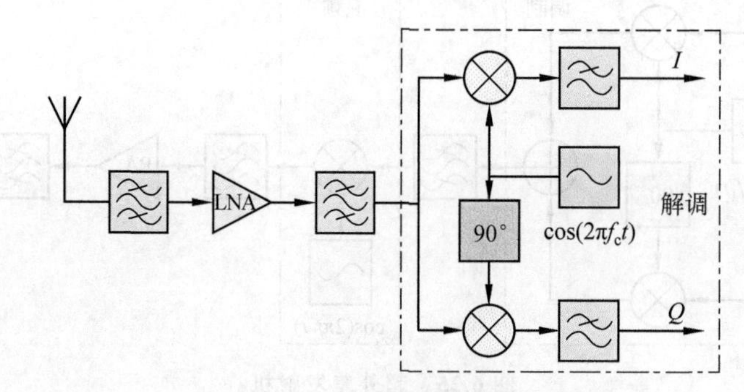

图 6.27 直接变频接收机

2）超外差接收机

超外差接收机是一种常见的接收机架构。它首先将经过低噪声放大器后的接收信号通过混频转换为载波频率固定的中频信号，以方便进行放大、滤波等处理。然后再次通过混频，将中频信号转换为基带信号，如图 6.28 所示。尽管超外差接收机使用更多的元件，但由于其使用的窄带射频及中频元件的成本低、功耗低，许多无线通信接收机仍采用该架构。此外，该架构输出信号的信噪比足够高（灵敏度高），分离所需频段信号的能力强（选择性好）。但超外差接收机仍存在镜像频率干扰等一些问题。

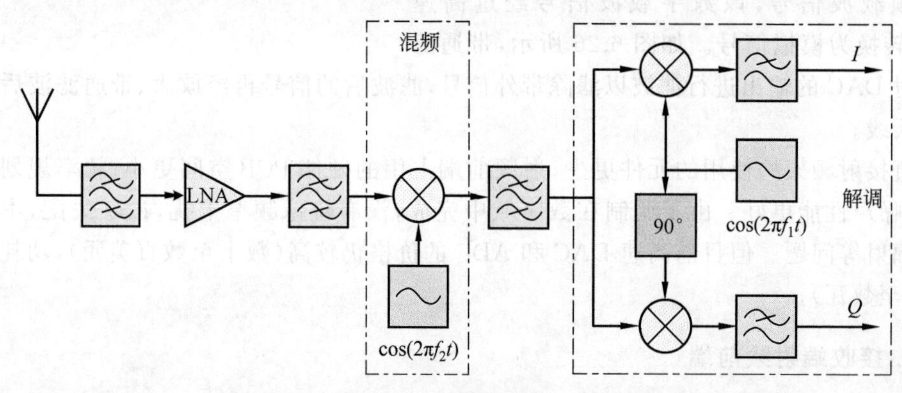

图 6.28 超外差接收机

3）直接射频采样接收机

直接射频采样是人们长期以来一直追求的一种方法。如图 6.29 所示，直接射频采样接收机使用更少的模拟元件，借助于高速 ADC，将经过低噪声放大器后的接收信号直接数字化，然后将数字信号传送给处理器进行解调、数字滤波等后续处理。

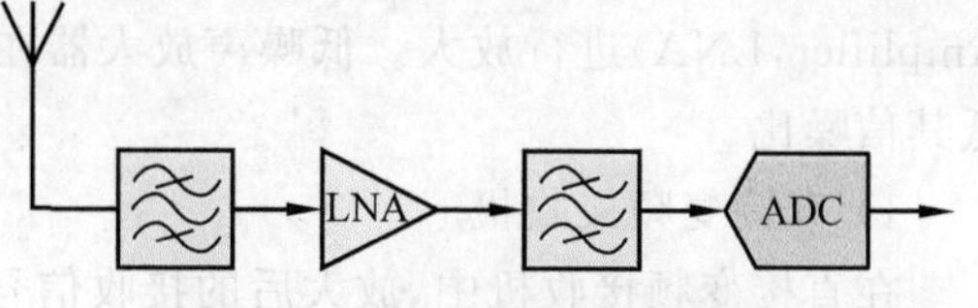

图 6.29 直接射频采样接收机

由于 ADC 的输入是经过带通滤波后的带通信号，因此可以根据带通采样定理确定采样频率 f_s 的取值。如果以满足式(6-35)的采样频率 f_s 进行采样，那么被采样的带通信号就可以由这些离散的采样值准确恢复。

$$\frac{2f_{\mathrm{H}}}{n} \leqslant f_{\mathrm{s}} \leqslant \frac{2f_{\mathrm{L}}}{n-1}, \quad 1 \leqslant n \leqslant \left\lfloor \frac{f_{\mathrm{H}}}{f_{\mathrm{H}}-f_{\mathrm{L}}} \right\rfloor \tag{6-35}$$

式中 f_{H}——带通信号的最高频率；

f_{L}——带通信号的最低频率；

$\lfloor \cdot \rfloor$——向下取整。

当自然数 n 取最大值时，可使采样频率 f_{s} 的取值最小，此时 $n=f_{\mathrm{H}}/(f_{\mathrm{H}}-f_{\mathrm{L}})$、$f_{\mathrm{s}}=2(f_{\mathrm{H}}-f_{\mathrm{L}})$。也就是说，当带通信号的最高频率是其带宽的整数倍时，最小采样频率为其带宽的 2 倍。相比 5.3 节中低通信号采样定理所要求的信号最高频率 2 倍的最小采样频率，带通信号采样的最小采样频率仅是其 $1/n$。

直接射频采样架构的优点是所需的采样频率与带通信号的带宽成正比，而无须与载波频率成正比。此外，该架构还可简化同步，没有镜像频率干扰、本机振荡器辐射等问题。

6.7.2 天线

天线是导行波与无线电波之间的转换器。在发送端，射频前端输出的高频电流通过发射天线转换为无线电波，向周围空间辐射；在接收端，无线电波再通过接收天线转换为高频电流，输入射频前端。那么，为什么天线能够辐射无线电波？

(1) 归因于天线的几何结构。如图 6.30 所示，两条传输线渐变张开，两线之间的距离达到或超过无线电波波长的数量级时，将向外部空间辐射无线电波，成为天线。

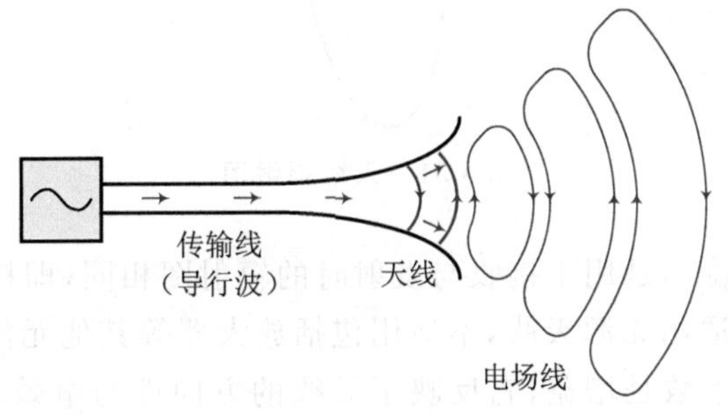

图 6.30 发射天线

(2) 归因于天线上电荷的加速运动。静止的电荷与匀速运动的电荷会产生电抗场(reactive field)；加速运动的电荷不仅产生电抗场，还会产生辐射场(radiating field)。天线中的高频电流使得电荷做加速运动，产生辐射场。不论是否存在接收天线，辐射场都将辐射电磁能。总的来说，辐射的功率随电流大小、天线长度以及振荡频率的增加而增加。当天线长度远小于波长时，辐射效应通常可以忽略不计。

周期性变化的电场在其周围空间产生周期性变化的磁场，周期性变化的磁场在其周围空间又产生周期性变化的电场，周而复始，由近及远传播开来。这就是无线电波(电磁波)的传播过程。

天线辐射的主要区域为其远场(far field)。在远场中，无线电波的强度与传播距离近似成反比。对于短于 $\lambda/2$ 的天线，其远场是与其相距远超过 2λ 的区域；对于长于 $\lambda/2$ 的天线,其远场是与其相距超过 $2L^2/\lambda$ 的区域。其中,λ 为无线电波的波长,L 为天线的长度。

理想中,天线向空间中各个方向上辐射无线电波的强度都相等。而实际中的天线在各个方向上的辐射强度不完全相等,因此或多或少具有一定的方向性。天线辐射图(radiation pattern)又称远场辐射图,可用来形象地描述天线辐射无线电波的相对强度在空间中的分布情况。三维辐射图通常以天线上的某点为中心、该中心点到远场的某一距离为半径做球面,根据球面上各点的电场强度模值及其方位角和仰角绘制。图 6.31 所示的三维辐射图包含主瓣(main lobe)、后瓣(back lobe)和旁瓣(side lobe)。主瓣是包含最大辐射方向的瓣;后瓣是与主瓣辐射方向相反的瓣;旁瓣是其他辐射方向上的瓣。这里的瓣是指无线电波相对强度局部极大值附近的区域,这些瓣是由天线不同部分辐射出的无线电波相互干扰所致。像这样向特定方向辐射大部分无线电波功率的天线,称为定向天线(directional antenna)。使用定向天线可以提高辐射功率的有效利用率并可减少干扰。

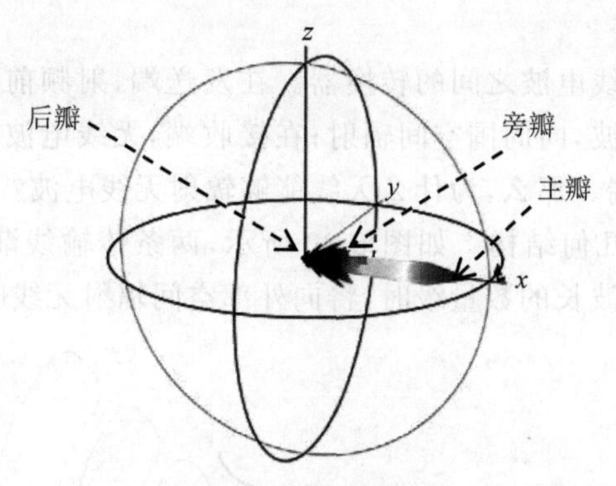

图 6.31 天线辐射图

天线的一个基本特性是用于接收与发射时的辐射图相同,即接收天线、发射天线具有互易性。不过这仅适用无源天线,不适用包括放大器等其他元件在内的有源天线。

天线的一个重要参数是增益,它反映了天线的方向性与电效率。天线增益是指在输入功率相等的条件下,实际天线与理想的无损各向同性天线在远场中同一点处所产生的无线电波功率密度之比。天线增益用来描述天线在特定方向上辐射或接收无线电波的集中程度。在未指定方向时,增益通常是指天线主瓣方向上的最大增益。增益通常用分贝(dB)来表示,相对于理想无损各向同性天线的增益记作 dBi(decibels-isotropic)。例如,理想无损各向同性天线的增益为 0dBi。由于互易性,天线在接收时的增益等于发射时的增益。

在无线通信中,使用最广泛的基本天线是偶极天线(dipole antenna)。顾名思义,偶极天线通常由对称放置的两个相同的导体组成,如图 6.32(a)所示。常见的偶极天线的长度为 $\lambda/2$,其三维辐射图如图 6.32(b)所示。半波偶极天线在所有水平方向上辐射的功率都相等,其增益不超过 2.15dBi。偶极天线既可以单独用作低增益的全向天线,也可以用来构成更为复杂的定向天线。

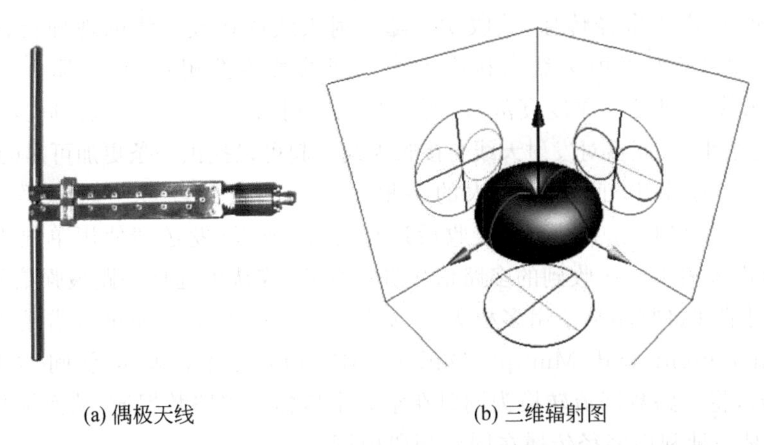

(a) 偶极天线　　(b) 三维辐射图

图 6.32 偶极天线及其三维辐射图

((a)图来源：TDK Dipole Antennas 数据手册；(b)图来源：WOLFRAM Demonstrations Project)

6.7.3 多天线技术

在之前的章节中，发送端和接收端都只使用一根天线。如果使用多根天线，会带来哪些收益？

取决于不同的天线配置，使用多天线技术可以进一步提升接收信号强度、降低比特差错率或提高数据传输率。

在发送端或接收端使用多根天线时，如图 6.33 所示，借助于波束成形(beamforming)技术，可以提升接收信号强度，从而提高接收端的信噪比。在波束成形技术中，相距较近的各个发射天线都发射相同的信号，但是每个发射天线发射信号的振幅与相位有所不同，这使得在特定方向上叠加后的信号更强，从而使信号强度在接收天线处最大化；或者，发送端使用单根天线发射信号，接收端将多根接收天线上接收到的信号分别进行加权和移相之后，再叠加在一起，也能提升接收信号的强度。

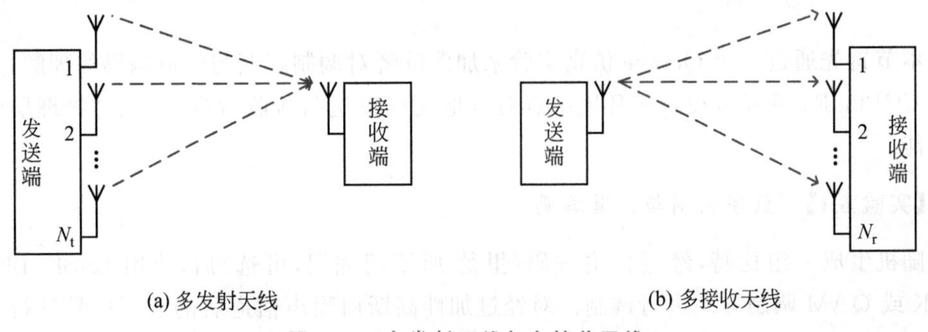

(a) 多发射天线　　(b) 多接收天线

图 6.33 多发射天线与多接收天线

对于如图 6.33 所示的多发射天线或多接收天线配置，也可借助于空间分集(space diversity)，降低接收端的比特差错率。在无线通信中，深度衰落会使接收端的比特差错率增大。空间分集也称天线分集(antenna diversity)，是一种对抗多径衰落的方法。在

4.1节讨论过，归因于多径传播，接收功率随发射天线或接收天线的地理位置变化而变化，即衰落。如果每对发射天线与接收天线之间的衰落都相互独立，那么当一对发射天线与接收天线之间发生深度衰落时，所有其他发射天线与接收天线之间也都发生深度衰落的可能性很小，因此多对发射天线与接收天线一起可以提供一条更加可靠的传输通路。

在空间分集技术中，间距足够大的多根发射天线发射经过空时编码（space-time code）后的信号，由接收端单根天线接收后进行处理；或者，发送端使用单根天线发射信号，接收端对由多根天线接收到的多路信号进行合并，或从中选择一路最强信号。

如果发射端和接收端都使用多根天线，如图6.34所示，那么还可以借助于多输入多输出（Multiple-Input and Multiple-Output，MIMO）技术，基于空间复用（spatial multiplexing），将一路数据流转换为同时在空间中传输的多路数据流，从而提高数据传输率。MIMO是一种利用多径传播在同一频段内同时发送或接收多路数据流的技术，理论上可以在不增加频段带宽与发射功率的前提下，提高数据传输率，从而提高频谱效率。

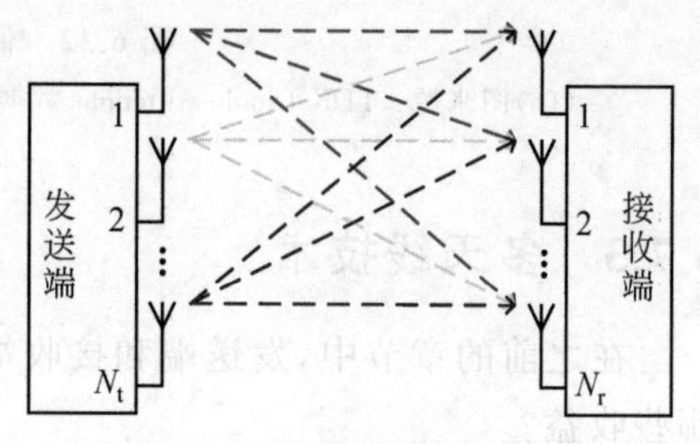

图6.34　多发射天线多接收天线

实际上，由于实际中的多径传播与MIMO理论分析中假设的理想模型有所差别，并且天线间距受限于设备的物理尺寸，不同天线之间的信道往往是相关的，因此难以始终达到理论上的数据传输率。在最差的情况下，使用MIMO技术并不能提高数据传输率。此外，相比单天线系统，实现MIMO需要更多的发射天线与接收天线、更多的功率放大器、更多的计算与存储资源，这不仅大幅增加了系统的成本与复杂度，也增大了设备的体积与功耗。因此，在物联网无线节点中，需要权衡以上多方面因素来决定是否使用MIMO技术。

6.8　本章实验

本节首先通过一个Octave仿真实验来加深读者对调制解调与信道编码的理解；然后使用CC1352R1开发板在真实环境中点对点地无线发送与接收数据，这也是物理层的主要功能。

【实验6.1】　数字调制与信道编码。

随机生成一组比特，经过信道编码（里德-所罗门编码，可选）后，使用BASK、BFSK、BPSK或QAM调制方式进行调制。对经过加性高斯白噪声信道后的已调信号进行解调以及信道解码（可选），并计算比特差错率。

（1）选择调制方式、设置信噪比以及是否进行信道编码。

```
modulation_scheme = 'BASK';        % 使用以下调制方式中的一种进行调制：BASK、BFSK、BPSK、QAM
snr = 0;                           % 信噪比，单位为 dB
flag_cc = 1;                       % 是否进行信道编码：0 为不进行，1 为进行
```

(2) 设置仿真中使用的其他参数。

```
cc_m = 6;                                     % m比特构成一个信道编码中的符号
cc_k = 55;                                    % 信道编码输入数据长k个符号(分组码)
cc_n = 63;                                    % 信道编码的输出码字长n个符号(分组码)
n_bits = 10 * cc_k * cc_m;                    % 仿真中发送比特的个数,设为cc_k * cc_m的整数倍
t_bit = 100e- 6;                              % 每比特(二进制调制中即符号)的持续时间,单位为s
f_carrier_1 = 10 / t_bit;                                   % 载波的频率,单位为Hz
f_carrier_2 = 5 / t_bit;                                    % BFSK中第二个载波的频率,单位为Hz
f_sampling = 20 * f_carrier_1;                              % 采样频率,单位为Hz
amp_carrier_1 = 1;                                          % 载波的振幅
amp_carrier_2 = 1;                                          % BFSK中第二个载波的振幅
symbol_timing = t_bit * f_sampling / 2;                     % 解调中采样判决的采样偏移量
n_bits_plot = 10;                                           % 在图中画出前多少比特
```

(3) 随机生成一组比特,并对其进行信道编码。

```
pkg load communications                                     % 在Octave中,需要加载通信函数包
x_bit_gen = randi([0 1], n_bits, 1);                        % 生成随机比特
if (flag_cc == 0)                                           % 如果不进行信道编码
  x_bit_cc = x_bit_gen;                                     % 生成的比特直接用于二进制调制
  len_x_bit_cc = n_bits;                                    % 用于二进制调制的比特数
else                                                        % 如果进行信道编码
  x_symbol_cc = bi2de(reshape(x_bit_gen, n_bits / cc_m, cc_m));   % 将比特转为信道编码符号
  x_cc_in = reshape(x_symbol_cc, n_bits / cc_m / cc_k, cc_k);          % 对符号进行分组
  x_cc_out = rsenc(gf(x_cc_in, cc_m), cc_n, cc_k);          % 信道编码(使用里德-所罗门编码)
  x_bit_cc = reshape(de2bi(reshape(double(x_cc_out.x), cc_n * n_bits / cc_m / cc_k, 1)),
cc_n * n_bits / cc_k, 1);          % 将信道编码的输出码字转为比特,用于二进制调制
  len_x_bit_cc = cc_n * n_bits / cc_k;                      % 用于二进制调制的比特
end
```

(4) 进行调制,并画出部分输入比特及其已调信号。

```
if strcmp(modulation_scheme, 'QAM')                         % 如果进行QAM调制
  x_bit_cc_i = x_bit_cc(1 : 2 : end);                       % QAM调制的输入比特(I路)
  x_bit_cc_q = x_bit_cc(2 : 2 : end);                       % QAM调制的输入比特(Q路)
  len_x_bit_mod = len_x_bit_cc / 2;                         % 每路调制输入的比特数
  t_sample = (1 / f_sampling : 1 / f_sampling : t_bit * len_x_bit_mod)';          % 采样时刻
  carrier_1_i = cos(2 * pi * f_carrier_1 * t_sample);       % I路载波
  carrier_1_q = sin(2 * pi * f_carrier_1 * t_sample);       % Q路载波
else                                                        % 如果进行BASK/BFSK/BPSK调制
  x_bit_cc_i = x_bit_cc;                                    % 调制的输入比特
  len_x_bit_mod = len_x_bit_cc;                             % 调制输入的比特数
  t_sample = (1 / f_sampling : 1 / f_sampling : t_bit * len_x_bit_mod)';          % 采样时刻
  carrier_1_i = cos(2 * pi * f_carrier_1 * t_sample);       % 载波
  if strcmp(modulation_scheme, 'BFSK')                      % 如果进行BFSK调制
    carrier_2_i = cos(2 * pi * f_carrier_2 * t_sample);     % 第二个载波
  end
end
f1 = figure(1);                                             % 创建第一个图形窗口
subplot(3, 1, 1);                                           % 三个竖排子图中的第一个图
x_bit_cc_plot = reshape(ones(t_bit * f_sampling, 1) * x_bit_cc_i(1 : n_bits_plot, 1)', t_
bit * f_sampling * n_bits_plot, 1);                         % 根据比特生成线段
plot(1 / f_sampling : 1 / f_sampling : t_bit * n_bits_plot, x_bit_cc_plot);   % 画待发送比特
```

```
grid on;                                                    % 显示网格线
axis([0 t_bit * n_bits_plot - 0.5 1.5]);                    % 设置坐标轴显示区域
title('Bits to be sent');                                   % 图标题
xlabel('Time (s)');                                         % 横轴标注
ylabel('Amplitude');                                        % 纵轴标注
tx = zeros(t_bit * f_sampling * len_x_bit_mod, 1);          % 为发送信号分配存储空间
for b = 1 : len_x_bit_mod                                   % 对每待调制比特
  b_start = round(1 + (b - 1) * t_bit * f_sampling);        % 当前比特第一个采样点的下标
  b_end = b * t_bit * f_sampling;                           % 当前比特最后一个采样点的下标
  if strcmp(modulation_scheme, 'BASK')                      % 如果进行 BASK 调制
    tx(b_start : b_end, 1) = x_bit_cc_i(b, 1) * amp_carrier_1 * carrier_1_i(b_start : b_
end, 1);                                                    % 当前比特与载波相乘
  elseif strcmp(modulation_scheme, 'BFSK')                  % 如果进行 BFSK 调制
    if x_bit_cc_i(b, 1) == 0                                % 如果当前比特为 0
      tx(b_start : b_end, 1) = amp_carrier_1 * carrier_1_i(b_start : b_end, 1);
                                                            % 发送第一个载波
    else                                                    % 如果当前比特为 1
      tx(b_start : b_end, 1) = amp_carrier_2 * carrier_2_i(b_start : b_end, 1);
      % 发送第二个载波
    end
  elseif strcmp(modulation_scheme, 'BPSK')                  % 如果进行 BPSK 调制
    if x_bit_cc_i(b, 1) == 0                                % 如果当前比特为 0
      tx(b_start : b_end, 1) = amp_carrier_1 * carrier_1_i(b_start : b_end, 1);  % 发送载波
    else                                                    % 如果当前比特为 1
      tx(b_start : b_end, 1) = - amp_carrier_1 * carrier_1_i(b_start : b_end, 1);
        % 发送反相载波
    end
  else                                                      % 如果进行 QAM 调制
    if x_bit_cc_i(b, 1) == 0                                % 如果 I 路当前比特为 0
      tx(b_start : b_end, 1) = - amp_carrier_1 * carrier_1_i(b_start : b_end, 1);
      % 发送反相 I 路载波
    else                                                    % 如果 I 路当前比特为 1
      tx(b_start : b_end, 1) = amp_carrier_1 * carrier_1_i(b_start : b_end, 1);
                                                            % 发送 I 路载波
    end
    if x_bit_cc_q(b, 1) == 0                                % 如果 Q 路当前比特为 0
      tx(b_start : b_end, 1) = tx(b_start : b_end, 1) - amp_carrier_1 * carrier_1_q(b_
start: b_end, 1);                                           % 发送反相 Q 路载波,与 I 路叠加
    else                                                    % 如果 Q 路当前比特为 1
      tx(b_start : b_end, 1) = tx(b_start : b_end, 1) + amp_carrier_1 * carrier_1_q(b_
start: b_end, 1);                                           % 发送 Q 路载波,与 I 路叠加
    end
  end
end
f2 = figure(2);                                             % 创建第二个图形窗口
subplot(2, 1, 1);                                           % 两个竖排子图中的第一个图
plot(1 / f_sampling : 1 / f_sampling : t_bit * n_bits_plot, tx(1 : t_bit * f_sampling * n_
bits_plot, 1));                                             % 画发送信号
grid on;                                                    % 显示网格线
axis([0 t_bit * n_bits_plot - 2.5 2.5]);                    % 设置坐标轴显示区域
title('Transmitted signals');                               % 图标题
xlabel('Time (s)');                                         % 横轴标注
ylabel('Amplitude');                                        % 纵轴标注
```

(5) 发送信号(已调信号)经过加性高斯白噪声信道,并画出部分接收信号。

```
rx = awgn(tx, snr, 'measured');                          % 在发送信号中加入加性高斯白噪声
subplot(2, 1, 2);                                        % 两个竖排子图中的第二个图
plot(1 / f_sampling : 1 / f_sampling : t_bit * n_bits_plot, rx(1 : t_bit * f_sampling * n_
bits_plot, 1));                                          % 画接收信号
grid on;                                                 % 显示网格线
axis([0 t_bit * n_bits_plot - 2.5 2.5]);                 % 设置坐标轴显示区域
title('Received signals');                               % 图标题
xlabel('Time (s)');                                      % 横轴标注
ylabel('Amplitude');                                     % 纵轴标注
```

(6) 对接收信号进行带通滤波、混频以及低通滤波处理,并画出部分低通滤波输出信号。

```
b_bpf_1 = firls(20, [0 (f_carrier_1 - 2 / t_bit) (f_carrier_1 - 1 / t_bit) (f_carrier_1 + 1 /
t_bit) (f_carrier_1 + 2 / t_bit) (f_sampling / 2)] / (f_sampling / 2), [0 0 1 1 0 0], [1 100 1]);
                                                                        % 生成带通滤波器系数
y_bpfiltered_1 = filtfilt(b_bpf_1, 1, rx);               % 接收信号经过带通滤波器滤波
if strcmp(modulation_scheme, 'BFSK')                     % 如果进行 BFSK 解调
  b_bpf_2 = firls(20, [0 (f_carrier_2 - 2 / t_bit) (f_carrier_2 - 1 / t_bit) (f_carrier_2 + 1
/ t_bit) (f_carrier_2 + 2 / t_bit) (f_sampling / 2)] / (f_sampling / 2), [0 0 1 1 0 0], [1 100
1]);                                                     % 生成第二个带通滤波器的系数
  y_bpfiltered_2 = filtfilt(b_bpf_2, 1, rx);             % 接收信号同时经过第二个带通滤波器
end
y_mixed_1_i = y_bpfiltered_1 .* carrier_1_i;             % 带通滤波后的信号与载波相乘
b_lpf_1_i = firls(10, [0 (1 / t_bit) (2 * f_carrier_1 - 1 / t_bit) (f_sampling / 2)] / (f_
sampling / 2), [1 1 0 0], [100 1]);                      % 生成低通滤波器系数
y_lpfiltered_1_i = filtfilt(b_lpf_1_i, 1, y_mixed_1_i); % 混频后的信号经过低通滤波器滤波
y_bit_dem_i = zeros(len_x_bit_mod, 1);                   % 为 I 路解调出的比特分配存储空间
if strcmp(modulation_scheme, 'BFSK')                     % 如果进行 BFSK 解调
  y_mixed_2_i = y_bpfiltered_2 .* carrier_2_i;
    % 经过第二个带通滤波器后的信号与第二个载波相乘
  b_lpf_2_i = firls(10, [0 (1 / t_bit) (2 * f_carrier_2 - 1 / t_bit) (f_sampling / 2)] / (f_
sampling / 2), [1 1 0 0], [100 1]);                      % 生成第二个低通滤波器的系数
  y_lpfiltered_2_i = filtfilt(b_lpf_2_i, 1, y_mixed_2_i);
    % 与第二个载波混频后的信号经过第二个低通滤波器滤波
elseif strcmp(modulation_scheme, 'QAM')                  % 如果进行 QAM 解调
  y_mixed_1_q = y_bpfiltered_1 .* carrier_1_q;           % 带通滤波后的信号与 Q 路载波相乘
  y_lpfiltered_1_q = filtfilt(b_lpf_1_i, 1, y_mixed_1_q);
    % Q 路混频后的信号经过低通滤波器滤波
  y_bit_dem_q = zeros(len_x_bit_mod, 1);                 % 为 Q 路解调出的比特分配存储空间
end
figure(f1);                                              % 选择第一个图形窗口
subplot(3, 1, 2);                                        % 三个竖排子图中的第二个图
plot(1 / f_sampling : 1 / f_sampling : t_bit * n_bits_plot, y_lpfiltered_1_i(1 : f_sampling
* t_bit * n_bits_plot, 1));                              % 画低通滤波后的信号
grid on;                                                 % 显示网格线
axis([0 t_bit * n_bits_plot - 1.5 1.5]);                 % 设置坐标轴显示区域
title('Received signals for bits recovery');             % 图标题
xlabel('Time (s)');                                      % 横轴标注
ylabel('Amplitude');                                     % 纵轴标注
```

（7）进行解调，画出部分解调输出比特，计算解调后的比特差错率。

```
for b = 1 : len_x_bit_mod                                          % 对每个待解调符号
  b_sample = round(1 + (b - 1) * t_bit * f_sampling + symbol_timing);
                                                                   % 当前符号的采样点下标
  if strcmp(modulation_scheme, 'BASK')                             % 如果进行 BASK 解调
    if (y_lpfiltered_1_i(b_sample, 1) * 2 / amp_carrier_1) > 0.5   % 如果超过 1/2 判决门限
      y_bit_dem_i(b, 1) = 1;                                       % 解调出 1
    else                                                           % 反之
      y_bit_dem_i(b, 1) = 0;                                       % 解调出 0
    end
  elseif strcmp(modulation_scheme, 'BFSK')                         % 如果进行 BFSK 解调
    if (y_lpfiltered_1_i(b_sample, 1) * 2 / amp_carrier_1) > (y_lpfiltered_2_i(b_sample,
1) * 2 / amp_carrier_2)                                            % 如果第一个载波上的信号强于噪声
      y_bit_dem_i(b, 1) = 0;                                       % 解调出 0
    else                                                           % 如果第二个载波上的信号强于噪声
      y_bit_dem_i(b, 1) = 1;                                       % 解调出 1
    end
  elseif strcmp(modulation_scheme, 'BPSK')                         % 如果进行 BPSK 解调
    if y_lpfiltered_1_i(b_sample, 1) > 0                           % 如果采样值为正数
      y_bit_dem_i(b, 1) = 0;                                       % 解调出 0
    else                                                           % 如果采样值不为正数
      y_bit_dem_i(b, 1) = 1;                                       % 解调出 1
    end
  else                                                             % 如果进行 QAM 解调
    if y_lpfiltered_1_i(b_sample, 1) > 0                           % 如果 I 路采样值为正数
      y_bit_dem_i(b, 1) = 1;                                       % I 路解调出 1
    else                                                           % 如果 I 路采样值不为正数
      y_bit_dem_i(b, 1) = 0;                                       % I 路解调出 0
    end
    if y_lpfiltered_1_q(b_sample, 1) > 0                           % 如果 Q 路采样值为正数
      y_bit_dem_q(b, 1) = 1;                                       % Q 路解调出 1
    else                                                           % 如果 Q 路采样值不为正数
      y_bit_dem_q(b, 1) = 0;                                       % Q 路解调出 0
    end
  end
end
subplot(3, 1, 3);                                                  % 三个竖排子图中的第三个图
y_bit_dem_plot = reshape(ones(t_bit * f_sampling, 1) * y_bit_dem_i(1 : n_bits_plot, 1)', t
_bit * f_sampling * n_bits_plot, 1);                               % 根据比特生成线段
plot(1 / f_sampling : 1 / f_sampling : t_bit * n_bits_plot, y_bit_dem_plot);
% 画解调出的比特
grid on;                                                           % 显示网格线
axis([0 t_bit * n_bits_plot - 0.5 1.5]);                           % 设置坐标轴显示区域
title('Recovered bits');                                           % 图标题
xlabel('Time (s)');                                                % 横轴标注
ylabel('Amplitude');                                               % 纵轴标注
if strcmp(modulation_scheme, 'QAM')                                % 如果进行 QAM 解调
  y_bit_dem = zeros(len_x_bit_cc, 1);                              % 为合并 I 路、Q 路比特分配存储空间
  y_bit_dem(1 : 2 : end, 1) = y_bit_dem_i(1 : end, 1);             % 写入 I 路比特
  y_bit_dem(2 : 2 : end, 1) = y_bit_dem_q(1 : end, 1);             % 写入 Q 路比特
else                                                               % 如果进行 BASK/BFSK/BPSK 解调
  y_bit_dem = y_bit_dem_i;                                         % 无 Q 路比特
end
```

```
[err_num_dem, err_ratio_dem] = biterr(x_bit_cc, y_bit_dem);        % 计算解调后的比特差错率
```

(8) 进行信道解码,计算信道解码后的比特差错率。

```
if (flag_cc == 0)                                           % 如果不进行信道解码
  disp(['Bit error ratio: ', num2str(err_ratio_dem)])       % 输出解调后的比特差错率
else                                                        % 如果进行信道解码
  y_symbol_dec = bi2de(reshape(y_bit_dem, cc_n * n_bits / cc_k / cc_m, cc_m));
    % 将比特转为信道解码符号
  y_dec_in = reshape(y_symbol_dec, n_bits / cc_m / cc_k, cc_n);      % 对符号进行分组
  [y_dec_out dec_numerr] = rsdec(gf(y_dec_in, cc_m), cc_n, cc_k);
    % 信道解码(里德-所罗门编码)
  y_bit_dec = reshape(de2bi(reshape(double(y_dec_out.x), n_bits / cc_m, 1)), n_bits, 1);
    % 将信道解码输出转为比特
  [err_num_dec, err_ratio_dec] = biterr(x_bit_gen, y_bit_dec);
    % 计算信道解码后的比特差错率
  disp(['Bit error ratio: ', num2str(err_ratio_dec)])       % 输出信道解码后的比特差错率
end
```

在 Octave 中运行上述代码,得到的运行结果如图 6.35 和图 6.36 所示。通过扫描二维码 V6.1 可获取上述代码的 M 文件。图 6.35 给出了该仿真系统在 0dB 信噪比下使用 BASK 调制方式进行调制与解调的一次运行结果,尽管此时白噪声的平均功率与发送信号的平均功率相当,但解调出的比特与发送的比特一致,没有出现比特差错。图 6.36 给出了此时发送端发送的信号与接收端接收到的信号。

V6.1 实验 6.1 的 M 文件

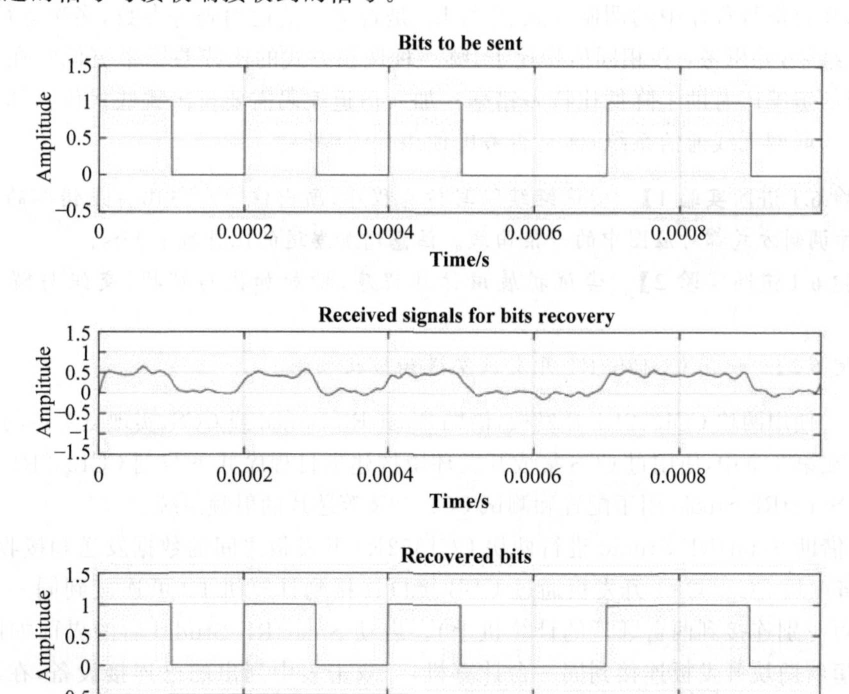

图 6.35　0dB 信噪比下 BASK 调制输入与解调输出的比特

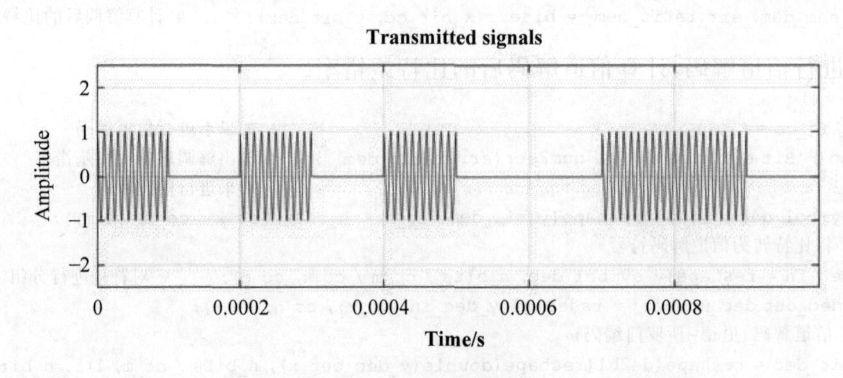

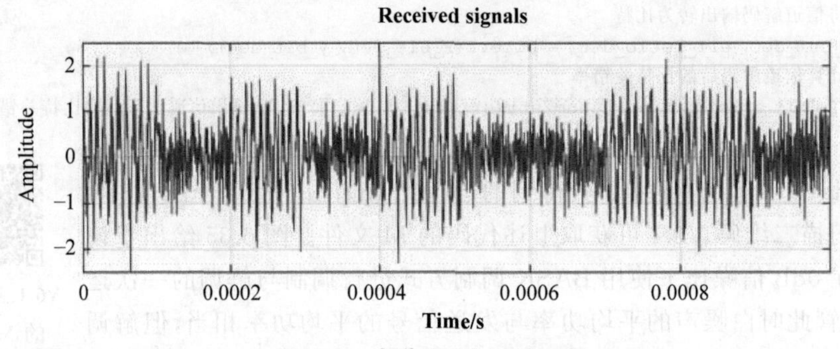

图 6.36 发送信号与接收信号

尝试修改仿真程序中的调制方式、信噪比、是否进行信道编码等参数，多次运行程序，观察输出结果，并思考：在相同信噪比下，哪一种调制方式的比特差错率更低？在什么情况下使用信道编码有助于降低比特差错率？加入信道编码需要付出哪些代价？如果由你设计一个物联网无线通信系统，你是否考虑使用信道编码？

【实验 6.1 进阶实验 1】 尝试继续编写仿真程序，画出信噪比与比特差错率的关系曲线图，每种调制方式都对应图中的一条曲线。注意增加发送的比特数 n_bits。

【实验 6.1 进阶实验 2】 尝试扩展该仿真程序，增加加扰与解扰、交织与解交织等功能。

【实验 6.2】 使用 CC1352R1 开发板发送和接收数据。

本实验使用两块 CC1352R1 开发板，借助 SmartRF Studio 或 CCS，实现点对点的无线数据收发。在第 3 章中，使用过 CCS 集成开发环境构建项目程序并下载到 CC1352R1 开发板上运行。SmartRF Studio 用于配置和测试 CC1352R 等芯片的射频系统。

(1) 借助 SmartRF Studio 进行两块 CC1352R1 开发板之间的数据发送和接收。

① 将两块 CC1352R1 开发板通过 USB 接口连接到计算机上(可连接到同一台计算机上，也可分别连接到两台邻近的计算机上)。启动 SmartRF Studio 后的界面如图 6.37 所示(这里将两块开发板连接到同一台计算机)。双击表中列出的已连接设备，在随后弹出的菜单中，选择 Proprietary mode，将打开如图 6.38 所示的设备控制面板。重复同样的操作，也打开另一块开发板的控制面板。

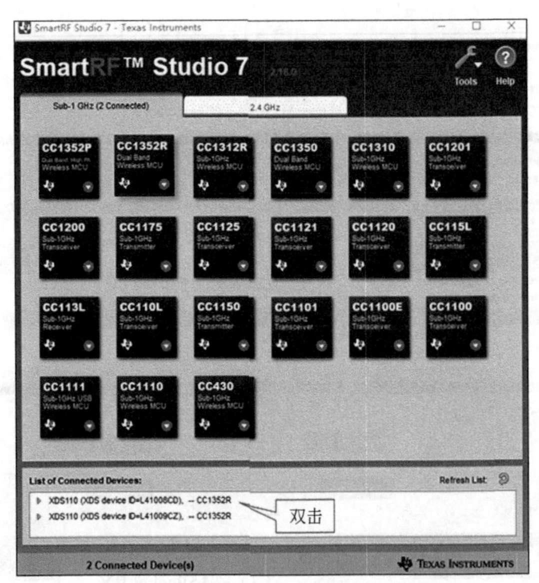

图 6.37 SmartRF Studio 启动界面

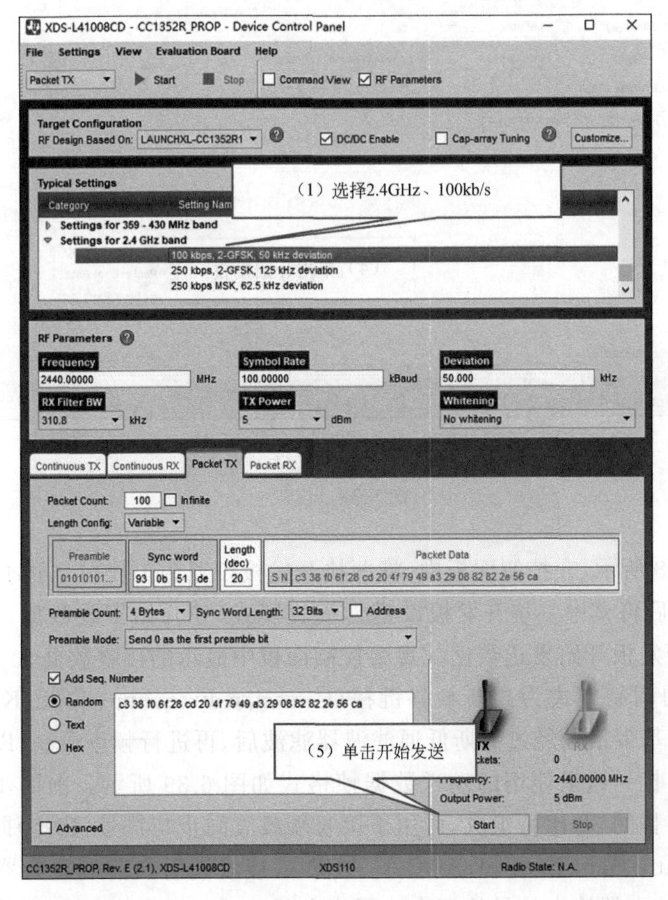

(a) 发送

图 6.38 设备控制面板

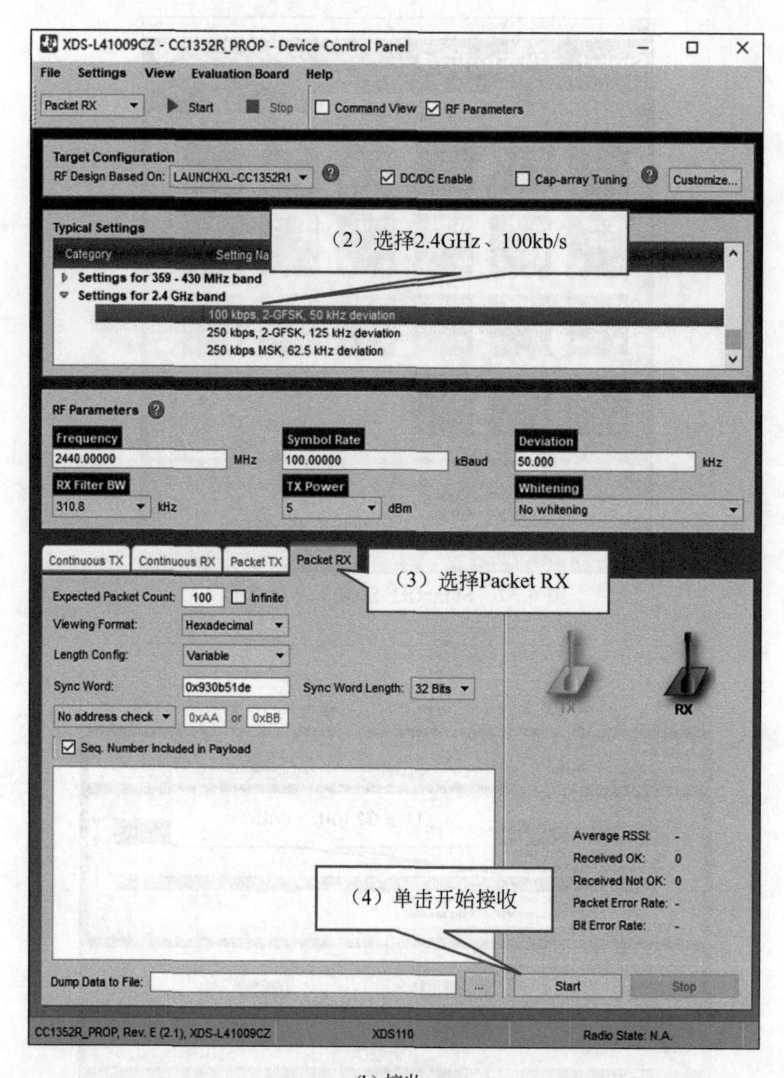

(b) 接收

图 6.38 （续）

② 如图 6.38 所示，在控制面板中，将两块开发板设置为工作在 2.4GHz 频段、传输率为 100kb/s。然后将其中一块开发板设置为接收模式，并开始接收数据。让处于发送模式下的另一块开发板开始发送数据。观察控制面板中显示的接收数据。

这里使用的调制方式为高斯频移键控(Gaussian Frequency-Shift Keying，GFSK)。GFSK 将输入的基带信号经过高斯低通滤波器滤波后，再进行频率调制，以减小已调信号对相邻信道的干扰。这里使用的发送数据帧格式如图 6.39 所示。前同步码(preamble)由 0 和 1 相互交替的 32 比特组成，可用于接收端载波同步与符号(比特)同步以及自动增益控制(Automatic Gain Control，AGC)。AGC 是接收端射频前端放大器中的闭环反馈电路，用来保持放大器输出信号的幅度。同步字(syncword)是用于识别数据帧起始的已知序列，这里为 4 字节长的 930B51DEH。净荷(payload)为有效传输数据，其字节个数由

1 字节的净荷长度给出。循环冗余校验(Cyclic Redundancy Check,CRC)是一种分组码,这里用来检测接收数据是否含有差错。图 6.38(b)右下方的 RSSI 为接收信号强度指示(Received Signal Strength Indication),是接收信号(同步字)功率的估计量,单位为 dBm。接收信号越强,RSSI 值越大。

前同步码(4字节:55555555H)	同步字(4字节:930B51DEH)	净荷长度(1字节)	净荷(≤255字节)	循环冗余校验(2字节)

图 6.39 发送数据帧格式

(2) 使用 CCS 发送数据、SmartRF Studio 接收数据。

① 启动 CCS,在 TI Resource Explorer 导航栏中,依次选择 Software→SimpleLink CC13x2 26x2 SDK→Examples→Development Tools→CC1352R LaunchPad→TI Drivers→rfPacketTx→TI-RTOS→CCS Compiler 选项。单击 rfPacketTx 后,再单击右侧的 Import 按钮导入项目,如图 6.40 所示。

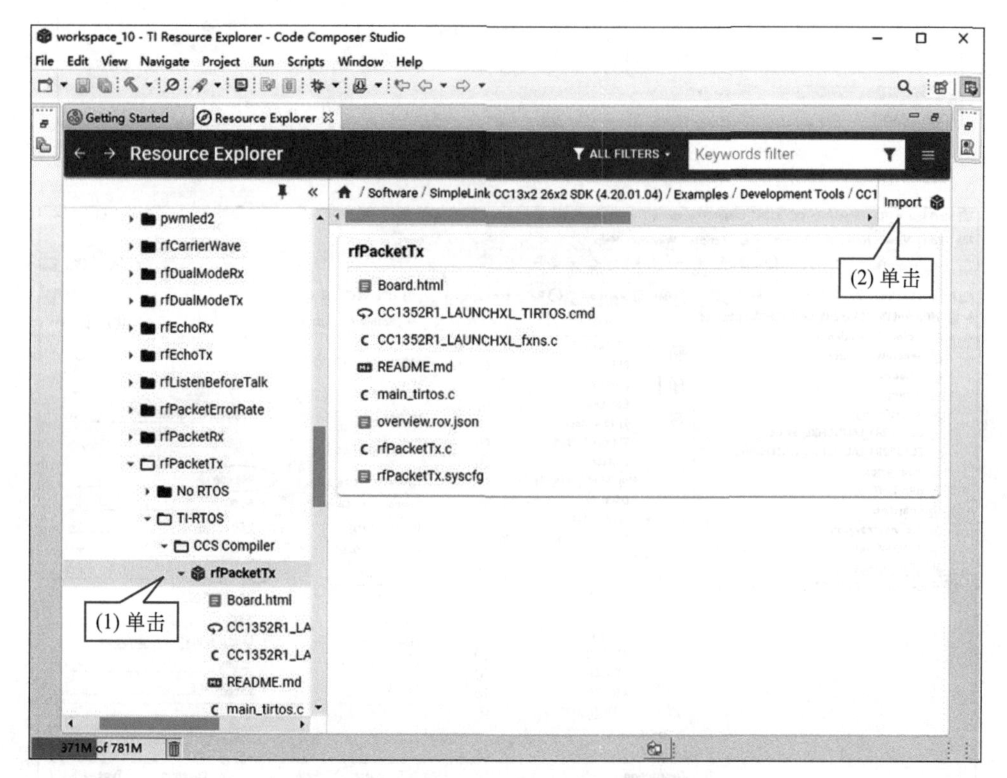

图 6.40 导入项目

② 按照图 6.41 标出的操作步骤,进入物理层设置界面。在如图 6.42 所示的设置界面中,修改载波频率和发射功率两个参数,发射功率选择最低发射功率−20dBm。由于选择的发射功率较低,将会出现如图 6.43 所示的警告标识。按照图 6.43 标出的前两步操作,关闭 Force VDDR 选项。然后单击“存盘”图标,保存改动后的设置。

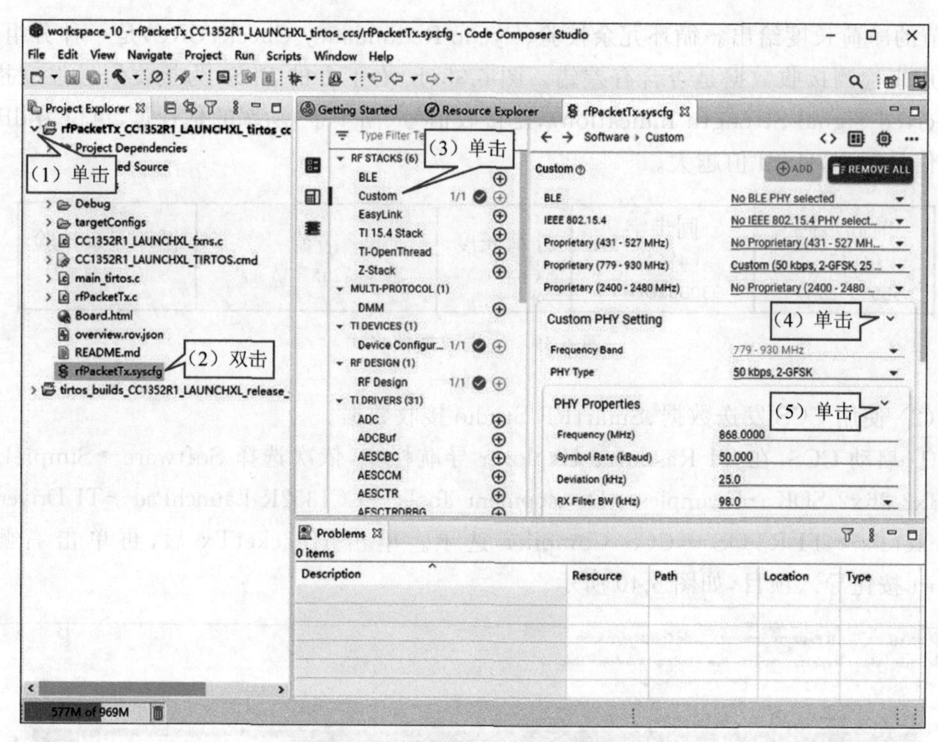

图 6.41　进入物理层设置界面

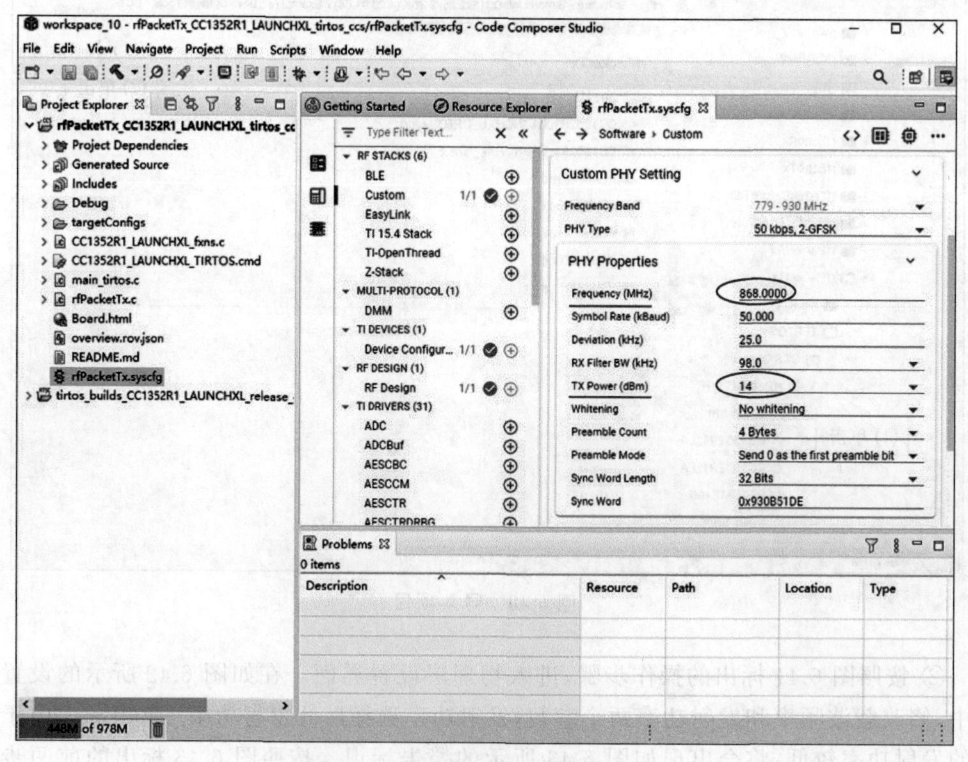

图 6.42　修改载波频率与发射功率

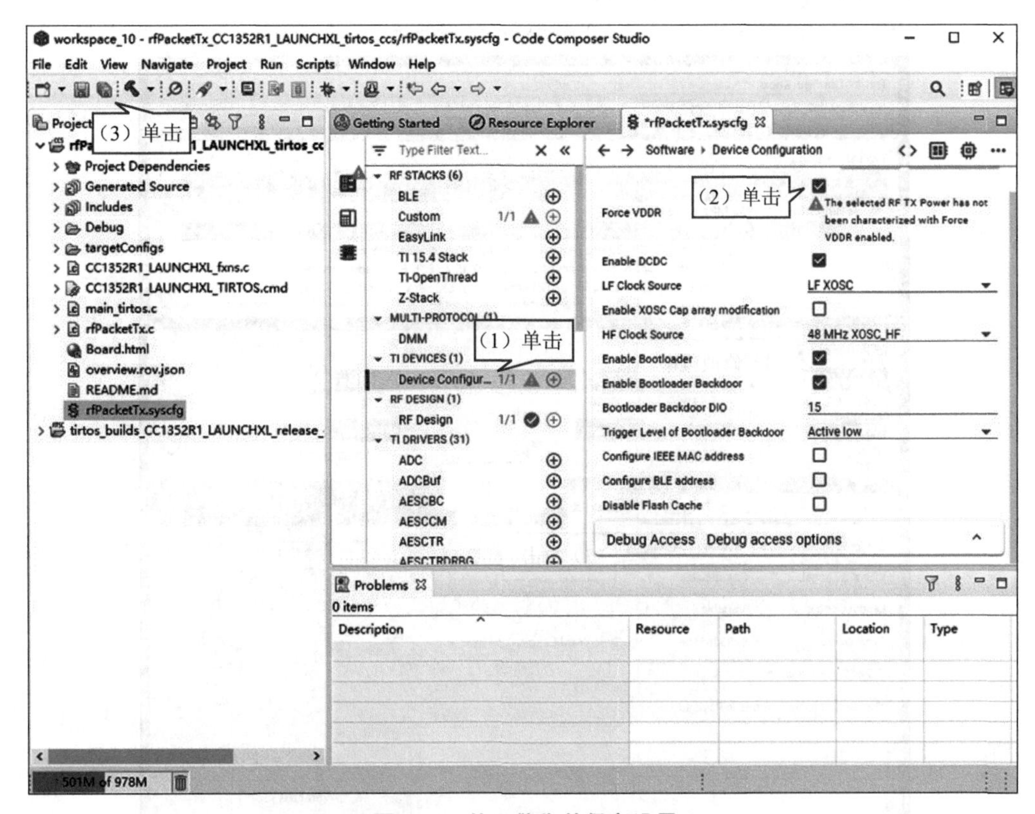

图 6.43 处理警告并保存设置

③ 按照图 3.18 和图 3.20 所示的操作步骤，构建项目并下载到其中一块开发板上运行。开发板上的绿色 LED 灯闪烁，表示该开发板作为发送端在发送数据。

④ 启动 SmartRF Studio。参照图 6.37，打开另一块开发板的控制面板，并进行如图 6.44所示的操作。其中，载波频率设置为与步骤②相同的载波频率，选中 Infinite 选项持续接收数据包。单击 Start 后，图 6.44 左下方的文本框中将显示接收到的数据。

【实验 6.2 进阶实验 1】 尝试使用 SmartRF Studio 发送数据，使用 CCS 接收数据。提示：rfPacketRx 为相应的接收项目；开发板上红色 LED 灯闪烁表示正确接收到数据包。

【实验 6.2 进阶实验 2】 尝试使用 CCS 对两块开发板编程，分别用来发送和接收数据。

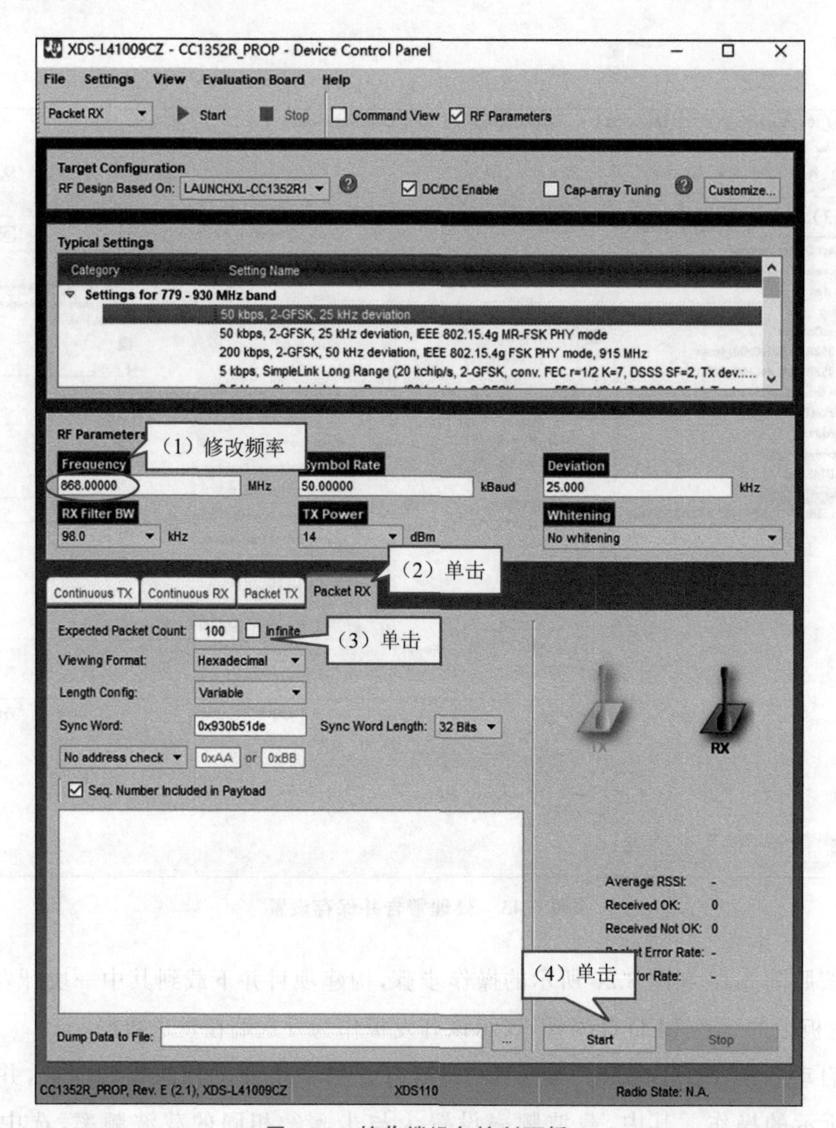

图 6.44 接收端设备控制面板

6.9 本章小结

物理层技术是物联网无线通信技术的重要基石。物理层为在其之上的介质接入控制子层提供点到点的比特流传输服务，由加扰与解扰、信道编码与解码、交织与解交织、数字调制与解调、射频前端与天线等部分组成。

为了避免直接传输信源产生的长 0 序列或长 1 序列，加扰将信源产生的数据随机化。加性加扰常用于对数据块加扰，通过与伪随机二进制序列做异或实现；乘性加扰常用于对连续比特序列加扰，通过多项式除法与乘法运算实现。

为了使接收端能够检测出并纠正经信道传输而产生的差错，发送端在发送数据中加入一些冗余，这个过程就是信道编码。分组码，例如里德-所罗门编码，将输入数据划分成若干块，对每块数据分别进行编码，附加校验符号。分组码最多可检测出 $d-1$ 个差错，或者最多纠正 $\lfloor (d-1)/2 \rfloor$ 个差错，d 为分组码的最小码距。卷积码使用滑动窗口，计算并只发送校验比特，解码时可用维特比算法。卷积码常与分组码级联使用。

为了将在时间上集中出现的突发差错分散开来，以便于纠错，交织对信道编码后的数据进行重新排列。块交织将输入数据按行写入存储矩阵，并按列读出。解交织过程正相反。卷积交织使用的存储资源更少，时延更小。

为了充分利用有限的传输介质资源，无线通信中常使用空分复用、频分复用、时分复用、码分复用等技术来共享传输介质，并使用时分双工、频分双工等方法来分隔发送信号与接收信号。

为了实现频分复用、有效地通过天线发射或接收信号，数字信号经模拟信道传输之前，需进行调制。基本的数字调制方式有 ASK、FSK 和 PSK，它们分别根据输入的数字信号来改变模拟载波信号的振幅、频率以及初始相位。QAM 是一种结合 ASK 与 PSK 的调制方式，在同一信道中同时传输两路相互正交的信号，频谱效率高。OFDM 将输入的单路符号传输率较高的比特流转换为多路符号传输率较低的比特流，使用多个子频段分别进行调制并传输。OFDM 的各个子载波相互正交，频率间隔小，频谱效率高。其保护间隔与循环前缀可消除符号间干扰，因此抗多径衰落。在接收端，载波同步与符号同步是正确解调的前提。

射频前端对待发送或接收到的已调信号进行模拟混频、放大、滤波，不同架构的射频前端处理方式不同。发送端的射频前端可分为直接变频发射机、超外差发射机、直接射频发射机等；接收端的射频前端可分为直接变频接收机、超外差接收机、直接射频采样接收机等。射频前端输出的高频电流通过发射天线转换为无线电波，向周围空间辐射。总体而言，辐射功率随高频电流大小、天线长度及无线电波频率的增加而增加。定向天线可以向特定方向辐射大部分无线电波功率。偶极天线在无线通信中被广泛使用，常见的天线长度为 $\lambda/2$，可用作低增益的全向天线，也可用来构成定向天线。如果发送端和接收端使用多根天线，还可以借助波束成形技术提升接收信号强度，或者借助空间分集技术降低比特差错率，或者借助 MIMO 技术提高数据传输率。

6.10　思考与练习

1. 物联网无线通信系统可以被划分为哪几个抽象层？
2. 什么是物理层？物理层有哪些基本组成部分？
3. 什么是加扰？为什么进行加扰？如何实现加性加扰与解扰？
4. 为什么物理层需要信道编码？
5. 什么是分组码？举例说明分组码如何检错与纠错。
6. 若有限域 $GF(2^3)$ 的本原多项式为 $p(x)=x^3+x+1$，(7,3)里德-所罗门编码的生成多项式为 $g(x)=x^4+3x^3+x^2+2x+3$，为 1,2,3,4,5,6 共 6 个 3 比特的信息符号编码，写出输出码字。

7. 接第 6 题，如果接收端接收到的码字为 2,7,3,3,6,7,6,4,1,6,4,2,2,0，判断其中是否有差错。

8. 使用图 6.5 所示的卷积码编码器，为输入的二进制信息比特 01101001 编码。

9. 若图 6.5 所示的卷积码编码器的输出为 1100011011110111，尝试使用维特比算法对其解码，并画出网格图。

10. 什么是交织？为什么进行交织？简述块交织的交织与解交织过程。

11. 无线通信中常用的复用技术有哪些？它们之间有何区别？

12. 什么是单工通信、半双工通信、全双工通信？

13. 什么是 TDD、FDD？

14. 什么是数字调制？在无线通信中为什么需要进行调制？

15. 基本的数字调制方式有哪 3 种？它们之间有何不同之处？

16. 简述 BASK 的调制与解调过程。

17. 如果 BFSK 的两个载波频率分别为 100Hz 和 200Hz，符号持续时间为 0.05s，用 Octave 画出二进制比特序列 11001010 的已调信号波形。

18. 试分析，在加性高斯白噪声信道中，相同的信噪比下，为什么 PSK 的比特差错率比 ASK 低？

19. 为什么可以把 QAM 的已调信号看作两个相互正交的已调信号的叠加？

20. OFDM 是如何做到所有子载波都相互正交的？

21. 为什么在 OFDM 中通过加入保护间隔与循环前缀就可以消除符号间干扰？

22. 什么是载波同步与符号同步？接收端为什么需要进行载波同步与符号同步？

23. 发送端与接收端的射频前端架构有哪些？

24. 在查阅相关文献资料后分析超外差架构在过去的上百年中得到广泛应用的原因。

25. 直接射频采样接收机有哪些优势？在满足哪些条件后，直接射频采样接收机会得到广泛应用？

26. 为什么天线能够辐射无线电波？

27. 什么是定向天线？什么是偶极天线？其天线长度通常为多少？

28. 使用多天线技术可以带来哪些收益？

29. 在物联网无线节点中，使用多天线技术需要付出哪些代价？如果由你设计一个物联网无线通信系统，是否考虑使用多天线技术？为什么？

第7章

介质接入控制子层与时钟同步

在无线通信系统抽象模型中，建立在物理层之上的抽象层为介质接入控制子层，以下简称介质接入控制层，或MAC层。

借助物理层技术，可以实现一对无线发送节点和无线接收节点通过指定频段无线传输数据。但是，随着网络中无线节点的数量越来越多，而可用的传输介质(例如无线电波)资源有限，多个无线节点如何共享有限的传输介质资源以便相互传输数据，成为了需要解决的问题。例如，多个邻近的无线发送节点如何通过同一频段发送数据给同一个接收节点？

MAC层主要解决多个无线节点如何共享传输介质完成数据传输的问题，即解决无线节点何时可以接入共享传输介质发送或接收数据，以及因多个无线节点同时接入共享传输介质发送数据而导致冲突的问题。此外，MAC层通常还完成数据帧的封装、寻址、差错控制、确认等功能。

本章首先通过讲述MAC层的多址方式及MAC协议，引出适用物联网无线通信的MAC协议；其次以具体协议为例分别讲述不同类型的物联网无线通信MAC协议，并讲述与实现MAC协议密切相关的时钟同步技术；最后通过两个实验加深读者对MAC协议与时钟同步技术的理解，并初步掌握基于CC1352R1开发板的程序设计。

7.1 多址方式及MAC协议

多址(multiple access)是指连接到同一传输介质的多个节点使用多路复用技术共享该传输介质传输数据。基于物理层的多路复用技术，无线通信中MAC层的多址方式包括频分多址(Frequency-Division Multiple Access，FDMA)、时分多址(Time-Division Multiple Access，TDMA)、码分多址(Code-Division Multiple Access，CDMA)、空分多址(Space-Division Multiple Access，SDMA)及正交频分多址(Orthogonal Frequency-Division Multiple Access，OFDMA)等。

频分多址将使用频分复用技术在频谱上划分出的互不重叠的频段分配给多个节点，使每个节点都有用来传输数据的频段。例如，1G蜂窝通信系统为每个用户通话的上行链路和下行链路各分配一个不同频段。正交频分多址基于正交频分复用,为每个用户(节点)分配一个或多个子载波(子频段)。

时分多址将使用时分复用技术从时间上划分出的时隙分配给多个节点,使每个节点都有用来传输数据的时隙。例如,数字增强无绳通信(Digital Enhanced Cordless Telecommunications,DECT)系统为每个用户通话的上行链路和下行链路各分配一个相同频段上的不同时隙。

类似地,码分多址为每个节点分配不同的伪随机二进制序列;空分多址为每个节点分配单独的物理空间。空分多址常与其他多址方式联合使用。

基于以上多址方式,人们提出了许多用于多址的 MAC 协议。协议(protocol)是一套既定规则。MAC 协议用来规定节点何时以及如何接入共享传输介质发送或接收数据。例如,经典的基于时分多址的纯 ALOHA(Additive Links On-line Hawaii Area)协议与时隙 ALOHA(slotted ALOHA)协议。在纯 ALOHA 协议中,如果有节点要发送数据,那么该节点就使用共享传输介质发送数据;在节点发送数据的同时,如果接收到了其他节点发送的数据,则表明存在冲突(collision),需要等待一段时间之后再重新发送数据。多个节点同时使用共享传输介质发送数据会发生冲突。为了减少冲突,时隙 ALOHA 进一步规定节点只有在时隙开始时才能使用共享传输介质发送数据。

在无线通信中,如果多个节点使用相同频段同时向同一节点发送不同数据,那么多路同频段信号将在接收节点处混叠在一起,使得接收节点可能无法正确恢复出这些发送数据,即发生了冲突。冲突发生在接收节点处。传统的无线节点不具备全双工通信能力,在发送的同时不能在同一频段上接收(否则会自干扰,见 6.5 节)。况且发送节点与接收节点往往位于不同地点,而信号强度又随传播距离增加而迅速衰减(见 4.1 节)。即便发送节点在发送数据的同时检测到了冲突,也不等于在接收节点处一定发生了冲突;反之,即便发送节点未检测到冲突,也不等于在接收节点处未发生冲突。因此,在无线通信中,与有线通信不同的是,发送节点并不能检测到接收节点处是否发生了冲突。这会带来两个问题:隐藏节点问题(hidden node problem)与暴露节点问题(exposed node problem)。

如图 7.1 所示,假设无线节点 A、B、C、D 的覆盖范围相同,且都使用同一频段发送与接收数据。节点 A 和 C 都在节点 B 的覆盖范围内,即 A 和 C 都可以接收到 B 发送的数据;B 也在 A 和 C 的覆盖范围内,即 B 可以接收到 A 和 C 发送的数据。同样,节点 B 和 D 都在 C 的覆盖范围内,C 也在 B 和 D 的覆盖范围内。但是,节点 A 与 C 相距较远,不在彼此的覆盖范围内,因此接收不到对方发送的数据。同样,节点 B 与 D 亦相距较远,不在彼此的覆盖范围内。

如图 7.1(a)所示,如果当 A 使用共享频段发送数据给 B 时,C 也想发送数据给 B。通常 C 会首先检测共享频段(共享传输介质)是否被占用。只有当共享频段未被占用时,节点才可以开始发送数据。由于 C 接收不到 A 正在发送给 B 的数据,因此 C 认为共享频段未被占用。接着 C 开始使用共享频段发送数据给 B,这将导致在节点 B 处发生冲突。但是 A 和 C 都不能够检测到 B 处发生的冲突。这样的问题称为隐藏节点问题。

如图 7.1(b)所示,在 B 发送数据给 A 时,C 想发送数据给 D。C 首先检测共享频段是否被占用。由于 B 发送给 A 的数据 C 也可以接收到,因此 C 认为共享频段已被占用。接着 C 开始处于等待之中。而实际上,A 接收不到 C 发送的数据,D 也接收不到 B 发送的

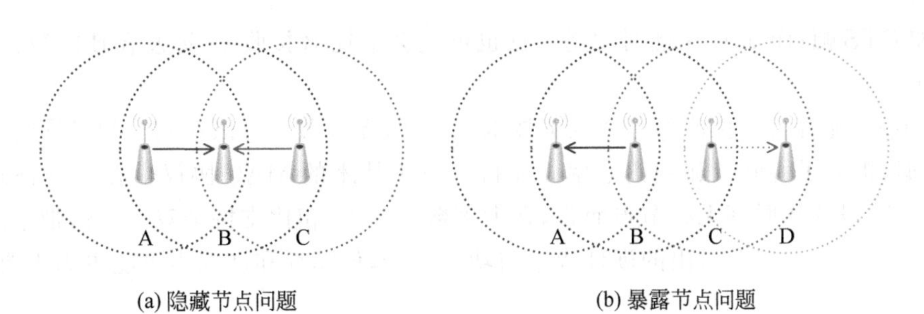

(a) 隐藏节点问题　　(b) 暴露节点问题

图 7.1　隐藏节点问题与暴露节点问题

数据，因此在 B 发送数据给 A 的同时，C 可以发送数据给 D，不会发生冲突。这样的问题称为暴露节点问题。

通过设计适合无线通信的 MAC 协议，可以在一定程度上解决这些问题。例如，无线冲突避免多址（Multiple Access with Collision Avoidance for Wireless，MACAW）协议使用请求发送（Request To Send，RTS）帧与允许发送（Clear To Send，CTS）帧来尝试解决隐藏节点与暴露节点问题，如图 7.2 所示。无线节点 A、B、C、D 的位置和覆盖范围与图 7.1 相同，节点 E 和 A 彼此在对方的覆盖范围内，但是 E 和 B 不在对方的覆盖范围内。这些节点都使用同一频段发送与接收数据。

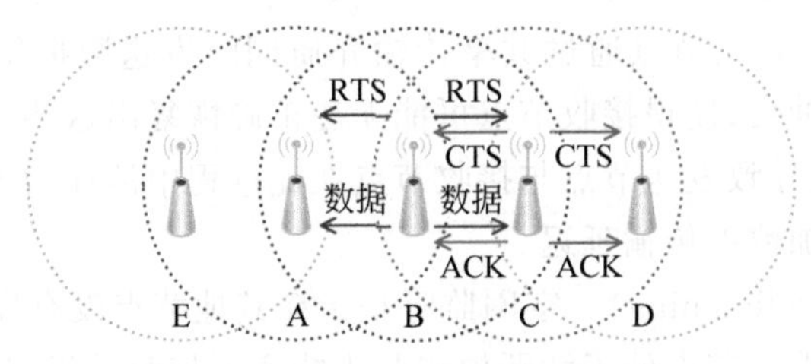

图 7.2　MACAW 协议示意

当 B 想发送数据给 C 时，B 首先通过向 C 发送 RTS 帧来启动数据发送过程。当 C 收到 RTS 帧后，向 B 发送 CTS 帧作为回复。B 收到 CTS 帧后，开始向 C 发送数据帧。当 C 成功接收数据帧后，再向 B 发送一个确认（Acknowledgement，ACK）帧，结束数据发送过程。当其他节点（例如 A）监听到 B 发送的 RTS 帧后，不允许发送任何数据，直到等待一段时间之后仍然没有收到相应的 CTS 帧，才可以发送，以此解决暴露节点问题。当其他节点（例如 D）监听到 C 发送的 CTS 帧后，不允许发送任何数据，直到监听到 C 发送的 ACK 帧为止，以此解决隐藏节点问题。RTS 帧和 CTS 帧都包含数据帧的长度信息，其他节点可根据该信息来估计数据发送过程的结束时间。如果待发送的数据帧较长，B 在发送数据帧之前，会先发送一个短的数据发送（Data Sending，DS）帧，用来通知接收过 RTS 帧但未接收到相应 CTS 帧的节点，RTS/CTS 握手已经成功。

基于时隙的 MACAW 协议被广泛应用在自组织网络（ad-hoc network）中。但 MACAW 协议在发送数据之前并不检测共享传输介质是否被占用，也未能完全解决暴露节点问题。如图 7.2 所示，在 B 发送数据给 C 时，尽管此时 A 可以发送数据给其他节点（例如 E），但是由于来自 B 的同信道干扰，A 可能无法正确接收到 E 发送给 A 的任何数据,例如 CTS 帧;而如果 A 此时发送数据也可能会干扰 B 接收 C 发送给 B 的数据,例如 ACK 帧。

近年来,随着自干扰消除等全双工技术的发展,无线节点可以在同一频段同时发送并接收数据,提高了吞吐量和频谱效率。支持全双工技术的 MAC 协议也在不断涌现。但是对于现阶段的物联网无线节点而言,在大多数应用中,相比支持全双工通信带来的不足一倍的吞吐量收益以及付出的硬件成本与功耗代价,低功耗和低成本可能更为重要。

7.2 物联网 MAC 协议

在第 3 章中,讨论过现阶段物联网无线节点常通过自带电池等方式供电,电池容量有限。而人们又希望节点与网络的工作寿命足够长,因此现阶段在物联网无线节点的各个功能层面上仍需注重降低能耗。在 MAC 层中,MAC 协议的设计直接影响到无线节点的能耗。

为了提高能效,理想中无线节点应在大部分时间都处于睡眠模式(或低功耗模式),仅在发送或接收有用数据时才从睡眠模式切换到活跃模式。当无线节点处于活跃模式而实际上却没有做任何有用的事情或在做多余的事情时,就会浪费电能。在 MAC 协议中,导致电能浪费的原因包括以下 5 方面。

(1) 冲突。当多个发送节点通过共享传输介质同时发送数据给同一个接收节点时,会在接收节点处发生冲突,使得接收节点可能无法正确恢复出这些发送数据,往往需要发送节点重新发送数据,导致发送节点与接收节点在此过程中消耗的电能被浪费掉。此外,重新发送数据也将增加数据传输延迟。

(2) 空闲监听(idle listening)。空闲监听是指在其他节点没有发送数据时,节点监听传输介质准备接收数据。节点处于活跃模式却未能实际接收数据,浪费了电能。

(3) 旁听(overhearing)。旁听是指节点接收不是发送给自己的数据。当节点收到发送给其他节点的数据时,就会发生这种情况。节点处于活跃模式接收无用数据,浪费了电能。

(4) 盲发(over-emitting)。盲发是指发送节点在接收节点尚未准备好接收时就发送数据,导致接收节点未能正确接收发送数据,因此发送节点需要重新发送,浪费了电能。

(5) 控制帧开销。节点发送与接收 MAC 协议的控制帧(例如 RTS 帧、CTS 帧)同样消耗电能,但是控制帧又不包含要发送的数据。因此,控制帧过多过长将会增加节点的能耗,也会降低有效吞吐量。

在设计适用于物联网无线节点的 MAC 协议时,需要考虑上述因素以提高能效。此外,物联网 MAC 协议通常还需要满足可扩展(scalability)与自适应(adaptability)等需求。可扩展与自适应是指 MAC 协议能够适应网络规模、节点密度以及网络拓扑的变化。物联网无线节点在部署时具有一定的随意性,通常不需要预先严格规划部署位置,节点在部署后也可能会经常改变位置。随着时间的推移,网络中可能会陆续加入新的节点,并且发生了各种故障或者电池电量消耗殆尽的节点也将从网络中消失。在一些应用中,多个分布在同一区域的无线节点相互协作,共同完成数据的采集与传输任务,节点的数量可能成百上千，并且没有诸如基站等中心设备集中管理协调这些节点。因此，物联网MAC协议需要能够适应动态变化的网络规模、节点密度以及网络拓扑。

适用于物联网无线节点的MAC协议可以分为三大类：竞争型（contention-based）MAC协议、分配型（scheduled-based）MAC协议和混合型MAC协议。

（1）在竞争型MAC协议中，节点需要通过竞争来使用共享传输介质。竞争型MAC协议允许多个节点同时竞争使用共享传输介质，尽管这样可能会发生冲突，该类协议同时也提供减少冲突以及从冲突中恢复的机制。竞争型MAC协议的优点是相对简单，节点无须保存分配表，并且能够快速适应节点密度、网络拓扑及业务量的变化，在业务量较小时可以更早地使用共享传输介质发送或接收数据；缺点是控制帧开销较大、能效较低以及最大传输延迟不确定。这是因为这类协议使用控制帧来避免冲突，但在业务量较大时，仍可能会发生较多冲突。发生冲突不仅浪费电能，也会增大数据传输延迟。此外，该类协议可能存在空闲监听与旁听，也会浪费电能。

（2）分配型MAC协议通过将传输介质资源（例如频段、时隙）分配给节点，使每个节点都可以独占一部分资源，以避免发生冲突。该类协议可进一步分为固定分配型MAC协议与动态分配型MAC协议，前者为每个节点分配固定的传输介质资源，后者按需分配资源。由于理论上不会发生冲突，该类协议能效较高，而且最大传输延迟可以确定；缺点是建立和维护分配表所需的能耗及开销较大，因此不大适合用于网络规模、节点密度、网络拓扑、业务量频繁发生变化的网络。

（3）混合型MAC协议具有竞争型MAC协议和分配型MAC协议的特征，在集成两者优点的同时最大程度地弥补它们的缺点。该类协议既具有分配型MAC协议的以分配资源换取避免冲突的特征，又具有竞争型MAC协议的灵活和复杂度低等优点。例如，在业务量较小时，混合型MAC协议可表现为近似于竞争型MAC协议；在业务量较大时，混合型MAC协议可表现为近似于分配型MAC协议。

7.2.1 竞争型MAC协议

竞争型MAC协议可进一步分为同步MAC协议与异步MAC协议。

（1）同步MAC协议在节点之间采用某种同步方式，使得每个节点都知道其他节点什么时候处于活跃模式。这样，节点就可以决定何时从睡眠模式切换到活跃模式，以便发送或接收数据，从而减少空闲监听和旁听。但是额外的同步过程会增加开销与能耗。

（2）异步MAC协议不需要节点之间同步。一种方法是让接收节点定期检测前同步码，即接收节点大部分时间处于睡眠模式，仅在一小段时间内处于活跃模式，以便监听共享传输介质检测前同步码。如果检测到前同步码，则准备接收数据，否则进入睡眠模式。当发送节点有数据需要发送时，首先使用共享传输介质发送持续时间足够长的前同步码，然后再发送数据。当接收节点检测到前同步码时，准备接收数据，直到完成数据接收。异步MAC协议的优点是发送节点和接收节点之间不需要显式同步，因此没有同步开销。但是，发送持续时间较长的前同步码不仅会增加发送节点的能耗，也会使其他节点因旁听而浪费电能。

Ye等人提出的S-MAC（Sensor-MAC）协议，是一种典型的同步MAC协议。该协议面向由大量无线节点组成的传感器网络，设计目标是在减少节点能耗的同时支持可扩展性并且避免冲突。这些无线节点利用多跳无线通信将传感器采集到的数据传送给汇聚节点或者网关等设备。

S-MAC协议通过将无线节点定期置于睡眠模式来减少空闲监听以及能耗。每个节点在大部分时间都处于睡眠模式，仅在特定时间唤醒，监听共享传输介质以接收其他节点发送的SYNC(同步)帧和RTS(请求发送)帧。与MACAW协议相似，如果节点接收到RTS帧，则启动后续的数据接收过程；如果没有收到RTS帧，则继续进入睡眠模式。周而复始。

在S-MAC协议中，为了减少控制帧开销，邻近的无线节点在同一时间进入活跃模式及睡眠模式，即同步。同步后，邻近节点在相同的时段处于活跃模式，就可以相互传输数据。每个节点都存储一个时间表，记录着所有已知邻节点进入睡眠模式的时间，节点通过与其直接邻节点交换时间表来达到同步。节点按照以下步骤建立其时间表。

(1) 节点首先监听共享传输介质，持续足够长的时间。在此期间，如果没有收到其他节点广播的时间表，则其建立一个时间表，并通过广播SYNC帧将其时间表告知其他节点。如图7.3所示，SYNC帧的广播时段为节点唤醒后的第一个时段。为了减少冲突，在广播SYNC帧之前，节点首先需要监听共享传输介质，即载波监听。如果在一段随机时长(若干个时隙)之内，共享传输介质都没有被占用，则其开始广播SYNC帧。SYNC帧非常短，其中包含发送节点的地址及其下一次进入睡眠模式的时间。下一次进入睡眠模式的时间是从节点发送完当前SYNC帧的时刻到进入睡眠模式时刻之间的这段时长。由于传播等时延较小，可以近似认为，接收节点接收完SYNC帧的时刻，就是发送节点发送完SYNC帧的时刻。接收到SYNC帧的节点根据下一次进入睡眠模式的时间来设置自己的定时器，在定时结束后也进入睡眠模式，以此达到同步的目的。

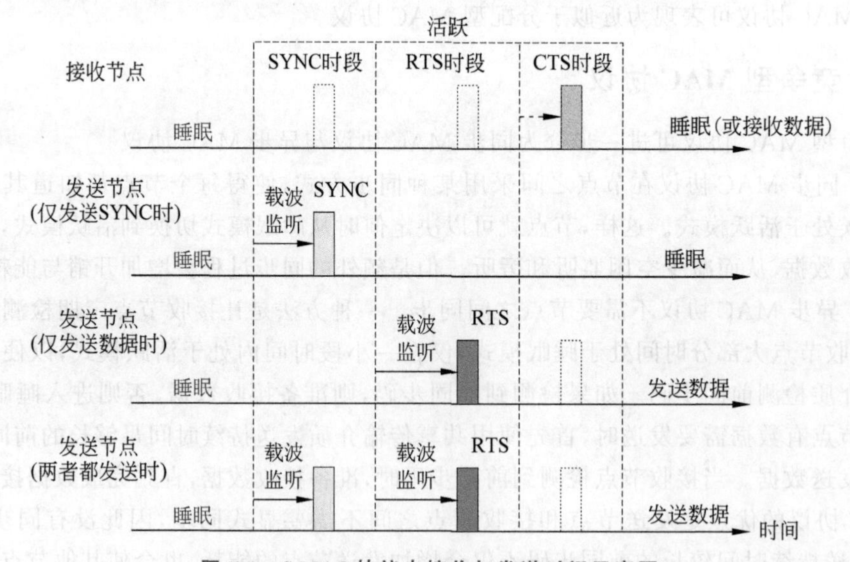

图7.3 S-MAC协议中接收与发送时间示意图

(2) 如果节点在建立其时间表之前，收到了邻节点广播的SYNC帧，那么它将自己的进入睡眠模式时间设置为与该邻节点相同。该节点将在下一次唤醒后向其周围邻节点广播其时间表。

每个节点都定期通过SYNC帧广播其时间表。由于邻近的两个节点也可能会遵循不同的时间表，S-MAC协议允许这些边界节点同时遵循两个不同的时间表，即其唤醒时间取决于两个时间表。

如果节点有数据需要发送，那么将在其唤醒后的第二个时段，即RTS时段，向接收节点发送RTS帧。同样，为了减少冲突，在发送之前，发送节点需要先监听共享传输介质，如果在一段随机时长(若干个时隙)之内，传输介质都没有被占用，方可开始发送RTS帧。接收节点收到RTS帧之后，在后续的CTS时段通过上述竞争过程赢得传输介质后，回复CTS帧给发送节点。而后，在时间表上的睡眠模式期间，发送节点发送数据给接收节点，接收节点收到数据后回复ACK帧给发送节点。完成数据传输之后，节点再进入睡眠模式。节点在开始发送之前都需要先监听共享传输介质。如果发送节点没有在上述竞争过程中赢得传输介质，那么它将进入睡眠模式，并在接收节点下次唤醒时再尝试发送。

每个发送的控制帧与数据帧中都包含一个剩余传输时长字段，用来给出本次数据传输还将持续多长时间。其他节点如果接收到其中的任何一帧，都可以知道传输介质还将被占用多久。在传输介质被占用期间，可以进入睡眠模式以节省能耗。

对于多跳数据传输，上述方案的传输延迟较大，因为节点在每次唤醒后，最多只能完成一跳数据传输。因此后续版本的S-MAC协议提出，让接收到其他节点发送的RTS帧或CTS帧的节点，推迟一段时间进入睡眠模式。这样，如果该节点是下一跳节点，则其邻节点能够立即将数据发送给它，而不必再等待到下一次唤醒。如果该节点在此期间未收到任何数据，则进入睡眠模式。这样做的代价是使除实际下一跳节点之外的其他节点都因旁听而浪费电能。

S-MAC协议的主要缺点是，活跃模式与睡眠模式的时长均为预先确定的固定值，无法适应业务量的变化。此外，无论是否有数据需要传输，节点都要定期唤醒并监听共享传输介质，这会因空闲监听而浪费电能。由于多个节点都遵循同一时间表，SYNC帧的广播可能会发生冲突。

Sun等人提出的RI-MAC(Receiver-Initiated MAC)是一种接收节点发起数据传输的异步MAC协议。

在RI-MAC协议中，各个节点都可根据不同的时间表处于睡眠模式，每隔一段随机时长(为了避免多个邻近节点同时唤醒发生冲突)唤醒一次进入活跃模式，以检查是否有数据需要接收。节点在唤醒后首先检测共享传输介质是否处于空闲状态，如果空闲，则立即广播一个信标帧，用来宣布它已经唤醒并准备接收数据帧，如图7.4所示。信标帧包含该节点的地址。如果传输介质被占用，则节点退避一段时间后再尝试广播信标帧。节点在广播信标帧后，如果在一段短时间内没有收到任何数据，则进入睡眠模式，直至下次唤醒。

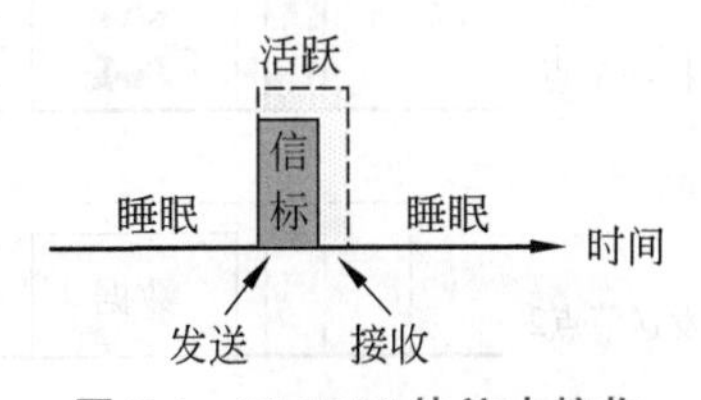

图7.4　RI-MAC协议中接收节点广播信标帧

如果节点有数据要发送，则需处于活跃模式，持续监听共享传输介质，等待接收节点广播的信标帧。发送节点在收到接收节点广播的信标帧后，立即开始发送数据帧。接收节点在接收到数据帧后，不必检测共享传输介质状态，再次广播一个信标帧。在这个信标帧中，还包含数据帧发送节点的地址。该信标帧除了用来宣布该节点准备接收新的数据帧之外，还用来向发送节点确认前一个数据帧已正确接收。在广播信标帧之后，如果在一段短时间内没有收到任何数据，那么接收节点将进入睡眠模式。发送节点收到信标帧后，通过检查其中包含的发送节点地址来判断接收节点是否已正确接收数据帧。如果已正确接收，则进入睡眠模式，如图 7.5 所示。

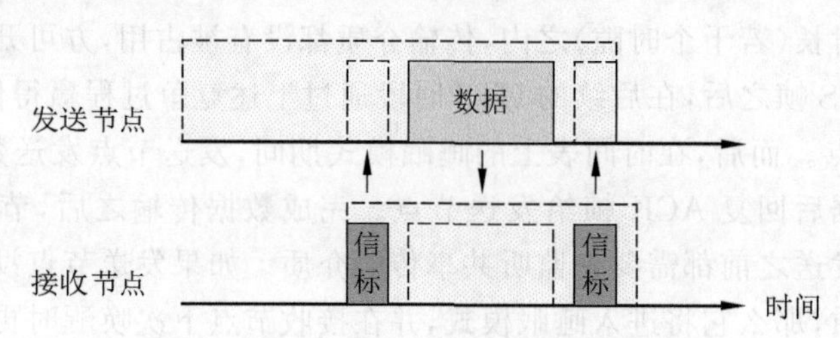

图 7.5　RI-MAC 协议中数据帧发送与接收

如果多个节点同时发送数据帧给同一个接收节点，可能会发生冲突，如图 7.6 所示。接收节点唤醒并广播第一个信标帧。发送节点 1 和发送节点 2 在收到该信标帧后，都立即发送数据帧给接收节点，这将在接收节点处发生冲突。接收节点(通过检测同步字与传输介质状态)检测到冲突后，等待一段时间(等所有发送节点都完成发送并返回接收模式)，并随机退避一段时间(避免与其他节点发送的信标帧发生冲突)，再发送一个信标帧(图 7.6 中左起第二个信标帧)。这个信标帧包含退避窗口(backoff window)的大小，用来告知发送节点在发送数据帧之前，根据退避窗口大小随机退避一段时间之后再开始发送。接收节点在每次唤醒期间，检测到冲突后都会增加退避窗口的大小。如果发送节点(例如发送节点 1)在退避期间检测到共享传输介质一直没有被占用，那么它将在退避结束后开始发送数据。如果发送节点(例如发送节点 2)在退避期间检测到共享传输介质被占用，则暂停退避计时，待接收到信标帧后再继续退避。如果接收节点正确接收到数据帧，它将广播一个信标帧用于确认接收并宣布准备接收新的数据帧。如果接收节点在一段时间(取决于退避窗口大小)之内没有接收到任何数据，则进入睡眠模式。

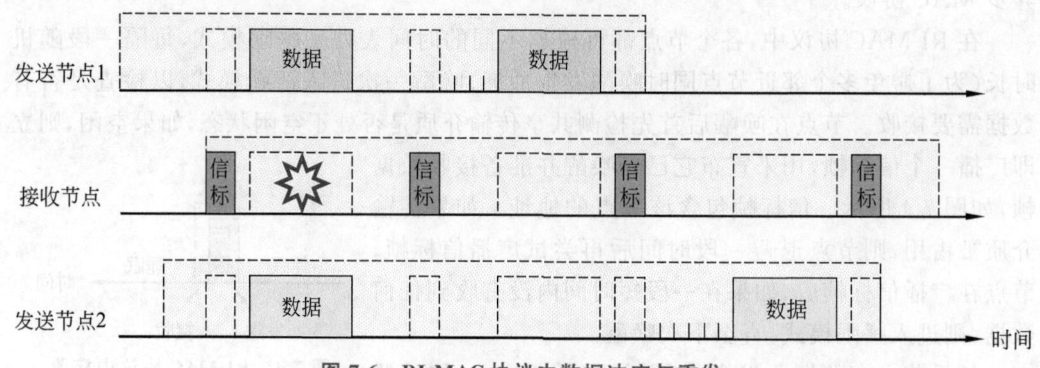

图 7.6　RI-MAC 协议中数据冲突与重发

如果退避窗口的大小已达到最大值，或者连续多次检测到冲突，那么接收节点将放弃尝试接收，直接进入睡眠模式。如果发送节点在多次发送后都未收到确认信标帧，则放弃发送。

7.2.2 分配型 MAC 协议

根据传输介质资源的不同划分方式，分配型 MAC 协议可进一步分为基于 TDMA 的 MAC 协议与基于 FDMA 的 MAC 协议。前者在时间上划分出若干个时隙，为每个节点分配一个时隙，但这需要网络中的节点保持时钟同步；后者将可用频段划分为若干个子频段，为每个节点分配一个子频段，但这需要节点硬件支持这些子频段。

Kim 等人提出的 Y-MAC 协议是一种基于 TDMA 的支持多个子频段的分配型 MAC 协议。该协议在时间上划分出一系列长度固定的 TDMA 帧，每个 TDMA 帧由两个时段组成：广播时段和单播时段，如图 7.7 所示。每个时段又进一步划分为若干个时隙。每个时隙可分为两个阶段：竞争窗口（contention window）阶段与数据传输阶段，前者用于争用共享传输介质，后者用于实际数据传输。广播时段的时隙用于一个节点向周围邻近节点广播数据，任何想要广播数据的节点都需要先通过竞争赢得共享传输介质，才能使用这些时隙广播数据；单播时段的时隙用于一个节点接收另一个节点单独发送给它的数据，每个时隙由一个（或一组）节点专用，用于接收数据。为了避免因多个发送节点在同一时隙向同一接收节点发送数据而产生冲突，发送节点同样需要先通过竞争赢得共享传输介质，才能发送数据。除了发送数据之外，网络中的节点只需在广播时隙和自己专用时隙的数据传输阶段唤醒并接收数据，其余时间都可处于睡眠模式。

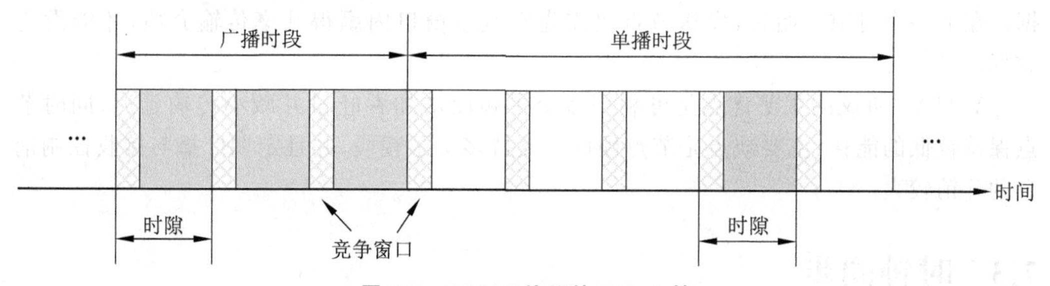

图 7.7 Y-MAC 协议的 TDMA 帧

节点如果有数据需要发送，则需要在相应的时隙开始时，先随机退避一段时间，然后持续一段时间检测共享传输介质的状态。如果传输介质空闲，则发送前同步码，持续到竞争窗口结束，以告知其他发送节点该时隙已被占用。发送节点在随后的数据传输阶段发送数据。在单播时段，发送节点在特定的时隙将数据发送给特定的接收节点；在广播时段，节点除了可以向周围邻节点广播数据，还可以广播控制消息。控制消息由发送该控制消息的节点地址、该节点占用的时隙、该节点与其单跳邻节点占用时隙的分配情况、控制消息的序号、该节点认为的当前 TDMA 帧剩余时间等字段组成，如图 7.8 所示。网络中的每个节点都定期广播控制消息。当节点加入网络时，通过接收这些控制消息，就可以知道其两跳邻节点占用时隙的情况，然后该节点选择一个可用时隙作为自己的专用时隙，并通过广播控制消息告知其邻节点。当节点在一段指定时间之内都未收到某一邻节点的控制消息时，则认为该邻节点已不在网络之中，将该邻节点占用的时隙标为可用。

节点地址（2字节）	占用的时隙（1字节）	时隙的分配（2字节）	控制消息的序号（1字节）	当前TDMA帧剩余的时间（2字节）

图 7.8 Y-MAC 协议的控制消息

实现上述 TDMA 帧结构的前提是，网络中各个节点的本地时钟保持一致，即时钟同步。Y-MAC 协议利用控制消息中的“当前 TDMA 帧剩余时间”字段来实现时钟同步。当节点加入网络时，通过接收网络中节点发送的控制消息，获知当前 TDMA 帧的剩余时间。由于节点预先知道 TDMA 帧结构，只需获悉当前 TDMA 帧的剩余时间就可与网络中的其他节点达到时钟同步。但是，由于各个节点本地时钟之间的误差会随着时间的推移而不断增大，节点之间需要定期进行时钟同步。Y-MAC 协议的做法：当节点接收到控制消息时，将其认为的当前 TDMA 帧剩余时间修改为，其认为的当前 TDMA 帧剩余时间与控制消息中给出的当前 TDMA 帧剩余时间的平均值。

根据上述协议，节点在每个 TDMA 帧内，最多只能利用一个时隙来接收单播数据。在业务量较大时，这可能会导致发送节点因来不及发送而丢弃数据。Y-MAC 协议使用一种简单的多频段机制，利用多个子频段传输数据，以适应较大业务量并减小传输延迟。其基本思想：当接收节点在其专用时隙内完成数据接收后，再切换到下一个子频段，并在下一个时隙内的下一个子频段上继续接收数据，以此类推。发送节点预先知道该接收节点切换子频段的顺序。接收节点只需告知发送节点在下一个时隙内其是否继续接收数据。在下一个时隙开始时，发送节点仍需先在竞争窗口内赢得共享传输介质，才能发送数据。

Y-MAC 协议的主要优点是可利用多个子频段增加吞吐量并减小传输延迟，同时节点保持较低的能耗；主要缺点是节点硬件需支持多个子频段，并且定期广播与接收控制消息的开销较大。

7.3 时钟同步

不论基于 TDMA 的分配型 MAC 协议，还是竞争型同步 MAC 协议，其实现的先决条件是网络中的各个节点时钟同步。时钟同步（clock synchronization）是协调各个节点本地时钟使之保持一致的过程。

对于物联网而言，时钟同步不仅对实现 MAC 协议至关重要，而且对于数据采集与处理、功率管理等其他任务也同样重要。物联网无线节点采集的数据，一般都带有诸如采集时刻之类的时间属性，如果各个节点的本地时钟不同步，那么由不同节点采集的数据之间的时间关系将难以确定，不利于后续的数据处理与分析。为了节省能耗、延长工作寿命，物联网无线节点在大部分时间都处于睡眠模式，仅在本地时钟的特定时刻唤醒进入活跃模式以进行数据采集、处理、接收、发送等操作。如果邻近节点能够同时唤醒进行数据收发，将有助于节省节点的能耗。

无线节点本地时钟(软件时钟)的计时周期,一般源自处理子系统硬件定时器产生的周期性中断,而硬件定时器的计数周期又取决于节点上晶体振荡器的周期(或频率)。因此,无线节点本地时钟的计时准确程度主要取决于晶体振荡器输出信号频率的准确程度。理想中,晶体振荡器输出信号的频率等于其标称频率;而实际中,由于受生产、温度、老化、电源电压、负载阻抗、磁场、电场、电离辐射等诸多因素的影响,晶体振荡器输出信号频率与标称频率之间或多或少存在一定偏差。在指定的温度范围内,这个偏差的最大值称为频率稳定度(frequency stability),通常以标称频率百万分之一(parts per million,ppm)的形式表示。例如,标称频率为24MHz、频率稳定度为± 100ppm的晶体振荡器,其输出信号频率为$(1-100\times10^{-6})\times24\sim(1+100\times10^{-6})\times24$MHz。这意味着,基于该晶体振荡器的节点本地时钟,每秒的计时偏差可达100μs。通信中一般选用频率稳定度在100ppm以下的晶体振荡器。当然,频率偏差越小的晶体振荡器,通常价格也越高。

归因于晶体振荡器的频率偏差,网络中节点i的本地时钟读数$c_i(t)$与标准时间t之间存在如下关系(当忽略节点软件的影响时):

$$c_i(t)=\int_{t_n}^{t} h_i(\tau)l_i(\tau)\mathrm{d}\tau + c_i(t_n)=\int_{t_n}^{t} r_i(\tau)\mathrm{d}\tau + c_i(t_n) \tag{7-1}$$

式中　t_n——标准时间的第n个时刻,$n\in\mathbf{N}$,$t_n\leqslant t$;

$h_i(t)$——标准时间为t时,节点i硬件时钟的时钟速率(clock rate),其源自节点i的晶体振荡器输出信号频率;

$l_i(t)$——标准时间为t时,节点i本地时钟的相对时钟速率,用来调节节点i本地时钟的时钟速率;

$c_i(t_n)$——标准时间为t_n时,节点i本地时钟的读数;

$r_i(t)$——标准时间为t时,节点i本地时钟的时钟速率,$r_i(t)=h_i(t)\cdot l_i(t)$。

由于晶体振荡器的频率偏差通常随时间、温度等因素逐渐变化,因此在一段较短时间内可近似地将节点i硬件时钟的时钟速率$h_i(t)$看作常数,即$h_i(t)\approx h_i(t_n)$,$t_n\leqslant t\leqslant t_{n+1}$。如果节点$i$的相对时钟速率$l_i(t)$在这段时间内也保持不变,即$l_i(t)=l_i(t_n)$,$t_n\leqslant t\leqslant t_{n+1}$,那么这段时间内节点$i$本地时钟的时钟速率$r_i(t)\approx r_i(t_n)$,$t_n\leqslant t\leqslant t_{n+1}$。式(7-1)可写为

$$\begin{aligned} c_i(t)&=h_i(t_n)\cdot l_i(t_n)\cdot(t-t_n)+c_i(t_n)\\ &=r_i(t_n)\cdot(t-t_n)+c_i(t_n) \end{aligned} \tag{7-2}$$

因此,节点i本地时钟$c_i(t)$与参考时钟$c(t)$同步的问题可转化为节点i定期(例如在标准时间t_{n+1}时,$n=0,1,2\cdots$)设置其本地时钟的相对时钟速率$l_i(t_{n+1})$及其本地时钟$c_i(t_{n+1})$的问题。例如,$l_i(t_{n+1})$可设置为$l_i(t_n)\cdot(c(t_{n+1})-c(t_n))/(c_i(t_{n+1})-c_i(t_n))$,$l_i(t_0)$可设置为1,$c_i(t_{n+1})$可设置为$c(t_{n+1})$。其中,$c(t_{n+1})$为标准时间$t_{n+1}$时参考时钟的读数,$c(t_n)$为标准时间$t_n$时参考时钟的读数。

如果再进一步简化该时钟同步问题,可简化为节点i定期(例如在标准时间t_{n+1}时刻,$n=0,1,2\cdots$)设置其本地时钟$c_i(t_{n+1})$的问题。例如,将$c_i(t_{n+1})$设置为$c(t_{n+1})$,

$c(t_{n+1})$为标准时间 t_{n+1} 时参考时钟的读数。

【例 7.1】 假设某节点(节点 i)本地时钟的时钟速率与其硬件时钟的时钟速率都保持不变。其硬件时钟的时钟速率为 1。当标准时间为 1000 时,该节点本地时钟的读数为 2020;当标准时间为 2000 时,该节点本地时钟的读数为 3000。求该节点本地时钟的相对时钟速率。

【解】 根据题意可知:$t_0=1000$ 时,$c_i(t_0)=2020$;$t_1=2000$ 时,$c_i(t_1)=3000$。代入式(7-2)得:$3000=(2000-1000)r_i(t_0)+2020$。从而解出节点 i 本地时钟的时钟速率 $r_i(t_0)=0.98$。又因为 $r_i(t_0)=h_i(t_0)\cdot l_i(t_0)$,$h_i(t_0)=1$,从而该节点本地时钟的相对时钟速率 $l_i(t_0)=0.98/1=0.98$。

受成本、功耗、尺寸等因素所限制,物联网无线节点通常不具备全球定位系统(Global Positioning System,GPS)等定位系统模块,无法使用定位系统提供的时间信息进行时钟同步。因此,物联网无线节点之间的时钟同步,通常依赖于节点之间交互包含时间信息的数据帧。

对于物联网无线节点,由于节点软件运行、共享传输介质接入、冲突、无线电波传播距离等因素,数据帧的接收与发送时延存在不确定性,再加上使用低成本晶体振荡器带来的较大频率偏差,使得时钟同步问题更具挑战性。

时钟同步可分为频率同步(frequency synchronization)、相位同步(phase synchronization)、内部同步(internal synchronization)、外部同步(external synchronization)和时间同步(time synchronization)等多种类型。

(1) 频率同步是指各个节点本地时钟的时钟速率保持一致,即

$$|r_i(t)-r_j(t)|\leqslant\Delta_r \tag{7-3}$$

式中 $r_i(t)$——标准时间为 t 时,节点 i 本地时钟的时钟速率;

$r_j(t)$——标准时间为 t 时,节点 j 本地时钟的时钟速率;

Δ_r——节点 i 和节点 j 本地时钟的时钟速率之间允许的最大偏差。

(2) 如果节点 i 本地时钟的时钟速率在一段时间内变化较小,可将其近似看作常数,那么节点 i 本地时钟的相位可表示为

$$\varphi_i(t)=\left\{\frac{c_i(t)-c_i(t_n)}{r_i(t_n)\cdot T}\right\} \tag{7-4}$$

式中 $\varphi_i(t)$——标准时间为 t 时,节点 i 本地时钟的相位,$0\leqslant\varphi_i(t)<1$;

$c_i(t)$——标准时间为 t 时,节点 i 本地时钟的读数;

$c_i(t_n)$——标准时间为 t_n 时,节点 i 本地时钟的读数,$t_n\leqslant t$;

$r_i(t_n)$——标准时间为 t_n 时,节点 i 本地时钟的时钟速率;

T——周期,例如在竞争型同步 MAC 协议中,网络中的节点每隔 T 秒从睡眠模式中唤醒进入活跃模式;

$\{\cdot\}$——取小数部分。

相位同步是指各个节点本地时钟的相位保持一致,即

$$\left|\varphi_i(t)-\varphi_j(t)-\left\lfloor\varphi_i(t)-\varphi_j(t)+\frac{1}{2}\right\rfloor\right|\leqslant\Delta_\varphi \tag{7-5}$$

式中 $\lfloor\cdot\rfloor$——向下取整,$\lfloor x+1/2\rfloor$表示对 x 四舍五入;

Δ_φ——节点 i 和节点 j 本地时钟相位之间允许的最大偏差,$0\leqslant\Delta_\varphi<1$。

(3) 内部同步是指各个节点的本地时钟相互保持一致,即

$$|c_i(t)-c_j(t)|\leqslant\Delta_{\mathrm{i}} \tag{7-6}$$

式中 Δ_{i}——节点 i 和节点 j 本地时钟之间允许的最大偏差。

(4) 外部同步是指各个节点的本地时钟与外部参考时钟 $e(t)$保持一致,即

$$|c_i(t)-e(t)|\leqslant\Delta_{\mathrm{e}} \tag{7-7}$$

式中 Δ_{e}——节点 i 本地时钟 $c_i(t)$与外部参考时钟 $e(t)$之间允许的最大偏差。

(5) 时间同步是指各个节点的本地时钟与标准时间 t,例如协调世界时(Coordinated Universal Time,UTC),保持一致,即

$$|c_i(t)-t|\leqslant\Delta_{\mathrm{t}} \tag{7-8}$$

式中 Δ_{t}——节点 i 本地时钟 $c_i(t)$与标准时间 t 之间允许的最大偏差。

为了保持时钟同步,节点 i 通常需要使用某种方法来定期(例如在标准时间 t_{n+1} 时刻,$n=0,1,2\cdots$)获取参考时钟读数 $c(t_{n+1})$,或者参考时钟读数 $c(t_{n+1})$与其本地时钟读数 $c_i(t_{n+1})$之间的偏差 $c(t_{n+1})-c_i(t_{n+1})$。

用来估计参考时钟读数与节点本地时钟读数之差或者两个节点本地时钟读数之差的基本方法可以分为“发送端到接收端”方法和“接收端到接收端”方法两类。

(1) 在“发送端到接收端”方法中,节点之间定期交互数据的发送时刻与接收时刻等时间信息。最基本的方法是单程法:如图 7.9 所示,节点 i 发送包含其发送时刻本地时钟读数 c_{i1} 的一帧数据给节点 j,节点 j 接收完该帧数据时的本地时钟读数为 c_{j1},则可近似求出这两个节点本地时钟之间的偏差,即

$$c_{\mathrm{d}}\approx c_{j1}-c_{i1} \tag{7-9}$$

式中 c_{d}——节点 i 本地时钟与节点 j 本地时钟之间的偏差。

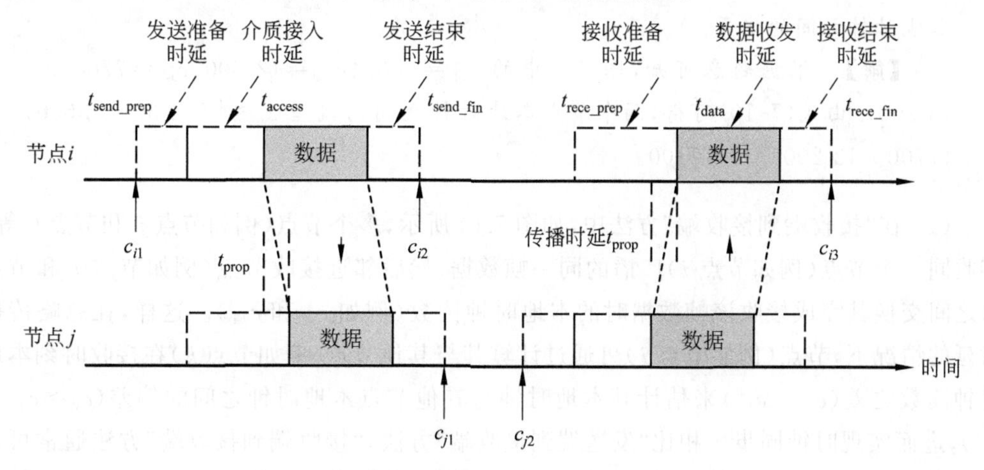

图 7.9 物联网无线节点的数据发送与接收时延

更加准确的方法是双程法。如图 7.9 所示，在单程法的基础之上，节点 j 收到来自节点 i 的一帧数据后，再回复包含 c_{i1}、c_{j1} 及其发送时刻本地时钟读数 c_{j2} 的一帧数据给节点 i。这样，节点 i 在其本地时钟读数为 c_{i3} 的时刻接收完该帧数据后，就可以估计出两个节点本地时钟之间的偏差，即

$$c_{\mathrm{d}} \approx \frac{(c_{j1}-c_{i1})-(c_{i3}-c_{j2})}{2} \tag{7-10}$$

实际中的物联网无线节点在发送和接收数据时，都有一定的时延，如图 7.9 所示。当发送节点决定发送一帧数据之后，首先需要经过发送准备时延 $t_{\mathrm{send\_prep}}$ 秒，用来组帧并将待发送数据送至发送缓冲区或发送队列，等待通信子系统进入发送模式等；接着经过介质接入时延 t_{access} 秒，用来接入共享传输介质并解决冲突，这取决于所使用的 MAC 协议；然后经过数据收发时延 t_{data} 秒实际发送这帧数据，这个时延取决于数据帧长度与数据传输率；最后经过发送结束时延 $t_{\mathrm{send\_fin}}$ 秒结束发送过程。无线电波从发送节点经过传播时延 t_{prop} 秒后到达接收节点，这个时延取决于传播距离。对于相距较近、数据传输率较低的物联网无线节点，传播时延较小，且可以忽略不计。当接收节点决定接收一帧数据之后，首先经过接收准备时延 $t_{\mathrm{rece\_prep}}$ 秒，等待通信子系统进入接收模式，并持续监听传输介质，监听时延取决于使用的 MAC 协议以及节点之间的时钟同步状况；然后经过数据收发时延 t_{data} 秒实际接收这帧数据，这个时延同样取决于数据帧长度与数据传输率；最后经过接收结束时延 $t_{\mathrm{rece\_fin}}$ 秒，通知处理子系统处理接收数据并结束接收过程。在设计时钟同步方法、协议或算法时，需要考虑上述时延。

【例 7.2】 某物联网无线网络中，两个节点（节点 1 与节点 2）使用双程法估算本地时钟之间的偏差。节点 1 在其本地时钟读数为 3600 时决定向节点 2 发送一帧数据，并在本地时钟读数为 5100 时结束发送过程。节点 2 随后开始接收该帧数据，并在其本地时钟读数为 12 300 时结束接收过程。在本地时钟读数为 13 200 时，节点 2 决定回复一帧数据（其中包含节点 2 的这两个本地时钟读数）给节点 1。节点 1 随后开始接收数据，并在其本地时钟读数为 7700 时结束接收过程。求这两个节点本地时钟之间的偏差。

【解】 根据题意可知，图 7.9 中的 $c_{i1}=3600$、$c_{j1}=12\,300$、$c_{i3}=7700$、$c_{j2}=13\,200$。由式(7-10)可得，两个节点本地时钟之间的偏差 $c_{\mathrm{d}}\approx[(12\,300-3600)-(7700-13\,200)]/2=7100$。

(2) 在“接收端到接收端”方法中，如图 7.10 所示，多个节点（例如节点 j 和节点 k 等）接收同一个节点（例如节点 i）广播的同一帧数据，然后邻近接收节点（例如节点 j 和节点 k）之间交换其完成接收该帧数据时的本地时钟读数（例如 c_{j1} 和 c_{k1}）。这样，在忽略传播时延的情况下，节点（例如节点 j）可通过计算其与其他节点（例如节点 k）在接收时刻本地时钟读数之差（$c_{j1}-c_{k1}$）来估计其本地时钟与其他节点本地时钟之间的偏差（$c_{\mathrm{d}}\approx c_{j1}-c_{k1}$），进而实现时钟同步。相比“发送端到接收端”方法，“接收端到接收端”方法通常可以更加准确地实现时钟同步。

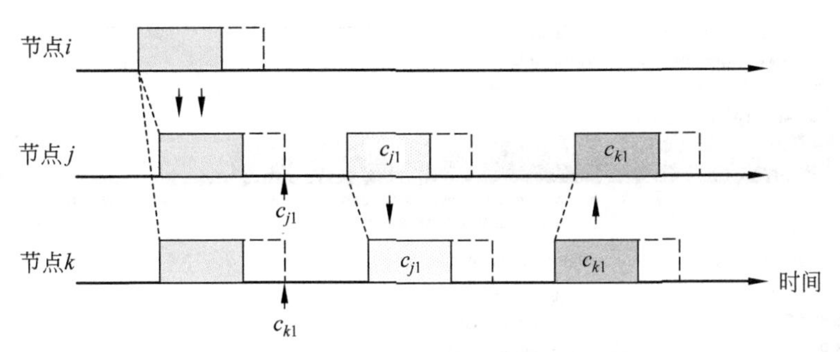

图7.10 “接收端到接收端”方法

7.4 本章实验

本章的两个实验都使用两块或两块以上CC1352R1开发板，每块开发板可选配一个TI公司的SHARP128或SHARP96液晶显示模块。

在实验7.1中，一个或多个无线节点使用竞争型MAC协议(基于纯ALOHA协议)通过共享传输介质将采集到的数据发送给同一个接收节点以汇聚数据。在实验7.2中，将设计并实现一个基于TDMA的分配型MAC协议以及一个时钟同步方法，在动手实践的同时深入理解物联网无线通信中的MAC层与时钟同步。

【实验7.1】 使用CC1352R1开发板基于纯ALOHA协议汇聚数据。

本实验使用两块或更多块CC1352R1开发板(每块开发板作为一个无线节点)，基于纯ALOHA协议，实现多个无线节点汇聚数据，即一个或者多个发送节点使用同一频段发送采集数据给同一个接收节点。每块开发板可选配一个TI公司的SHARP128或SHARP96液晶显示模块，用来显示程序输出。

在本实验中，发送节点每秒对其开发板上的ADC输入引脚进行一次采样，如果满足触发条件，则发送节点立即把采集到的最新数据与开发板按键1的当前状态发送给接收节点，并在发送数据前变更其开发板上红色LED灯的亮灭状态；接收节点在接收到数据之后，也变更其开发板上红色LED灯的亮灭状态，并回复发送节点一个确认帧。如果发送节点在一段时间(本实验中为160 ms)内未收到来自接收节点的确认帧，则再次发送数据，直到超过尝试发送次数为止(本实验中最多发送3次)。

(1) 启动CCS，在TI Resource Explorer导航栏中，依次选择Software→SimpleLink CC13x2 26x2 SDK→Examples→Development Tools→CC1352R LaunchPad→EasyLink→rfWsnConcentrator→TI-RTOS→CCS Compiler选项。单击rfWsnConcentrator，然后单击Import导入项目，如图7.11所示。

(2) 按照图7.12标示出的操作步骤设置载波频率，并将发射功率设置为最小值－20dBm。然后按照图7.13标示出的操作步骤取消选中Force VDDR选项，并保存改动后的设置。如果开发板配备的是SHARP96液晶显示模块，需要将液晶显示屏的大小改为96，设置过程如图7.14所示。

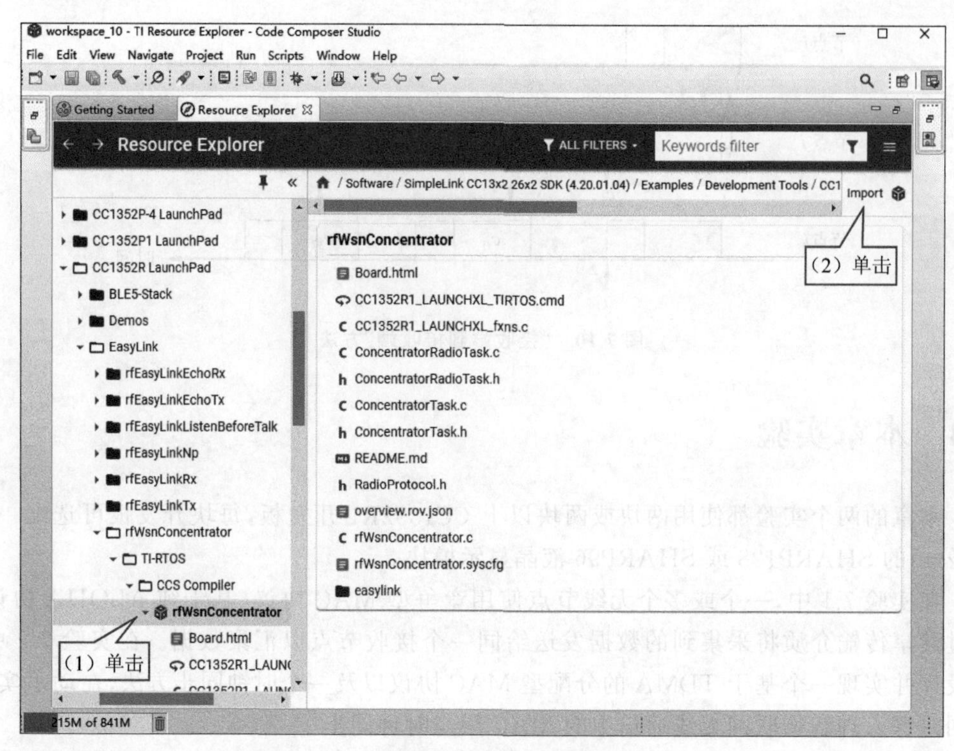

图 7.11 导入项目

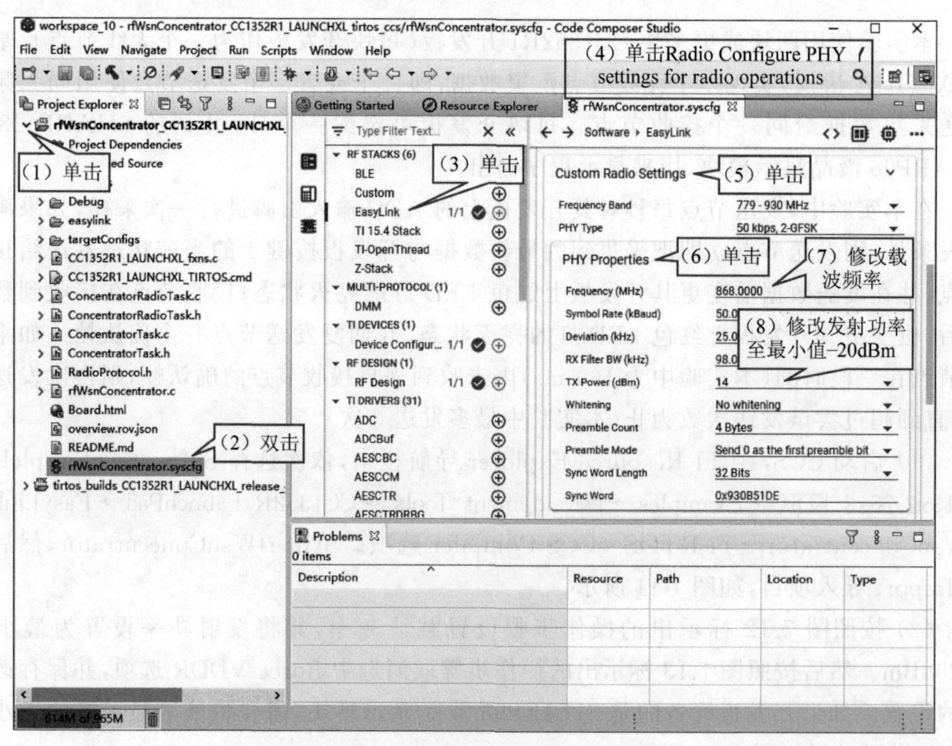

图 7.12 设置载波频率与发射功率

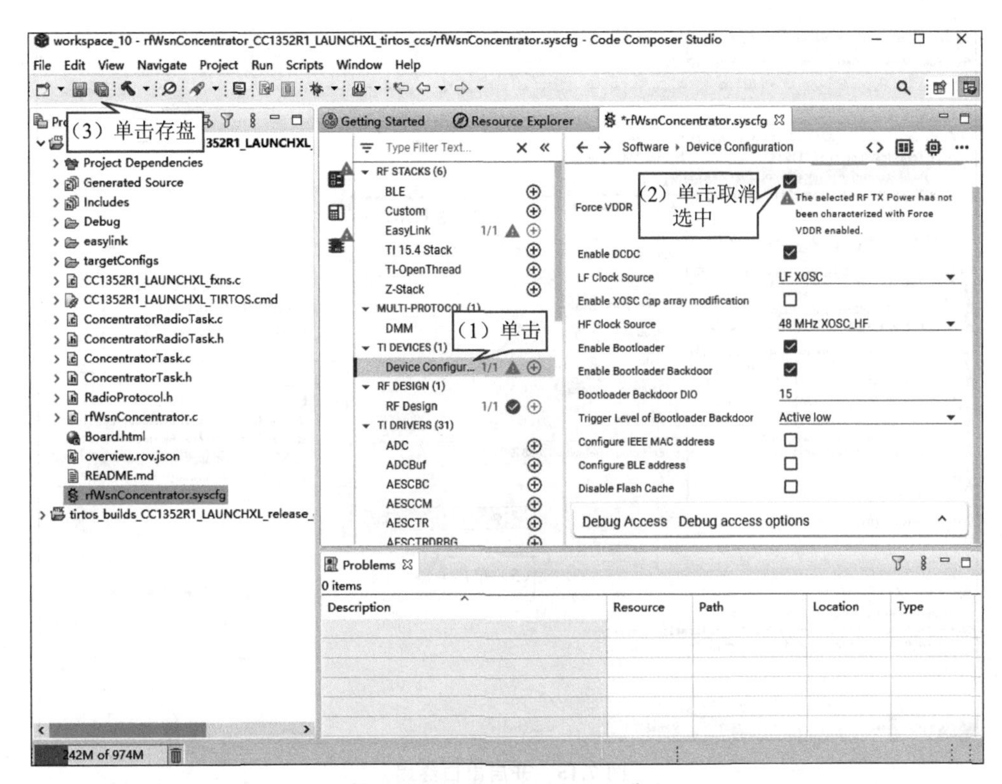

图 7.13　取消 Force VDDR 选项

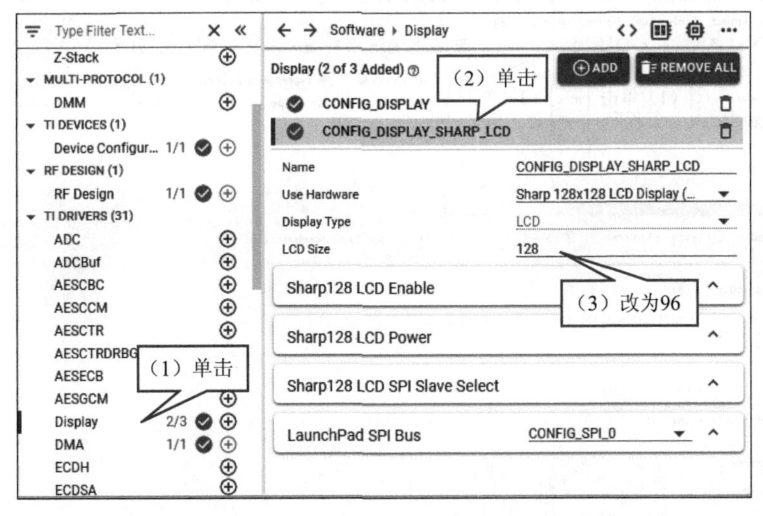

图 7.14　设置液晶显示模块(当使用 SHARP96 时)

(3) 将第一块 CC1352R1 开发板通过 USB 接口连接到计算机上。按照图 3.18 所示的操作步骤,构建项目并下载到开发板上。按照图 7.15 标示出的操作步骤开启一个串口终端,与液晶显示模块相似,也用来显示项目程序的输出。然后运行程序,观察程序的输出,再停止运行程序,如图 7.16 所示。将该开发板记作“接收节点”,断开其与计算机之间的 USB 连接。

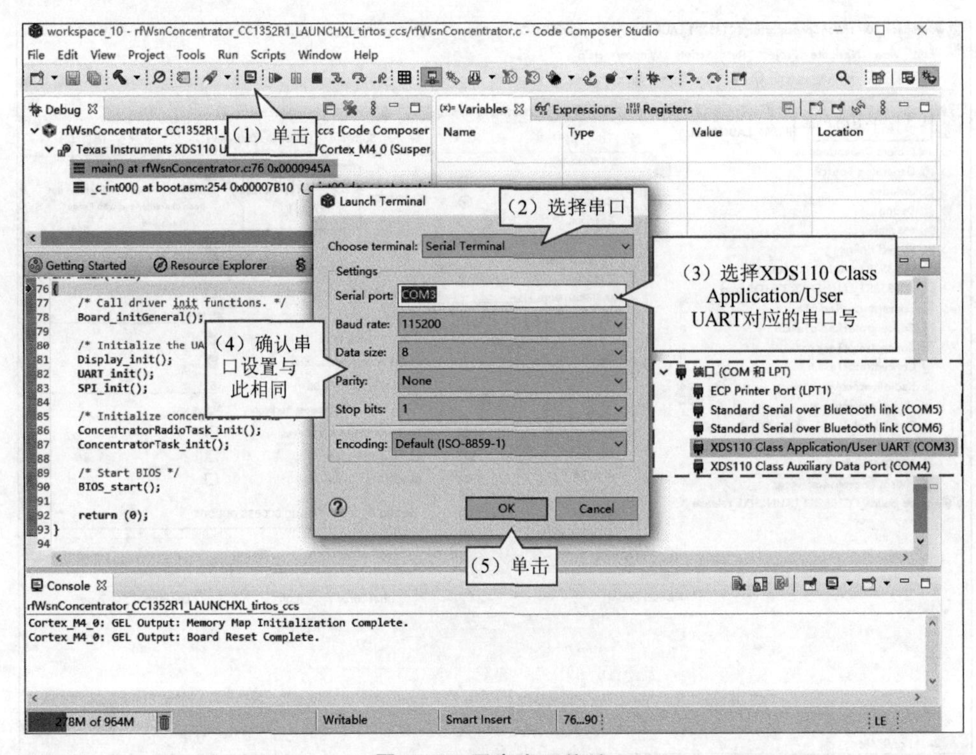

图 7.15 开启串口终端

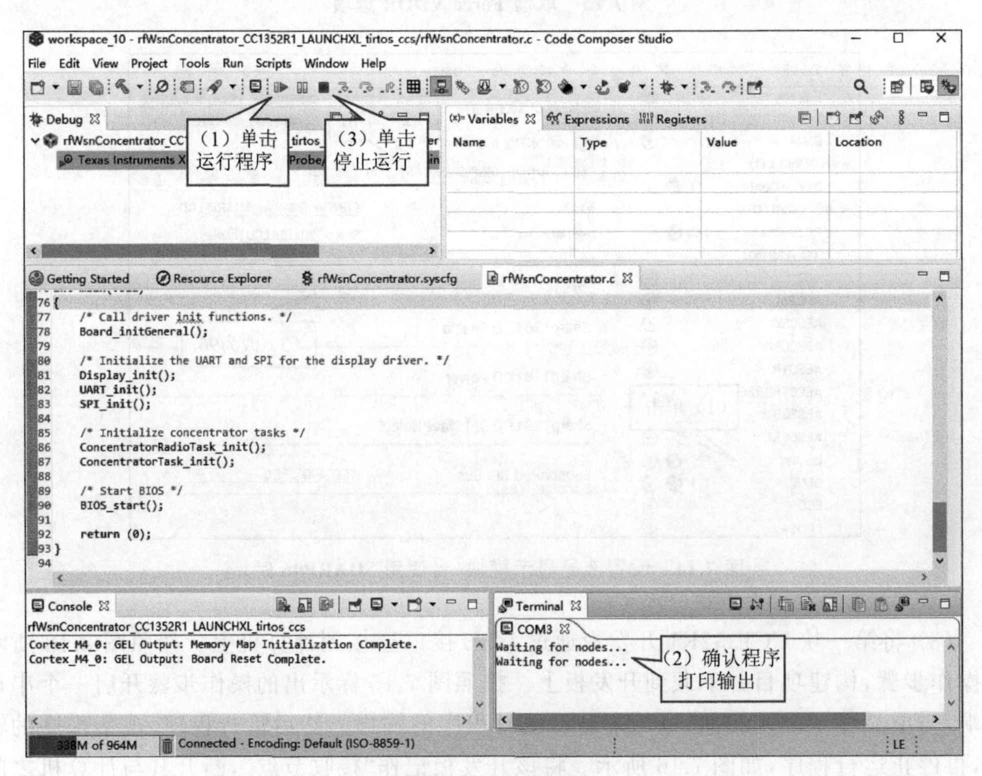

图 7.16 运行程序

(4) 参照图7.11,导入EasyLink目录下的另一个项目rfWsnNode。参照图7.12～图7.14,设置载波频率与rfWsnConcentrator项目的载波频率相同,同样将发射功率设置为最小值－20dBm。如果要在液晶显示模块上显示程序输出,可在NodeTask.h头文件中增加一行代码:#define WSN_USE_DISPLAY。然后,把第二块CC1352R1开发板通过第二个USB接口连接到计算机(或者连接到邻近的第二台计算机),将该开发板记作“发送节点1”。构建该项目程序并下载到开发板上运行。

(5) 将“接收节点”开发板再次通过USB接口连接到计算机。参照图7.15,为“接收节点”再次开启一个串口终端。此时串口终端将输出“接收节点”的接收数据,如图7.17所示。这里的Nodes为发送节点的地址,Value为该节点开发板上ADC的输出值(ADC的输入与开发板上DIO26引脚相连),SW为该节点开发板上按键1的状态(按键按下时为1,松开时为0),RSSI为接收信号功率的估计,单位是dBm。

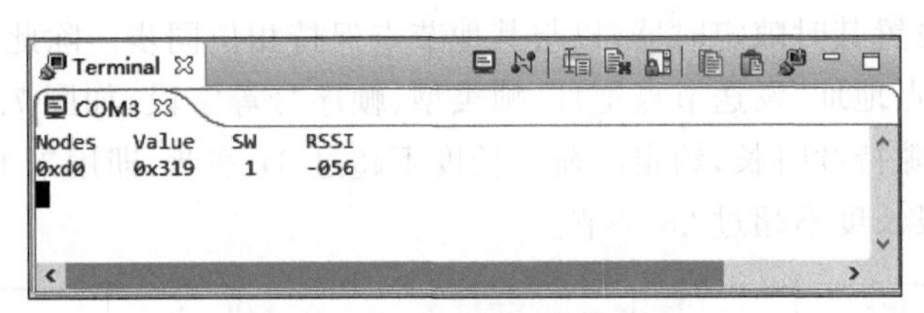

图7.17 串口终端输出接收数据

观察Value值的变化以及“接收节点”“发送节点1”开发板上红色LED灯的亮灭情况。尝试按下或松开“发送节点1”开发板上的按键1,观察SW值的变化以及开发板上红色LED灯的亮灭情况。结合rfWsnNode项目源程序思考发送节点发送数据的触发条件是什么?

【参考答案】 本实验中发送节点发送数据的触发条件:ADC当前输出值的高8比特与前一个输出值的高8比特不同,或者连续5次(当初始化后或在按下按键1后的30s内)或50次ADC输出值的高8比特都未发生变化。

【实验7.1进阶实验】 尝试加入多块CC1352R1开发板,分别运行rfWsnNode项目程序(必要时可在NodeRadioTask.c文件中的nodeRadioTaskFunction()函数内分别指定各个节点的地址),记作“发送节点2”“发送节点3”等,观察各个开发板上红色LED灯的亮灭情况。

【实验7.2】 设计并使用CC1352R1开发板实现分配型MAC协议及时钟同步方法。

本实验基于TDMA分配型MAC协议,实现多个节点中任意两个邻近节点之间的数据发送与接收。首先,设计一个基本的基于TDMA的MAC协议,并设计一个较低复杂度且有效的多节点时钟同步方法。然后,基于项目程序rfWsnNode的框架,在CC1352R1开发板上实现该MAC协议与时钟同步方法,并使用两块或更多块CC1352R1开发板(每块开发板可配备一个SHARP128或SHARP96液晶显示模块)演示邻近节点之间发送与接收短消息。

首先,思考并尝试自行设计一个基于TDMA的分配型MAC协议及时钟同步方法,再继续阅读。

若网络中最多有 n 个节点，为每个节点在 TDMA 帧内固定分配一个持续时长为 s 秒的专用时隙，那么每个 TDMA 帧的持续时长为 $n \cdot s$ 秒。节点在其专用时隙内可以发送数据（包括单播与广播），在其他时隙内可以接收数据。本实验使用的开发板具备有线供电的条件，为了简化 MAC 协议，节点无须进入睡眠模式，始终处于活跃模式，在专用时隙发送数据，在其他所有时隙接收数据。

基于 TDMA 的分配型 MAC 协议实现的前提是所有节点之间时钟同步。本实验中使用的时钟同步类型为相位同步，即让每个节点都知道网络中统一的时隙起始时刻。为了让其他节点能及时准确同步，每个节点都在其专用时隙发送一帧包含固定帧头的数据。如果没有实际数据需要发送，则广播一个仅包含帧头的信标帧，以便其他节点及时同步。帧头包含一个 2 字节长的时隙偏移字段，用来指示接收到该数据帧的节点，当前时隙已持续的时长（以 tick 为单位，对于 CC1352R 而言，1tick＝10μs）。在满足一定条件时，节点使用该时隙偏移设置其时隙定时器，以与其他节点保持相位同步。除此之外，帧头还包含净荷长度、接收节点地址、发送节点地址、帧类型、帧序号等字段，如图 7.18 所示。在本实验中，为了减小时隙持续时长，约定净荷的长度不超过 31 字节，即用来承载用户短消息等数据的自定义字段长度不超过 25 字节。

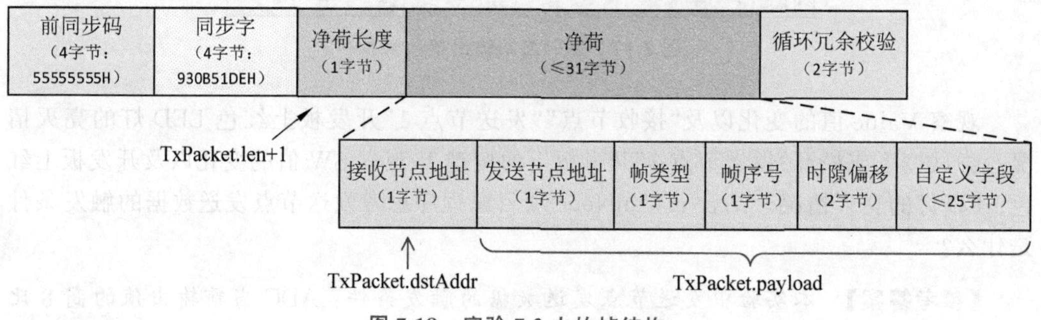

图 7.18　实验 7.2 中的帧结构

为了简化同步方法，本实验中约定，除节点地址最低的节点（1 号节点）之外，其他所有节点都需要与比其地址更低的节点保持同步。1 号节点在开始运行后，首先测量从其专用时隙开始到发送完一帧数据的时长（本地时钟读数之差，略长于图 7.9 中的 $c_{i2}-c_{i1}$），然后将这个本地时钟读数之差写入时隙偏移字段广播给其他节点。其他邻近节点收到这个时隙偏移之后，通过求接收完该帧数据时的本地时钟读数（图 7.9 中的 c_{j1}）与这个时隙偏移之差，估计时隙的起始时刻，初步实现相位同步。接着，1 号节点在其邻节点的配合下，以双程的方式进一步测量更为准确的时隙偏移，约为图 7.9 中的 $(c_{i3}-c_{i1}-c_{j2}+c_{j1})/2$，再将这个测量结果广播给其他节点，以实现更准确的相位同步。每个接收到这个时隙偏移的节点都将其写入该节点发送的数据帧的时隙偏移字段，以此方式在网络中扩散这个时隙偏移，从而实现网络中所有节点相位同步。

接下来，基于实验 7.1 中的 rfWsnNode 项目程序框架，编写 C 语言程序，实现上述 MAC 协议与时钟同步方法。

(1) 设置通用输入输出（General Purpose Input/Output，GPIO）以控制绿色 LED 指示灯。设置过程参照图 7.12 及图 7.19。此外，本实验中不使用 ADC，故可从项目中删除

SceAdc.c 和 SceAdc.h 两个文件。

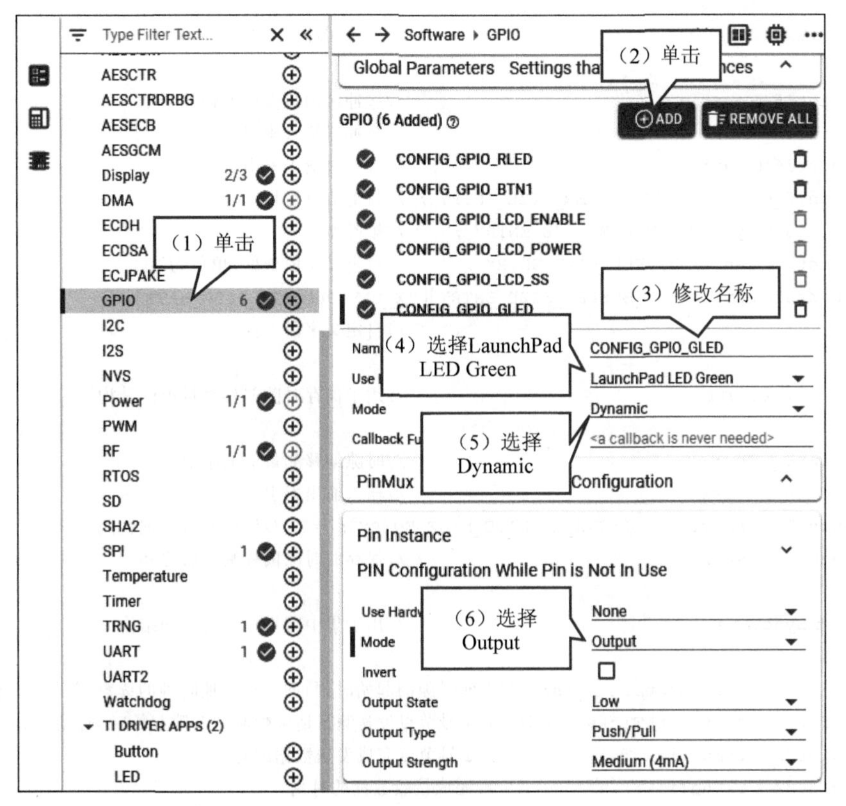

图 7.19　设置 GPIO

(2) 改写 RadioProtocol.h 头文件,用于定义 MAC 协议和时钟同步相关的宏与结构。可参考以下程序代码改写该头文件。

```
#ifndef RADIOPROTOCOL_H_
#define RADIOPROTOCOL_H_
#include "stdint.h"
#include "easylink/EasyLink.h"

#define MY_NODE_ADDRESS          1    //当前节点的地址(1~255),为每个节点分配一个地址
#define TX_DEFAULT_DST_ADDR      15   //当前节点默认的目的节点的地址
#define NODE_USE_DISPLAY              //如果开发板上未配备 LCD 模块,删除此行
#define NODE_SYNC_DEBUG               //在开发板上配有 LCD 模块时,可通过添加此行输出关于
                                      //同步的调试信息

#define SLOTS_NUMBER             35   //TDMA 帧中的时隙个数(大于或等于网络中节点的个数)
#define SLOTS_DURATION_MS        10   //时隙持续时长,单位为 ms
#define SLOTS_RX_TIMEOUT_10US    950  //节点同步后接收一帧数据的最大时长,单位为 10μs
#define RADIO_TX_DELAY_US        500  //节点发送数据之前的固定等待时长,单位为 μs
#define TX_BUFFER_SIZE_ENTRY     64   //发送缓冲区大小
#define TX_PAYLOAD_MAX_SIZE_BYTE 25   //自定义字段的最大长度,单位为 B
#define TICKS_AVERAGE_DIV_BIT    3    //用于同步阶段求时隙偏移平均值的右移位数
```

```
#define TICKS_AVERAGE_SIZE_ENTRY(1 <<  TICKS_AVERAGE_DIV_BIT)

struct TxBuffer                                    //发送缓冲区(FIFO)结构
{
    uint16_t entries;                              //缓冲区内待发送的帧的个数
    uint16_t in;                                   //缓冲区输入索引
    uint16_t out;                                  //缓冲区输出索引
    uint8_t dstAddr[TX_BUFFER_SIZE_ENTRY];         //目的节点地址
    uint8_t type[TX_BUFFER_SIZE_ENTRY];            //帧类型
    uint8_t len[TX_BUFFER_SIZE_ENTRY];             //自定义字段长度,单位为 B
    uint8_t payload[TX_BUFFER_SIZE_ENTRY][TX_PAYLOAD_MAX_SIZE_BYTE];
                                                   //自定义字段
};
struct TicksBuffer                                 //用于保存时隙偏移测量值的结构
{
    uint8_t len;                                   //时隙偏移测量值的个数
    uint8_t index;                                 //输入输出索引
    uint16_t prevTicks[TICKS_AVERAGE_SIZE_ENTRY];       //保存的时隙偏移测量值
    uint32_t sum;                                  //保存的时隙偏移测量值之和
};
struct SyncVars                                    //用于集中同步相关变量的结构
{
    uint32_t curSlotStartTicks;  //当前时隙的起始时刻(即节点本地时钟的读数,单位为 tick,下同)
    uint32_t slotStartTicksSaved;   //1 号节点发送测量请求帧时的时隙起始时刻,接近 ci1
    uint32_t txEndTicks;            //1 号节点完成发送数据的时刻 ci2
    uint32_t rxEndTicks;            //完成接收数据的时刻
    uint32_t rxEndTicksSaved;       //非 1 号节点接收完测量请求帧的时刻 cj1
    uint32_t txDeltaTicks;          //接收数据中包含的时隙偏移
    uint32_t rxDeltaTicks;          //完成接收数据时的当前时隙持续时长,仅用于输出调试信息
    uint8_t measureRequester;       //非 1 号节点接收到的测量请求帧的发送节点地址
    uint8_t requestSeq;             //非 1 号节点接收到的测量请求帧的序号
    uint8_t requestSeqSaved;        //1 号节点保存的其发送过的测量请求帧的序号
};
#endif
```

(3) 改写 NodeRadioTask.h 头文件,删除其中的多余代码。可参考如下剩余代码。

```
#ifndef TASKS_NODERADIOTASKTASK_H_
#define TASKS_NODERADIOTASKTASK_H_
#include "stdint.h"

#define NODE_ACTIVITY_LED CONFIG_PIN_RLED

void NodeRadioTask_init(void);        //NodeRadio 任务初始化函数
#endif
```

(4) 改写 NodeTask.h 头文件,删除其中的多余代码。可参考如下剩余代码。

```
#ifndef TASKS_NODETASK_H_
#define TASKS_NODETASK_H_
```

```
#include < ti/drivers/rf/RF.h>

void NodeTask_init(void);           //Node 任务初始化函数
#endif
```

(5) 改写 NodeRadioTask.c 文件,实现所设计的 MAC 协议与时钟同步方法。

```
#include <xdc/std.h>
#include <xdc/runtime/System.h>
#include <ti/sysbios/BIOS.h>
#include <ti/sysbios/knl/Task.h>
#include <ti/sysbios/knl/Semaphore.h>
#include <ti/sysbios/knl/Event.h>
#include <ti/sysbios/knl/Clock.h>
#include <ti/drivers/Power.h>
#include <ti/drivers/power/PowerCC26XX.h>
#include <ti/drivers/rf/RF.h>
#include <ti/drivers/PIN.h>
#include <ti/display/Display.h>
#include <ti/display/DisplayExt.h>
#include "ti_drivers_config.h"
#include <stdlib.h>
#include "easylink/EasyLink.h"
#include "RadioProtocol.h"
#include "NodeRadioTask.h"
#include "NodeTask.h"

#define NODERADIO_TASK_STACK_SIZE   1024
#define NODERADIO_TASK_PRIORITY     3
#define RADIO_EVENT_ALL             0xFFFFFFFF
#define RADIO_EVENT_SEND            (uint32_t)(1 <<0)  //发送事件
#define RADIO_EVENT_RECEIVE         (uint32_t)(1 <<1)  //接收事件
#define RADIO_MAX_SLOTS_TO_SYNC     (SLOTS_NUMBER * 4) //再次同步之前最多经过多少个时隙
#define RADIO_TIME_BYTE_10US        16    //发送或接收每个额外字节需要的时长,单位为 10μs
#define RADIO_HEADER_LEN_BYTE       5     //帧头长度,单位为 B

//NodeRadio 任务
static Task_Params nodeRadioTaskParams;
Task_Struct nodeRadioTask;
static uint8_t nodeRadioTaskStack[NODERADIO_TASK_STACK_SIZE];
//信号量
Semaphore_Struct radioAccessSem;
static Semaphore_Handle radioAccessSemHandle;
Semaphore_Struct radioBufferSem;
Semaphore_Handle radioBufferSemHandle;
Semaphore_Struct radioSlotSem;
Semaphore_Handle radioSlotSemHandle;
//RadioOperation 事件
Event_Struct radioOperationEvent;
static Event_Handle radioOperationEventHandle;
```

```
//时隙定时器
Clock_Struct slotTimeoutClock;
static Clock_Handle slotTimeoutClockHandle;
//接收与发送
static EasyLink_TxPacket txPacket;
static EasyLink_RxPacket rxPacket;
struct TxBuffer txBuffer;
static uint32_t absTime;
static uint8_t txSeq = 0, lastTxPacketLen;
uint8_t defaultDstAddr = TX_DEFAULT_DST_ADDR;
//同步
static uint8_t slotNumber = 0;
static uint16_t lastSyncSlots = 0;
static uint8_t lastSyncAddr = 0xFF;
static uint16_t syncTicks = 0;
struct TicksBuffer txTicks, rxTicks;
static struct SyncVars syncVars;
uint8_t node1SyncStatus = 0, nodexSyncStatus = 0;
//短消息
char rxMsg[TX_PAYLOAD_MAX_SIZE_BYTE + 5];
uint8_t rxMsgLen = 0;
//红绿 LED
PIN_Handle ledPinHandle, ledPinHandle2;
PIN_State ledPinState, ledPinState2;
PIN_Config pinTable[] = {
    NODE_ACTIVITY_LED | PIN_GPIO_OUTPUT_EN | PIN_GPIO_LOW | PIN_PUSHPULL |
    PIN_DRVSTR_MAX, PIN_TERMINATE
};
PIN_Config pinTable2[] = {
    CONFIG_PIN_0 | PIN_GPIO_OUTPUT_EN | PIN_GPIO_LOW | PIN_PUSHPULL | PIN_DRVSTR_MAX,
    PIN_TERMINATE
};
//LCD 模块
#ifdef NODE_USE_DISPLAY
static Display_Handle hDisplayLcd;
#endif

static void nodeRadioTaskFunction(UArg arg0, UArg arg1);      //NodeRadio 任务
static void rxDoneCallback(EasyLink_RxPacket * rxPacket, EasyLink_Status status);
                                                               //接收回调
static void sendPacket(uint8_t moreDataFlag);                  //发送一帧数据
static void slotTimeoutCallback(UArg arg0);                    //时隙定时器回调
static void initTicksBuffer(struct TicksBuffer * buffer);      //初始化时隙偏移测量
static uint16_t getTicks(struct TicksBuffer * buffer);         //读取时隙偏移量
static void updateTicks(struct TicksBuffer * buffer, uint16_t offTicks, uint8_t payloadLen);

void NodeRadioTask_init(void)
{
    //用于接收与发送的信号量
    Semaphore_Params semParam;
```

```
    Semaphore_Params_init(&semParam);
    Semaphore_construct(&radioAccessSem, 1, &semParam);
    radioAccessSemHandle = Semaphore_handle(&radioAccessSem);
    //用于发送缓冲区的信号量
    Semaphore_construct(&radioBufferSem, 1, &semParam);
    radioBufferSemHandle = Semaphore_handle(&radioBufferSem);
    //用于时隙号的信号量
    Semaphore_construct(&radioSlotSem, 1, &semParam);
    radioSlotSemHandle = Semaphore_handle(&radioSlotSem);
    //用于接收与发送的事件
    Event_Params eventParam;
    Event_Params_init(&eventParam);
    Event_construct(&radioOperationEvent, &eventParam);
    radioOperationEventHandle = Event_handle(&radioOperationEvent);
    //时隙定时器
    Clock_Params clkParams;
    Clock_Params_init(&clkParams);
    clkParams.period = SLOTS_DURATION_MS * 100;
    clkParams.startFlag = FALSE;
    Clock_construct(&slotTimeoutClock, slotTimeoutCallback, 1, &clkParams);
    slotTimeoutClockHandle = Clock_handle(&slotTimeoutClock);
    //红绿 LED
    ledPinHandle = PIN_open(&ledPinState, pinTable);
    if(!ledPinHandle)
    {
        System_abort("Error initializing board 3.3V domain RLED pins\n");
    }
    ledPinHandle2 = PIN_open(&ledPinState2, pinTable2);
    if (!ledPinHandle2)
    {
        System_abort("Error initializing board 3.3V domain GLED pins\n");
    }
    //初始化发送缓冲区
    Semaphore_pend(radioBufferSemHandle, BIOS_WAIT_FOREVER);
    txBuffer.entries = 0;
    txBuffer.in = 0;
    txBuffer.out = 0;
    Semaphore_post(radioBufferSemHandle);
    //初始化时隙偏移测量
    initTicksBuffer(&txTicks);
    initTicksBuffer(&rxTicks);
    //NodeRadio 任务
    Task_Params_init(&nodeRadioTaskParams);
    nodeRadioTaskParams.stackSize = NODERADIO_TASK_STACK_SIZE;
    nodeRadioTaskParams.priority = NODERADIO_TASK_PRIORITY;
    nodeRadioTaskParams.stack = &nodeRadioTaskStack;
    Task_construct(&nodeRadioTask, nodeRadioTaskFunction, &nodeRadioTaskParams, NULL);
}

static void nodeRadioTaskFunction(UArg arg0, UArg arg1)
```

```
{
    uint8_t i;
    uint16_t entries;
    uint32_t curTicks, offsetTicks;
    //初始化LCD模块并显示当前节点地址
#ifdef NODE_USE_DISPLAY
    Display_Params params;
    Display_Params_init(&params);
    params.lineClearMode = DISPLAY_CLEAR_BOTH;
    hDisplayLcd = Display_open(Display_Type_LCD, &params);
    if (hDisplayLcd)
    {
        Display_printf(hDisplayLcd, 1, 1, "Node % 02d", MY_NODE_ADDRESS);
    }
#endif
    //初始化EasyLink参数
    EasyLink_Params easyLink_params;
    EasyLink_Params_init(&easyLink_params);
    if (EasyLink_init(&easyLink_params) != EasyLink_Status_Success)
    {
        System_abort("EasyLink_init failed");
    }
    //关闭地址过滤
    if (EasyLink_enableRxAddrFilter(NULL, 1, 0) != EasyLink_Status_Success)
    {
        System_abort("Failed to disable EasyLink_enableRxAddrFilter");
    }
    if (MY_NODE_ADDRESS == 0x01)
    {
        //1号节点首先设置时隙定时器并启动
        Clock_setTimeout(slotTimeoutClockHandle, SLOTS_DURATION_MS * 100);
        Clock_start(slotTimeoutClockHandle);
    }
    else
    {
        //非1号节点首先接收非零时隙偏移
        Semaphore_pend(radioAccessSemHandle, BIOS_WAIT_FOREVER);
        EasyLink_setCtrl(EasyLink_Ctrl_AsyncRx_TimeOut, 0);
        EasyLink_receive(&rxPacket);
        while ((rxPacket.payload[3] == 0) && (rxPacket.payload[4] == 0))
        {
            EasyLink_setCtrl(EasyLink_Ctrl_AsyncRx_TimeOut, 0);
            EasyLink_receive(&rxPacket);
        }
        Semaphore_post(radioAccessSemHandle);
        PIN_setOutputValue(ledPinHandle2, CONFIG_PIN_0, 1);
        //然后根据接收到的时隙偏移设置其时隙定时器并开启
        offsetTicks = (rxPacket.payload[3] <<8) + (rxPacket.payload[4]);
        Clock_setTimeout(slotTimeoutClockHandle, (SLOTS_DURATION_MS * 100)
        - offsetTicks);
```

```
        Clock_start(slotTimeoutClockHandle);
        lastSyncAddr = rxPacket.payload[0];
        lastSyncSlots = 0;
        //并且设置当前时隙号
        Semaphore_pend(radioSlotSemHandle, BIOS_WAIT_FOREVER);
        slotNumber = lastSyncAddr - 1;
        Semaphore_post(radioSlotSemHandle);
    }
    while (1)    //任务的主循环
    {
        //等待接收事件或发送事件
        uint32_t events = Event_pend(radioOperationEventHandle, 0, RADIO_EVENT_ALL, BIOS_
        WAIT_FOREVER);
        if (events & RADIO_EVENT_RECEIVE)        //接收事件
        {
            //熄灭红色 LED
            PIN_setOutputValue(ledPinHandle, NODE_ACTIVITY_LED, 0);
            //尝试接收一帧数据,直到超时
            Semaphore_pend(radioAccessSemHandle, BIOS_WAIT_FOREVER);
            EasyLink_setCtrl(EasyLink_Ctrl_AsyncRx_TimeOut, EasyLink_us_To_RadioTime
            (SLOTS_RX_TIMEOUT_10US * 10));
            EasyLink_receiveAsync(rxDoneCallback, 0);
            Semaphore_post(radioAccessSemHandle);
        }
        else if (events & RADIO_EVENT_SEND)        //发送事件
        {
            //点亮红色 LED,熄灭绿色 LED
            PIN_setOutputValue(ledPinHandle, NODE_ACTIVITY_LED, 1);
            PIN_setOutputValue(ledPinHandle2, CONFIG_PIN_0, 0);
            if ((nodexSyncStatus <2) && (node1SyncStatus<2))     //处于同步阶段
            {
                if (MY_NODE_ADDRESS ==  0x01)     //对于 1 号节点而言
                {
                    if (node1SyncStatus ==  0)        //在未完成时隙偏移的初步测量时
                    {
                        //发送时隙偏移为零的测量帧
                        txPacket.payload[1] = 0;
                        sendPacket(0);
                        //保存时隙偏移的初步测量值
                        syncVars.txEndTicks = Clock_getTicks();
                        updateTicks(&txTicks, syncVars.txEndTicks - syncVars.
                        curSlotStartTicks, lastTxPacketLen);
                        if (txTicks.len == TICKS_AVERAGE_SIZE_ENTRY)
                        {
                            //进入双程测量阶段
                            node1SyncStatus = 1;
                            syncTicks = getTicks(&txTicks);
                        }
                    }
                    else//在未完成时隙偏移的双程测量时
```

```
                {
                    //发送双程测量请求帧
                    syncVars.requestSeqSaved = txSeq;
                    syncVars.slotStartTicksSaved = syncVars.curSlotStartTicks;
                    txPacket.payload[1] = 2;
                    sendPacket(0);
                }
            }
            else//对于非 1 号节点而言
            {
                if (nodexSyncStatus ==  0)//在仅收到时隙偏移的初步测量值时
                {
                    //发送包含初步时隙偏移的信标帧
                    txPacket.payload[1] = 0;
                    sendPacket(0);
                }
            else//在收到双程测量请求帧后
                {
                    //发送双程测量回复帧
                    curTicks = syncVars.curSlotStartTicks - syncVars.rxEndTicksSaved;
                    txPacket.dstAddr[0] = syncVars.measureRequester;
                    txPacket.len = 5;
                    txPacket.payload[1] = 3;
                    txPacket.payload[RADIO_HEADER_LEN_BYTE] = syncVars.requestSeq;
                    txPacket.payload[RADIO_HEADER_LEN_BYTE + 1] = (curTicks &
                    0xFF000000)>>24;
                    txPacket.payload[RADIO_HEADER_LEN_BYTE + 2] = (curTicks &
                    0xFF0000) >>16;
                    txPacket.payload[RADIO_HEADER_LEN_BYTE + 3] = (curTicks & 0xFF00)
                    >>8;
                    txPacket.payload[RADIO_HEADER_LEN_BYTE + 4] = curTicks & 0xFF;
                    nodexSyncStatus = 0;
                    sendPacket(1);

                }
            }
        else//已同步阶段
        {
            //检查发送缓冲区中是否有数据需要发送
            Semaphore_pend(radioBufferSemHandle, BIOS_WAIT_FOREVER);
            entries = txBuffer.entries;
            Semaphore_post(radioBufferSemHandle);
            if (entries ==  0)  //发送缓冲区中没有需要发送的数据时
            {
                //发送包含时隙偏移的信标帧
                txPacket.payload[1] = 1;
                sendPacket(0);
            }
            else//发送缓冲区中有数据需要发送时
            {
```

```
                //发送一帧数据
                Semaphore_pend(radioBufferSemHandle, BIOS_WAIT_FOREVER);
                txPacket.dstAddr[0] = txBuffer.dstAddr[txBuffer.out];
                txPacket.len = txBuffer.len[txBuffer.out];
                txPacket.payload[1] = txBuffer.type[txBuffer.out];
                for (i = 0; i<txPacket.len; i ++)
                {
                    txPacket.payload[i + RADIO_HEADER_LEN_BYTE] = txBuffer.payload
                    [txBuffer.out][i];
                }
                txBuffer.out = (txBuffer.out<TX_BUFFER_SIZE_ENTRY - 1) ? (txBuffer.
                out + 1) : 0;
                txBuffer.entries--;
                Semaphore_post(radioBufferSemHandle);
                sendPacket(1);
            }
        }
        //在 LCD 模块上输出关于同步的调试信息
#if defined(NODE_USE_DISPLAY) && defined(NODE_SYNC_DEBUG)
        Display_printf(hDisplayLcd, 3, 1, "TxD = %d", syncVars.txDeltaTicks);
        Display_printf(hDisplayLcd, 5, 1, "RxD = %d", syncVars.rxDeltaTicks);
#endif
        }
    }
}

static void initTicksBuffer(struct TicksBuffer * buffer)
{
    uint8_t i;
    buffer->index = 0;
    buffer->len = 0;
    buffer->sum = 0;
    for (i = 0; i<TICKS_AVERAGE_SIZE_ENTRY; i ++)
    {
        buffer->prevTicks[i] = 0;
    }
}

static uint16_t getTicks(struct TicksBuffer * buffer)
{
    if (buffer->len == TICKS_AVERAGE_SIZE_ENTRY)   //若已完成测量
    {
        return (uint16_t) (buffer->sum >> TICKS_AVERAGE_DIV_BIT);
    }
    return 0;   //若未完成测量
}

static void updateTicks(struct TicksBuffer * buffer, uint16_t offTicks, uint8_t payloadLen)
{
    buffer->sum -= buffer->prevTicks[buffer->index];
```

```
        offTicks -= (payloadLen - RADIO_HEADER_LEN_BYTE) * RADIO_TIME_BYTE_10US;
        buffer->sum += offTicks;
        buffer->prevTicks[buffer->index] = offTicks;
        buffer->index = (buffer->index<TICKS_AVERAGE_SIZE_ENTRY - 1) ? (buffer->index + 1) : 0;
        buffer->len = (buffer->len == TICKS_AVERAGE_SIZE_ENTRY) ? buffer->len : (buffer->
       len + 1);
    }

    static void sendPacket(uint8_t moreDataFlag)
    {
        //准备帧头
        if (moreDataFlag == 0)    //仅包含帧头
        {
            txPacket.dstAddr[0] = 0x00;
            txPacket.len = RADIO_HEADER_LEN_BYTE;
        }
        else
        {
            txPacket.len += RADIO_HEADER_LEN_BYTE;
        }
        txPacket.payload[0] = MY_NODE_ADDRESS;
        txPacket.payload[2] = txSeq;
        txSeq = (txSeq< 0xff) ? (txSeq + 1) : 0;
        txPacket.payload[3] = (syncTicks & 0xFF00) >> 8;
        txPacket.payload[4] = (syncTicks & 0xFF);
        lastTxPacketLen = txPacket.len;
        //发送一帧数据
        EasyLink_getAbsTime(&absTime);
        txPacket.absTime = absTime + EasyLink_us_To_RadioTime(RADIO_TX_DELAY_US);
        Semaphore_pend(radioAccessSemHandle, BIOS_WAIT_FOREVER);
        if (EasyLink_transmit(&txPacket) != EasyLink_Status_Success)
        {
            System_abort("EasyLink_transmit failed");
        }
        Semaphore_post(radioAccessSemHandle);
    }

    static void rxDoneCallback(EasyLink_RxPacket * rxPacket, EasyLink_Status status)
    {
        uint8_t srcAddr, type, i;
        uint32_t repliedTicks, estimatedTicks;
        if (status == EasyLink_Status_Success)    //如果收到一帧数据
        {
            syncVars.rxEndTicks = Clock_getTicks();
            syncVars.rxDeltaTicks = syncVars.rxEndTicks - syncVars.curSlotStartTicks;
            syncVars.txDeltaTicks = (rxPacket->payload[3] <<8) + (rxPacket->payload[4]);
            srcAddr = rxPacket->payload[0];
            type = rxPacket->payload[1];
            //点亮绿色 LED
            PIN_setOutputValue(ledPinHandle2, CONFIG_PIN_0, 1);
```

```
if (MY_NODE_ADDRESS != 0x01)    //非 1 号节点需要与其他地址更低的节点定期保持同步
{
    if (((nodexSyncStatus == 0) && (syncVars.txDeltaTicks> 0)) || (type == 1) ||
    (type> 3))
    {
        if ((srcAddr <= lastSyncAddr) || (lastSyncSlots> RADIO_MAX_SLOTS_TO_
        SYNC) || ((type>0) && (nodexSyncStatus == 0)))  //进行同步
        {
            if (syncVars.txDeltaTicks> 0)
            {
                //设置时隙定时器
                Clock_setTimeout(slotTimeoutClockHandle, (SLOTS_DURATION_MS *
                100) - ((rxPacket->len - RADIO_HEADER_LEN_BYTE) * RADIO_TIME_
                BYTE_10US) - syncVars.txDeltaTicks);
                Clock_start(slotTimeoutClockHandle);
                lastSyncAddr = srcAddr;
                lastSyncSlots = 0;
                if (type> 0)
                {
                    syncTicks = syncVars.txDeltaTicks;
                }
            }
        }
        //更新当前时隙号
        Semaphore_pend(radioSlotSemHandle, BIOS_WAIT_FOREVER);
        slotNumber = srcAddr - 1;
        Semaphore_post(radioSlotSemHandle);
    }
}
if ((rxPacket->dstAddr[0] == MY_NODE_ADDRESS) || (rxPacket->dstAddr[0] ==
0x00))
{   //若接收到的数据需要进一步处理
    switch (type)   //根据帧类型
    {
    case 1:    //包含双程测量后时隙偏移的信标帧
        if ((MY_NODE_ADDRESS != 0x01) && (nodexSyncStatus == 0))
        {
            nodexSyncStatus = 2;
        }
        break;
    case 2:    //1 号节点发送的双程测量请求帧
        if (MY_NODE_ADDRESS != 0x01)
        {
            nodexSyncStatus = 1;
            syncVars.rxEndTicksSaved = syncVars.rxEndTicks;
            syncVars.measureRequester = srcAddr;
            syncVars.requestSeq = rxPacket->payload[2];
        }
        break;
    case 3:    //非 1 号节点发送的双程测量回复帧
```

```
            if ((MY_NODE_ADDRESS == 0x01) && (node1SyncStatus == 1) && (rxPacket->
            payload[RADIO_HEADER_LEN_BYTE] == syncVars.requestSeqSaved))
            {
                //当帧序号匹配时,保存测量值
                repliedTicks = (rxPacket->payload[RADIO_HEADER_LEN_BYTE + 1] <<24)+
                (rxPacket->payload[RADIO_HEADER_LEN_BYTE + 2] <<16) + (rxPacket->
                payload[RADIO_HEADER_LEN_BYTE + 3] <<8) + (rxPacket->payload[RADIO_
                HEADER_LEN_BYTE + 4]);
                estimatedTicks = syncVars.rxEndTicks - syncVars.slotStartTicksSaved
                - repliedTicks;
                updateTicks(&rxTicks, estimatedTicks, rxPacket->len);
                if(rxTicks.len == TICKS_AVERAGE_SIZE_ENTRY)     //测量完成
                {
                    syncTicks = getTicks(&rxTicks) >> 1;
                    node1SyncStatus = 2;
                }
            }
            break;
        case 4:    //其他节点发送给当前节点的短消息
            if (rxPacket->dstAddr[0] == MY_NODE_ADDRESS)
            {
                //存入短消息字符串
                rxMsg[0] = (srcAddr / 10) + '0';
                rxMsg[1] = (srcAddr % 10) + '0';
                rxMsg[2] = ':'; rxMsg[3] = ' ';
                for (i = 0; i<rxPacket->payload[RADIO_HEADER_LEN_BYTE]; i ++)
                {
                    rxMsg[i + 4] = rxPacket->payload[RADIO_HEADER_LEN_BYTE + i + 1];
                }
                rxMsg[i + 4]= '\r'; rxMsg[i + 5] = '\n';
                rxMsgLen = rxPacket->payload[RADIO_HEADER_LEN_BYTE] + 6;
            }
            break;
        default:
            break;
        }
    }
    }
    else if(status == EasyLink_Status_Rx_Timeout)    //如果接收超时
    {
        //熄灭绿色 LED
        PIN_setOutputValue(ledPinHandle2, CONFIG_PIN_0, 0);
    }
}

static void slotTimeoutCallback(UArg arg0)
{
    //保存当前时隙的起始时刻
    syncVars.curSlotStartTicks = Clock_getTicks();
    //更新时隙号
```

```
    Semaphore_pend(radioSlotSemHandle, BIOS_WAIT_FOREVER);
    slotNumber = (slotNumber<SLOTS_NUMBER - 1) ? (slotNumber + 1) : 0;
    lastSyncSlots ++;
    //根据时隙号决定进行接收还是进行发送
    if (slotNumber + 1 != MY_NODE_ADDRESS)
    {
        Event_post(radioOperationEventHandle, RADIO_EVENT_RECEIVE);
    }
    else
    {
        Event_post(radioOperationEventHandle, RADIO_EVENT_SEND);
    }
    Semaphore_post(radioSlotSemHandle);
}
```

(6) 最后一个需要改写的文件是 NodeTask.c,用来实现通过通用异步接收发送设备(Universal Asynchronous Receiver-Transmitter,UART)串口输入发送短消息命令以及更改目的节点地址命令,并实现通过 UART 串口输出接收到的短消息。

```
#include <xdc/std.h>
#include <xdc/runtime/System.h>
#include <ti/sysbios/BIOS.h>
#include <ti/sysbios/knl/Task.h>
#include <ti/sysbios/knl/Semaphore.h>
#include <ti/sysbios/knl/Event.h>
#include <ti/sysbios/knl/Clock.h>
#include <ti/drivers/PIN.h>
#include <ti/drivers/UART.h>
#include <ti/devices/DeviceFamily.h>
#include "ti_drivers_config.h"
#include "NodeTask.h"
#include "NodeRadioTask.h"
#include "RadioProtocol.h"

#define NODE_TASK_STACK_SIZE      1024
#define NODE_TASK_PRIORITY        2
#define NODE_EVENT_ALL            0xFFFFFFFF
#define SERIAL_PARAM_SIZE         (TX_PAYLOAD_MAX_SIZE_BYTE - 1)     //命令参数的最大长度
#define SERIAL_STATE_A            0    //串口等待接收 A 的状态
#define SERIAL_STATE_T            1    //串口等待接收 T 的状态
#define SERIAL_STATE_CMD          2    //串口等待接收命令的状态
#define SERIAL_STATE_PARAM        3    //串口等待接收命令参数的状态
#define SERIAL_CMD_DST_ADDR       0    //更改目的节点地址命令
#define SERIAL_CMD_SEND_MSG       1    //发送短消息命令

//Node 任务
static Task_Params nodeTaskParams;
Task_Struct nodeTask;
static uint8_t nodeTaskStack[NODE_TASK_STACK_SIZE];
//UART
```

```
UART_Handle uartHdl;
UART_Params uartParams;
//外部变量
extern uint8_t defaultDstAddr;
extern struct TxBuffer txBuffer;
extern Semaphore_Handle radioBufferSemHandle;
extern char rxMsg[TX_PAYLOAD_MAX_SIZE_BYTE + 5];
extern uint8_t rxMsgLen;
extern uint8_t node1SyncStatus, nodexSyncStatus;

static void nodeTaskFunction(UArg arg0, UArg arg1);   //Node 任务函数

void NodeTask_init(void)
{
    Task_Params_init(&nodeTaskParams);
    nodeTaskParams.stackSize = NODE_TASK_STACK_SIZE;
    nodeTaskParams.priority = NODE_TASK_PRIORITY;
    nodeTaskParams.stack = &nodeTaskStack;
    Task_construct(&nodeTask, nodeTaskFunction, &nodeTaskParams, NULL);
}

static void nodeTaskFunction(UArg arg0, UArg arg1)
{
    const char echoPrompt[] = "Enter commands:\r\n";
    const char msgSucc[] = "[Tx scheduled]\r\n";
    const char msgFail[] = "[Tx failed]\r\n";
    char addrSucc[] = "[Tx to ]\r\n";
    char ch;
    char cmdParam[SERIAL_PARAM_SIZE];
    uint8_t cmd, paramLen, i, state = SERIAL_STATE_A;
    uint16_t entries;
    int32_t bytes;
    //初始化 UART
    UART_init();
    UART_Params_init(&uartParams);
    uartParams.writeDataMode = UART_DATA_BINARY;
    uartParams.readDataMode = UART_DATA_BINARY;
    uartParams.readReturnMode = UART_RETURN_FULL;
    uartParams.baudRate = 115200;
    uartParams.readTimeout = SLOTS_DURATION_MS * 100;
    uartParams.readEcho = UART_ECHO_OFF;
    uartParams.readMode = UART_MODE_BLOCKING;
    uartParams.writeMode = UART_MODE_BLOCKING;
    uartHdl = UART_open(CONFIG_DISPLAY_UART, &uartParams);
    if (uartHdl == NULL)
    {
        System_abort("Error opening the UART");
    }
    //等待节点同步
    while (node1SyncStatus + nodexSyncStatus<2)
```

```
{
    Task_sleep(SLOTS_DURATION_MS * 100);
}
UART_write(uartHdl, echoPrompt, sizeof(echoPrompt));    //给出可以进行输入的提示
while (1)  //任务的主循环
{
    if (rxMsgLen> 0)    //如果接收到短消息,则通过 UART 串口输出短消息
    {
        UART_write(uartHdl, rxMsg, rxMsgLen);
        rxMsgLen = 0;
    }
    bytes = UART_read(uartHdl, &ch, 1);    //从 UART 串口输入中读入一个字符,直到超时
    if (bytes> 0)    //如果成功读入
    {
        //从输入的一系列字符中提取命令及其参数
        switch (state)
        {
        case SERIAL_STATE_A:
            if (ch ==  'A')
            {
                state = SERIAL_STATE_T;
            }
            break;
        case SERIAL_STATE_T:
            if (ch ==  'T')
            {
                state = SERIAL_STATE_CMD;
            }
            break;
        case SERIAL_STATE_CMD:
            if (ch ==  'A')        //检测出 ATA 命令
            {
                cmd = SERIAL_CMD_DST_ADDR;
                state = SERIAL_STATE_PARAM;
            }
            else if (ch ==  'S')     //检测出 ATS 命令
            {
                cmd = SERIAL_CMD_SEND_MSG;
                state = SERIAL_STATE_PARAM;
            }
            paramLen = 0;
            break;
        case SERIAL_STATE_PARAM:     //提取命令参数
            if ((ch ==  '\n') || (ch ==  '\r') || paramLen > =  SERIAL_PARAM_SIZE)
            {  //执行命令
                if ((cmd ==  SERIAL_CMD_DST_ADDR) && (paramLen ==  2) && (cmdParam[0] >
                =  '0') && (cmdParam[1] > =  '0') && (cmdParam[0] <=  '9') && (cmdParam[1]
                <=  '9'))
                {
                    //更改默认的目的节点地址
```

```
                    defaultDstAddr = (cmdParam[0] - '0') * 10 + (cmdParam[1] - '0');
                    addrSucc[7] = cmdParam[0];  addrSucc[8] = cmdParam[1];
                    UART_write(uartHdl, addrSucc, sizeof(addrSucc));
                }
                else if (cmd == SERIAL_CMD_SEND_MSG)      //向目的节点发送短消息命令
                {
                    //将短消息送入发送缓冲区等待发送
                    Semaphore_pend(radioBufferSemHandle, BIOS_WAIT_FOREVER);
                    entries = txBuffer.entries;
                    Semaphore_post(radioBufferSemHandle);
                    if (entries<TX_BUFFER_SIZE_ENTRY)
                    {
                        Semaphore_pend(radioBufferSemHandle, BIOS_WAIT_FOREVER);
                        txBuffer.dstAddr[txBuffer.in] = defaultDstAddr;
                        txBuffer.len[txBuffer.in] = paramLen + 1;
                        txBuffer.type[txBuffer.in] = 4;
                        txBuffer.payload[txBuffer.in][0] = paramLen;
                        for (i = 0; i<paramLen; i ++)
                        {
                            txBuffer.payload[txBuffer.in][i + 1] = cmdParam[i];
                        }
                        txBuffer.in = (txBuffer.in<TX_BUFFER_SIZE_ENTRY - 1) ?
                        (txBuffer.in + 1) : 0;
                        txBuffer.entries ++;
                        Semaphore_post(radioBufferSemHandle);
                        UART_write(uartHdl, msgSucc, sizeof(msgSucc));
                    }
                    else
                    {
                        UART_write(uartHdl, msgFail, sizeof(msgFail));
                    }
                }
                state = SERIAL_STATE_A;       //重置状态
            }
            else
            {
                cmdParam[paramLen ++] = ch;     //保存当前字符
            }
            break;
        default:
            state = SERIAL_STATE_A;                //重置状态
            break;
        }
    }
  }
}
```

（7）构建项目程序并下载到多块开发板上运行。多个节点中需要有一个地址为 1 的节点，其余节点的地址不大于 TDMA 帧中的时隙个数。例如，当 RadioProtocol.h 文件中定义的时隙个数 SLOTS_NUMBER 为 35 时，设定一个节点的 MY_NODE_ADDRESS 为 1，其他节点的 MY_NODE_ADDRESS 可分别为 5、15 等。

如果使用一台计算机连接两块或更多块开发板，可以先将第一块开发板通过第一个 USB 接口与计算机相连，构建项目程序并下载到该开发板上运行；然后断开这个 USB 连接，将第二块开发板通过第二个 USB 接口与计算机相连，修改 RadioProtocol.h 文件中当前节点地址 MY_NODE_ADDRESS，再次构建项目程序并下载到第二块开发板上运行。这时再将第一块开发板通过第一个 USB 接口与计算机相连。

（8）测试在邻近节点之间发送或接收数据。参照图 7.15，为每块运行中的开发板开启一个串口终端。然后，单击如图 7.20 所示的图标，打开每个串口终端的输入栏。如图 7.21(a)所示，在输入栏中输入 ATA 命令可以更改目的节点地址，例如输入 ATA05、ATA15 等；输入 ATS 命令可以向目的节点发送短消息，例如在 1 号节点的串口终端输入栏输入“ATSIoT Wireless!”，则其目的节点串口终端将会显示“01: IoT Wireless!”（见图 7.21(b)），这表明本实验设计的 MAC 协议与同步方法行之有效，多个邻近节点之间可以正确传输数据。

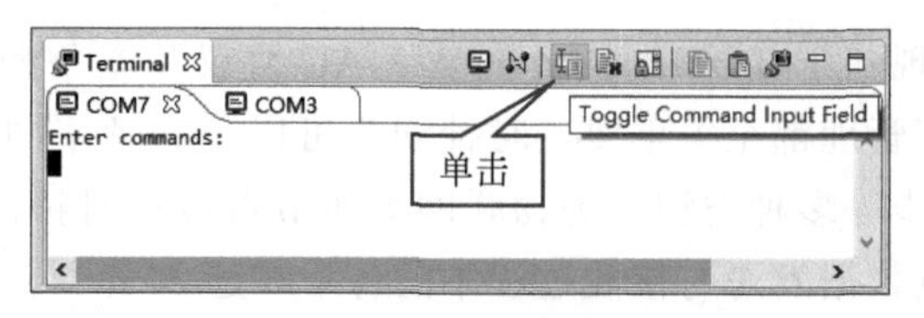

图 7.20　打开串口终端输入栏

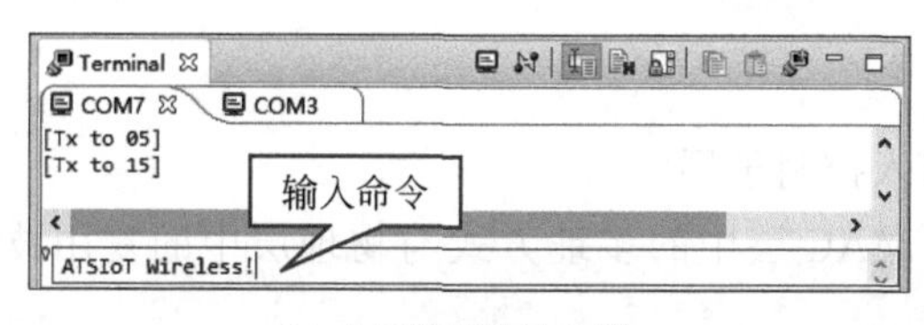

(a) 串口终端的输入栏

(b) 目的节点串口终端

图 7.21　发送及接收短消息

观察开发板上红色与绿色 LED 指示灯亮灭状态的变化规律。在本实验中，节点发送数据时，将点亮红色 LED 灯；接收到数据时，将点亮绿色 LED 灯。

V7.1 实验 7.2 程序文件

尝试修改 MAC 协议与时钟同步方法的主要参数，例如 RadioProtocol.h 文件中的 SLOTS_NUMBER、SLOTS_DURATION_MS、SLOTS_RX_TIMEOUT_10US、RADIO_TX_DELAY_US 等参数，观察多个节点在不同参数下的运行结果，并结合程序思考分析其中的原因。

扫描二维码 V7.1 可获取本实验项目程序。

【实验 7.2 进阶实验】 尝试自定义更多的命令，并在 NodeTask.c 文件的 nodeTaskFunction() 函数中以及 NodeRadioTask.c 文件的 rxDoneCallback() 函数中编程实现它们。

7.5 本章小结

介质接入控制子层，即MAC子层或MAC层，主要解决多个无线节点之间使用共享传输介质有效地、可靠地传输数据帧的问题。与有线通信不同，在无线通信中发送节点并不能检测到在接收节点处是否发生冲突，因此会产生隐藏节点、暴露节点等问题，需要为无线通信设计适合的MAC协议，例如MACAW。

对于物联网无线节点，MAC协议不仅需要支持大部分时间都处于睡眠模式的多个无线节点使用共享传输介质发送并接收数据，也要尽量避免因冲突、空闲监听、旁听、盲发、控制帧过多过长而导致电能浪费，而且还应适应网络规模、拓扑、节点密度的动态变化。竞争型MAC协议，例如S-MAC与RI-MAC，需要节点通过竞争的方式来使用共享传输介质传输数据，具有灵活、复杂度低等优点，更适合用于网络规模、拓扑、节点密度、业务量频繁发生变化的网络。分配型MAC协议，例如Y-MAC，让每个节点独享一部分传输介质资源，以避免冲突，具有高能效、最大传输延迟确定等优点，更适合用于不频繁发生变化的网络。

时钟同步对于实现基于TDMA的分配型MAC协议和竞争型同步MAC协议以及数据采集与处理、功率管理都至关重要。时钟同步可以分为频率同步、相位同步、内部同步、外部同步、时间同步等多种类型。为物联网无线节点设计时钟同步方法、协议或算法时，需要考虑无线节点数据发送与接收过程中的各个时延。

7.6 思考与练习

1. 物联网无线通信中为什么需要介质接入控制子层？

2. 无线通信中有哪些常见的多址方式？MAC层中的多址方式与物理层中的复用技术有何区别？

3. 什么是隐藏节点问题？什么是暴露节点问题？无线通信中为何会出现这两个问题？

4. MACAW协议是如何尝试解决隐藏节点问题与暴露节点问题的？是否完全解决了暴露节点问题？为什么？

5. 基于全双工技术的MAC协议是否适合用于现阶段的物联网无线节点？为什么？

6. 在MAC协议中，导致电能浪费的原因有哪些？

7. 什么是竞争型MAC协议？它们有哪些优点与缺点？

8. 什么是分配型MAC协议？它们有哪些优点与缺点？

9. 在S-MAC协议中，节点之间如何同步？

10. 为什么说S-MAC协议是竞争型MAC协议？

11. 使用RI-MAC协议是否能够有效节省接收节点的能耗？为什么？

12. RI-MAC协议如何避免发送数据在接收节点处再次冲突？

13. Y-MAC协议如何为每个节点分配一个专用时隙？

14. 什么是时钟同步？为什么对于物联网无线节点至关重要？

15. 为什么网络中无线节点的本地时钟之间会产生偏差？

16. 时钟同步可分为哪些类型？这些类型之间有何差别？

17. 在“发送端到接收端”方法中，两个节点如何估计它们本地时钟之间的偏差？

18. 物联网无线节点在发送与接收数据帧的过程中有哪些时延？

19. 为什么“接收端到接收端”的方法可以比“发送端到接收端”的方法更加准确地实现时钟同步？

第8章 网络层与定位

网络层的主要功能是将长度可变的数据包(packet)从网络中的源节点传输到目的节点。一个网络层数据包可以被分成若干段分别通过若干个 MAC 层数据帧传输。

在如图 8.1(a)所示的单跳(single-hop)无线网络中,目的节点在源节点的覆盖范围之内,此时发送节点即是源节点,接收节点即是目的节点,源节点的数据包可以直接发送给目的节点。这是一种最简单的无线网络。无线节点的发射功率有限,由于路径损耗,其覆盖范围有限,有可能出现目的节点不在源节点覆盖范围之内的情况。此外,在相同的接收功率下,发射功率与无线电波传播距离的平方(甚至更高次方,见 4.1 节)成正比,因此缩小无线节点的覆盖范围有助于降低节点发送数据的功耗。如果目的节点在源节点的覆盖范围之外,则源节点可以通过邻近节点以接力的方式将数据包转发至目的节点,如图 8.1(b)所示。多跳(multi-hop)无线网络可以比单跳无线网络覆盖更大的范围,但同时多跳增加了数据传输延迟并且引入一个问题:如何决定数据包的转发路径,即经过哪些中间节点?为转发数据包而建立或选择路径的过程称为路由(routing)。路由是物联网无线通信网络层主要解决的问题。

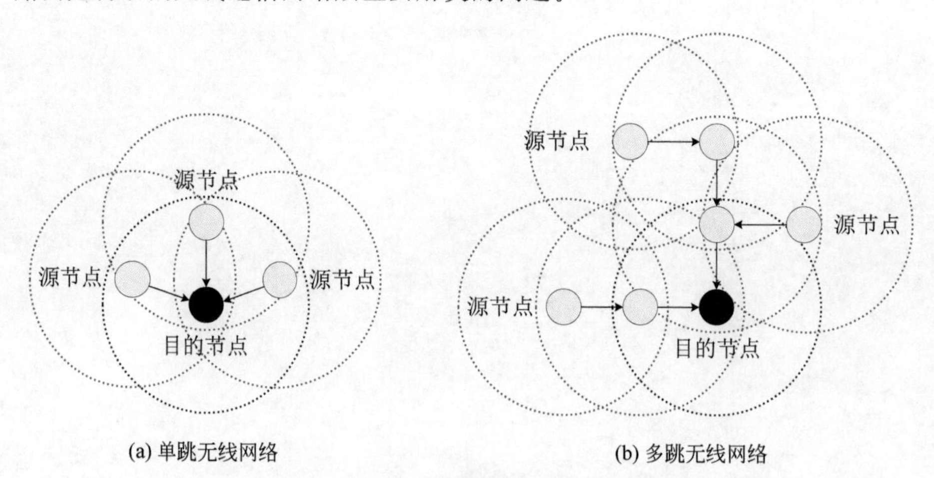

图 8.1 单跳无线网络与多跳无线网络

本章首先讲述物联网无线通信中网络层路由协议的设计挑战、分类及路由指标，并给出两个具体的路由协议例子；其次讲述与路由协议相关的无线节点定位方法；最后通过实验加深读者对路由协议及其实现的理解。

8.1　路由协议

路由协议(routing protocol)用来规定网络中的节点如何建立并维护从源节点到目的节点之间的路径。

相比其他无线网络，物联网无线通信中的路由协议设计颇具挑战性。首先，物联网无线节点常在电池容量、计算能力、存储空间等诸多方面受限，这需要路由协议不能消耗太多资源。其次，无线节点的部署通常具有随意性，部署后节点也可能会经常移动，再加上新的节点不断加入网络中以及发生各种故障或电池电量消耗殆尽的节点不断从网络中消失，这使得无线网络的拓扑频繁发生难以预测的变化，需要路由协议能够迅速适应网络的动态变化。最后，物联网中的无线节点通常还担负数据采集任务，数据采集又常基于地理位置，这使得多个空间邻近节点采集的数据中可能存在一定冗余，而且多数节点采集的数据又可能汇聚到少数目的节点。设计路由协议时需要考虑这些因素。

8.1.1　路由协议分类

物联网无线通信中的路由协议，如图 8.2 所示，按照不同网络结构可以分为扁平型(flat-based)、层次型(hierarchical-based)、位置型(location-based)；按照不同协议操作可以分为协商型(negotiation-based)、多径型(multipath-based)、查询型(query-based)、服务质量型(QoS-based)；按照不同路径建立方式可以分为主动型(proactive)、按需型(reactive)。

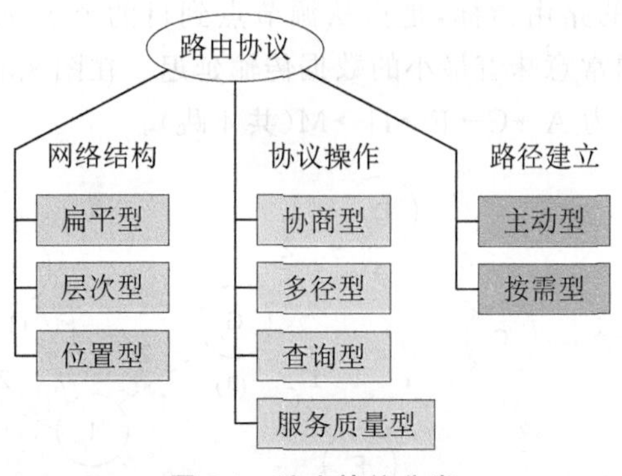

图 8.2　路由协议分类

在扁平型路由协议中，所有节点的作用都相同；而在层次型路由协议中，不同节点在路由过程中起的作用不同，例如簇首节点可以转发来自其他节点的数据包，簇成员节点只能发送自己的数据包。位置型路由协议依靠节点的位置信息选择路径。

在协商型路由协议中，为了避免发送重复数据，节点在发送数据之前先与邻近节点进行协商确认。多径型路由协议同时通过多条不同路径,将数据包从源节点传输到目的节点,以实现更高的性能或更高的可靠性。在查询型路由协议中,目的节点发起查询,请求接收某些数据,符合要求的节点响应这个请求并将数据发送给目的节点。服务质量(Quality of Service,QoS)型路由协议在传输数据时满足特定的服务质量指标,例如低延迟、低能耗、低丢包率等。

路由协议负责建立并维护从源节点到目的节点的路径。在按需型路由协议中,当源节点想要向目的节点发送数据包时,如果它们之间尚未建立路径,这时才开始建立路径,因此会增加数据传输延迟。而主动型路由协议则在实际需要之前就建立路径,即建立一个路由表。路由表包含目的节点地址、通往目的节点所经过的中间节点地址、路径开销等信息。建立路由表的开销较高,并且可能会建立不需要的路径;此外,建立路径与实际使用路径之间的时间间隔可能较大,导致路径过时。

8.1.2 路由指标

物联网无线节点的主要任务是在使用最少资源的同时采集并传输数据,其网络层需要根据路由协议来选择"最佳"路径以发送或转发数据包。那么,什么是"最佳"路径?

可以通过不同的路由指标(routing metrics)来选择不同意义下"最佳"的路径。物联网无线通信中的路由指标包括最小跳数(minimum hop)、最小能耗(minimum energy consumed per packet)、最大时长(maximum time to network partition)、最大剩余电量(maximum average energy capacity)、最大最小剩余电量(maximum minimum energy capacity)、服务质量(包括最大传输延迟、最大传输延迟抖动、最小丢包率等)、可靠性(包括链路质量、链路稳定性等)等。

1. 最小跳数

最小跳数是最常用的路由指标,是指从源节点到目的节点所经过的跳数(或转发次数)最少。最小的跳数通常意味着最小的数据传输延迟。在图 8.3 中,从源节点 A 到目的节点 M 的最小跳数路径为 A→C→F→H→M(共 4 跳)。

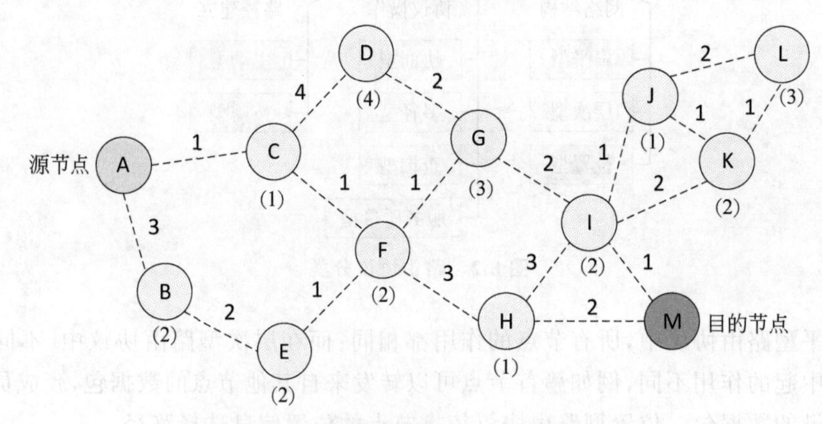

图 8.3 不同路由指标下的路径选择

2. 最小能耗

最小能耗是指从源节点到目的节点传输一个数据包所消耗的总的电能最少。总能耗为路径上每个节点用于转发数据包的能耗之和。图 8.3 中，节点之间链路上方的数字代表通过此链路传输一个数据包所消耗的电能。因此，最小能耗指标下的"最佳"路径就是路径上所有链路能耗之和最小的路径，在图 8.3 中为 A→C→F→G→I→M 这条路径(最小能耗为 6)。

3. 最大时长

当网络中连接两个(或多个)子网的最后一个节点发生故障或者电池电量消耗殆尽时，网络将被拆分成两个(或多个)互不相连的子网，使得位于不同子网的节点之间无法相互传输数据。例如，如果图 8.3 中节点 I 的电量耗尽，那么节点 J、K、L 将成为一个子网，无法再与其他节点相互传输数据。这里的最大时长是指最大化网络被分成若干个子网之前的时长。基于该路由指标的路由协议首先判断哪些是维持网络的关键节点，然后均衡业务量以使这些节点的电池电量不至于过早消耗殆尽。

4. 最大剩余电量

最大剩余电量是指最大化从源节点到目的节点路径上所有节点剩余电量的平均值，以选择节点平均剩余电量最大的路径。图 8.3 中，节点下方括号中的数字代表该节点的剩余电量。如果路由协议按照最大剩余电量指标，将选择 A→C→D→G→I→M 这条路径(每个节点的平均剩余电量为 2.5)。

5. 最大最小剩余电量

最大最小剩余电量是指将路径中节点剩余电量的最小值最大化，以避免选择包含较低剩余电量节点的路径、延长低剩余电量节点的工作寿命。图 8.3 中，如果路由协议按照最大最小剩余电量指标，将选择 A→B→E→F→G→I→M 这条路径(该路径中节点的最小剩余电量为 2)。

8.1.3　SPIN

如果要将一个数据包从源节点经过若干中间节点转发到目的节点，而源节点又不知道通往目的节点的转发路径，一个最简单的办法是，源节点将这个数据包发送给所有与之邻近的节点，每个收到该数据包的中间节点如果没有转发过该数据包，都将该数据包转发给除了数据包来源节点之外的所有邻节点，这种方式称为泛洪(flooding)协议。

尽管简单，泛洪协议存在 3 个不足之处：爆聚(implosion)、重叠(overlap)、资源盲目(resource blindness)。爆聚是指在泛洪协议中，不论其邻节点是否已经从其他节点接收到数据包，中间节点总是向其邻节点发送该数据包，浪费了传输介质资源与节点电能。重叠是指空间上邻近节点采集的数据中可能存在冗余，如果中间节点不经选取就原封不动地转发这些数据包，也会浪费传输介质资源与节点电能。资源盲目是指没有根据节点的当前剩余电量等受限资源的实际情况做出决策。

Kulik 等人提出的扁平型及协商型路由协议 SPIN(Sensor Protocols for Information via-Negotiation,通过协商获取信息的传感器协议)通过引入协商与资源自适应来克服泛洪协议的这些不足,是一种改进的泛洪协议。为了解决爆聚与重叠问题,在 SPIN 协议中,节点在发送数据之前先相互协商,以确保仅发送有用的数据。为了进行协商,SPIN 协议使用元数据来描述待发送的数据,元数据的长度小于待发送数据,并且不同的待发送数据对应不同的元数据。但是 SPIN 协议并未给出具体的元数据生成方法。为了解决资源盲目问题,SPIN 协议中节点可以查询并跟踪其可用资源(例如剩余电量),并根据可用资源的多少来做出决策。例如当剩余电量低于预设门限时,节点不再转发数据。

SPIN 协议有 4 个版本,以用于广播的 SPIN-BC 为例讲述该协议。如图 8.4 所示,当节点(例如节点 A)有新的数据要发送时,首先广播一条 ADV(new data advertisement,新数据广告)消息,其中包含待发送数据的元数据。其邻节点(例如节点 C)接收到 ADV 消息后,根据元数据判断自己是否已经接收过节点 A 要发送的数据,如果没有接收过这些数据并且在随后的一段随机时长内也没有接收到其他节点广播的 REQ(request for data,数据请求)消息,则广播一条 REQ 消息,用来请求节点 A 发送这些数据。其他节点(例如节点 B 和 D)在接收到 REQ 消息后,不再重复广播 REQ 消息。节点 A 在收到 REQ 消息后,使用 DATA 消息(data message,数据消息)广播一次要发送的新数据。节点 B、C、D、E 接收到节点 A 发送的数据之后,再次重复上述过程,将数据转发出去。

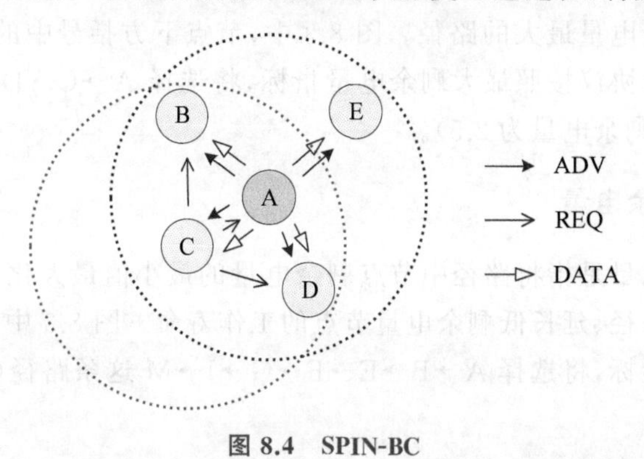

图 8.4 SPIN-BC

8.1.4 GEAR

Yu 等人提出的 GEAR(Geographical and Energy Aware Routing,地理位置与能源觉知路由)协议是一种位置型与查询型路由协议,用于将数据包(或查询数据包)发送给位于指定地理区域内的所有无线节点(即 geocasting 或域播),并尝试延长网络中节点的工作寿命。该协议的基本过程是,源节点与中间节点根据地理位置和节点剩余电量来选择转发数据包的下一跳邻节点,当数据包被转发至目的区域(矩形地理区域)后,将该目的区域划分成 4 个子区域(每个子区域仍是矩形地理区域),再将数据包分别转发至这 4 个子区域,重复这个递归的区域划分与数据包转发过程,直到子区域中仅有一个节点为止。

发送的数据包(或查询数据包)中含有目的区域信息。实现该协议的前提是,网络中的每个节点都知道自己的地理位置和剩余电量，以及周围邻节点的地理位置及剩余电量等信息。对于物联网无线节点，其位置信息既可以通过 GPS 等定位系统获得，也可以使用定位技术通过位置已知的参考节点求得。

如图 8.5 所示，假设节点 n_1 想要发送一个数据包给右侧矩形地理区域 r_1 内的所有节点(例如查询该区域内节点采集的温度数据)。源节点 n_1 在综合考虑其邻节点 n_2，n_3，…，n_6 与区域 r_1 的距离及其剩余电量之后，将数据包发送给节点 n_2。中间节点 n_2 基于同样的考虑，将数据包转发给节点 n_7，直到数据包被转发至位于区域 r_1 内的节点 n_8。节点 n_8 将区域 r_1 划分为 4 个子区域：r_{11}、r_{12}、r_{13}、r_{14}，并将数据包分别向这 4 个子区域发送，这就变成了 4 个"发送一个数据包给指定区域内所有节点"的问题。如此递归，直到最后的子区域中仅有一个节点为止。

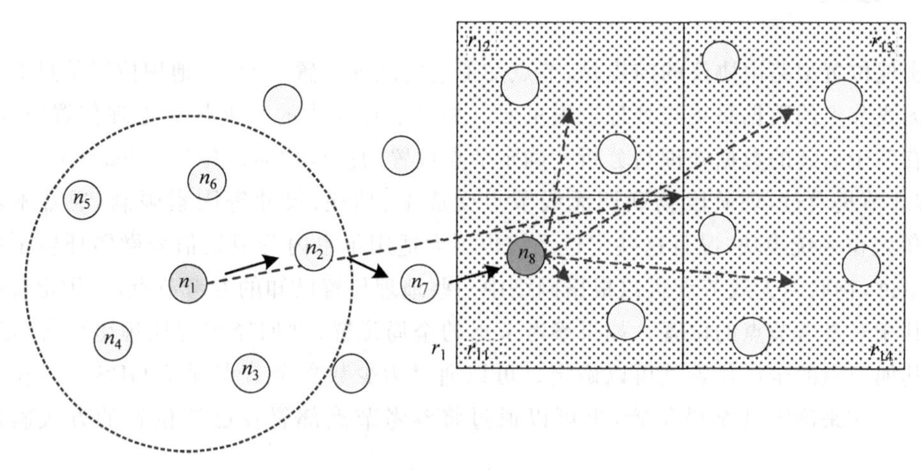

图 8.5 GEAR

在 GEAR 协议中，网络中的每个节点都保存一张代价表 $c(n_i, r_j)$，$i, j=1,2,3,\cdots$，n_i 为第 i 个节点，r_j 为第 j 个区域，$c(n_i, r_j)$ 为节点 n_i 向区域 r_j 发送一个数据包的代价。源节点和中间节点 n_{int} 都选择其所有邻节点中转发代价最小的节点 $n_{\min}$ 来转发数据包：

$$n_{\min} = \underset{n_k \in N_{\text{int}}}{\operatorname{argmin}}\, c(n_k, r_{\text{dest}}) \tag{8-1}$$

式中 argmin——取使函数值最小的自变量值；

N_{int}——节点 n_{int} 的邻节点集合；

r_{dest}——目的区域；

$c(n_k, r_{\text{dest}})$——节点 n_k 向目的区域 r_{dest} 发送一个数据包的代价。

每个节点 n_i 都可以通过数据包捎带、被动回复、主动发布等方式告知其邻节点它的地理位置、剩余电量、代价表 $c(n_i, r_j)$，$j=1,2,3,\cdots$，但 GEAR 协议未给出具体的告知方式。在节点不知道其邻节点 n_k 转发数据包至区域 r_{dest} 的代价 $c(n_k, r_{\text{dest}})$ 时，通过式(8-2)估算可得

$$\tilde{c}(n_k, r_{\text{dest}}) = \alpha \cdot d(n_k, r_{\text{dest}}) + (1-\alpha) \cdot e(n_k) \tag{8-2}$$

式中 $\tilde{c}(n_k, r_{dest})$——$c(n_k, r_{dest})$的估计值；

α——预设权重；

$d(n_k, r_{dest})$——节点 n_k 到区域 r_{dest} 中心的距离的归一化值；

$e(n_k)$——节点 n_k 已消耗电能的归一化值。

在节点 n_{int} 选择其邻节点 n_{min} 转发数据包后，节点 n_{int} 更新其代价表：

$$c(n_{int}, r_{dest}) = c(n_{min}, r_{dest}) + c(n_{int}, n_{min}) \tag{8-3}$$

式中 $c(n_{int}, n_{min})$——节点 n_{int} 传输一个数据包给其邻节点 n_{min} 的代价，但 GEAR 协议未给出 $c(n_{int}, n_{min})$的具体计算方法。

8.2 定位

实现位置型路由协议的前提是，节点知道它的地理位置。此外，地理位置信息对于物联网无线节点的数据采集与处理也很重要。如果节点采集的数据带有地理位置属性，将非常有助于后续的数据处理与分析。确定节点位置的过程称为定位(localization)。

7.3 节提及过，现阶段物联网无线节点受成本、功耗、尺寸等因素限制，通常不具备 GPS 等定位系统模块，况且这些定位系统也不大适用于室内等卫星信号微弱环境下的定位。不过，物联网无线节点可以根据网络中一些地理位置已知的参考节点，使用定位技术确定其相对参考节点的位置。如果参考节点的全局位置(例如经纬度地理坐标等)已知，那么其他节点的全局位置就可以确定。可以通过为少数参考节点配备 GPS 等定位系统模块的方式来确定其全局位置，也可以通过将参考节点部署在已知位置的方式确定其位置。

如果多个参考节点知道同一节点发送信号的到达角(angle of arrival)，则可以通过三角测量(triangulation)法确定该节点的相对位置。如图 8.6(a)所示，在二维空间中，两个参考节点 B 与 C 接收节点 A 发送的信号，通过测量信号到达角可知角 θ_1 与角 θ_2，且两个参考节点之间的距离 d 已知，则可以唯一确定三角形 ABC，从而确定节点 A 的相对位置。该定位技术需要参考节点在硬件上支持信号到达角测量(例如具备天线阵)，并且测量结果易受多径传播影响，尤其是在节点与参考节点之间不存在视线传播的情况下，从而影响定位的准确度。

如果节点知道其与多个参考节点之间的欧氏距离，则可以通过三边测量(trilateration)法确定其相对位置。如图 8.6(b)所示，在二维空间中，若节点 A 与参考节点 B、C、D 之间的距离分别为 d_1、d_2、d_3，则节点 A 位于以参考节点 B、C、D 为圆心，d_1、d_2、d_3 为半径的 3 个圆的交点处，从而确定节点 A 的相对位置。而节点与参考节点之间的距离，则可以通过多种方法测量或估计，包括单程传播时长测量、双程传播时长测量、到达时差测量、接收信号强度(Received Signal Strength，RSS)测量、基于跳数估计距离等方法。

无线电波的传播距离为传播速度与传播时长之积。因此可以通过测量传播时长来求得传播距离，即发送节点与接收节点之间的距离。单程传播时长测量将发送节点的发送

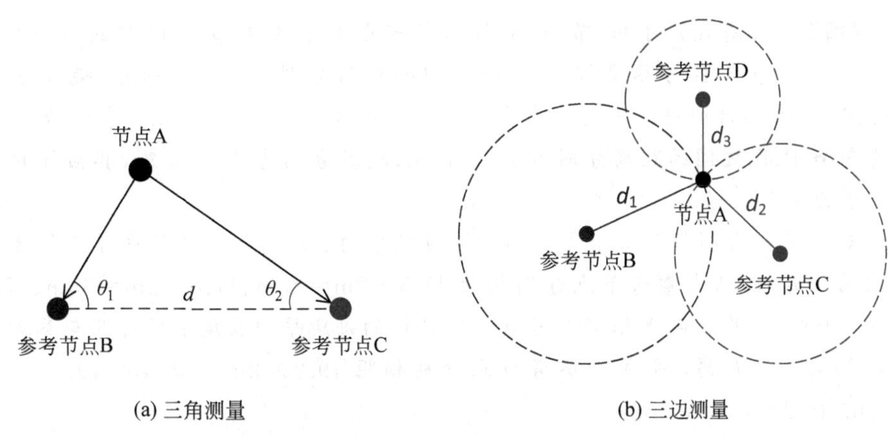

(a) 三角测量　　(b) 三边测量

图 8.6　三角测量与三边测量

时刻与接收节点的接收时刻之差作为传播时长，需要发送节点与接收节点时钟同步；在双程传播时长测量中，接收节点将发送节点发送的数据返回给发送节点，传播时长是发送节点接收到返回数据的时刻与其发送时刻之差的一半；在到达时差测量中，一个节点发送数据，多个参考节点接收数据，不同参考节点的接收时刻之差即传播时长之差，需要参考节点之间时钟同步；或者多个已同步的参考节点同时发送数据，节点接收这些数据的时刻之差即传播时长之差。在 7.3 节中讨论过，物联网无线节点的数据发送时延与接收时延较大，且由于 MAC 协议、节点软件等因素的影响，这些时延的长度可能存在一定的随机性。此外，物联网无线节点通常覆盖范围较小、节点之间相距较近，处理子系统的处理器时钟频率又相对较低，传播时长远小于发送时延与接收时延。这些因素给在物联网无线节点中应用基于传播时长的测距方法带来挑战。

一些无线节点的接收机，例如 CC1352R，在输出接收数据的同时给出接收信号功率的测量值，例如 RSSI 值。根据第 4 章中的式(4-7)和式(4-9)，在视线传播情况下，若已知发射功率 P_T、接收功率 P_R、发射天线增益 G_T、接收天线增益 G_R、无线电波频率 f、路径损耗指数 n，则可以求传播距离 d。RSS 测量常与指纹定位(fingerprinting)等其他技术相结合。在指纹定位中，先建立接收到的由多个参考节点发送的数据的 RSS 测量值与接收节点地理位置的对应关系，再通过这个对应关系以及当前节点接收到的由参考节点发送的数据的 RSS 测量值来推测当前节点的位置。

在基于跳数估计距离的方法中，无线节点根据其与多个参考节点之间的跳数来估计与这些参考节点之间的距离。例如，在 DV-hop 方法中，每个参考节点根据其与其他参考节点之间的距离之和与跳数之和，来估计每跳的平均长度。然后参考节点将其估计的每跳平均长度广播给周围节点。周围节点根据每跳平均长度及其与参考节点之间的跳数来估计其与参考节点之间的距离，再通过三边测量法确定其与这些参考节点的相对位置。

【例 8.1】　基于 DV-hop 方法估计图 8.7 中节点 A 与参考节点 B、C、D 之间的距离。

【解】 依图 8.7 可知，节点 A 与参考节点 B 和参考节点 C 相距较近（都是 2 跳）。参考节点 B 与参考节点 C、D 之间的距离分别为 40m、100m，跳数分别为 2 跳、6 跳，其估计的每跳平均长度为(40+100)/(2+6)m=17.5m。参考节点 C 与参考节点 B、D 之间的距离分别为 40m、75m，跳数分别为 2 跳、4 跳，其估计的每跳平均长度为(40+75)/(2+4)m≈19.2m。

如果节点 A 根据参考节点 B 估计的每跳平均长度来估计其与参考节点 B、C、D 之间的距离，则 A 与参考节点分别相距 17.5×2m=35m、17.5×2m=35m、17.5×4m=70m。如果节点 A 根据参考节点 C 估计的每跳平均长度来估计其与参考节点 B、C、D 之间的距离，则 A 与参考节点分别相距 19.2×2m=38.4m、19.2×2m=38.4m、19.2×4m=76.8m。

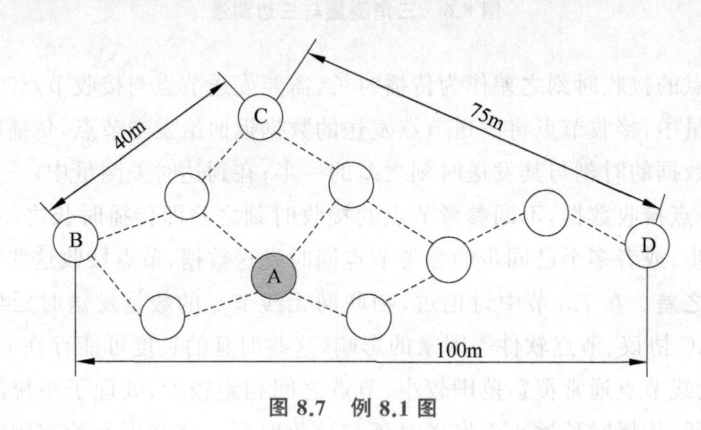

图 8.7 例 8.1 图

8.3 本章实验

在实验 7.2 的基础上，本章实验中将设计并实现一个路由协议，使网络中相隔多跳的节点之间也可以相互传输数据，在动手实践的同时理解路由协议及其实现方法。本章实验需要使用多块 CC1352R1 开发板及多台空间上间隔开的计算机，每块开发板同样可选配一个 SHARP128 或 SHARP96 液晶显示模块。

【实验 8.1】 设计并使用 CC1352R1 开发板实现路由协议。

在实验 7.2 中，实现了邻近节点之间的无线数据传输。本实验中将进一步设计一个扁平型路由协议，以实现网络中非邻近节点之间的数据传输，并使用连接在多台计算机上的多块 CC1352R1 开发板（每块开发板作为一个无线节点）实现并验证该路由协议。每块开发板仍可选配一个 SHARP128 或 SHARP96 液晶显示模块，用来显示节点的地址与程序输出信息。

首先，思考并尝试设计一个可用于实验 7.2 中无线节点的路由协议，然后再继续阅读。

Perkins 等人提出的 AODV（Ad-hoc On-demand Distance Vector routing，自组织按

需距离矢量路由)路由协议,是一种经典的按需型路由协议。基于 AODV 的 RREQ(Route Request,路由请求)和 RREP(Route Reply,路由应答)机制,设计一个相对简单的扁平型路由协议。该路由协议的基本过程:源节点通过广播 RREQ 数据包,来寻找通往目的节点的路径(即一系列中间节点);每个接收到 RREQ 数据包的中间节点,都将该数据包广播给其所有邻近节点(相同的 RREQ 数据包每个节点只广播一次);RREQ 数据包中记录着其被转发的路径(经过的中间节点),目的节点接收到第一个 RREQ 数据包后,回复源节点一个 RREP 数据包,该数据包中包含着 RREQ 数据包中记录的从源节点到目的节点的路径,并按照 RREQ 数据包中记录的路径将 RREP 数据包发送给源节点。源节点收到 RREP 数据包后,再按照其中记录的路径,将数据发送给目的节点。

在图 7.18 所示的 MAC 层数据帧自定义字段的基础上,进一步定义 RREQ 数据包字段,如图 8.8 所示。其中,RREQ 序号用来区别源节点每次发送的 RREQ 数据包,源节点每发送一个 RREQ 数据包,都将 RREQ 序号加 1(如果序号已达到最大值,则归零);地址个数 n 是指 RREQ 数据包从源节点到目的节点所经过的中间节点个数,每个中间节点的地址都附加在其后面。

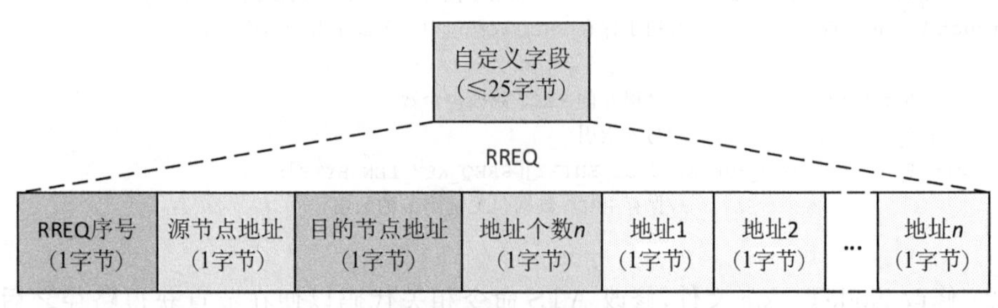

图 8.8 RREQ 数据包字段

目的节点回复源节点的 RREP 数据包字段如图 8.9 所示,与 RREQ 数据包不同的是,RREP 数据包后面附有一个 RREQ 字段,目的节点将接收到的 RREQ 数据包的所有字段都附在其中。

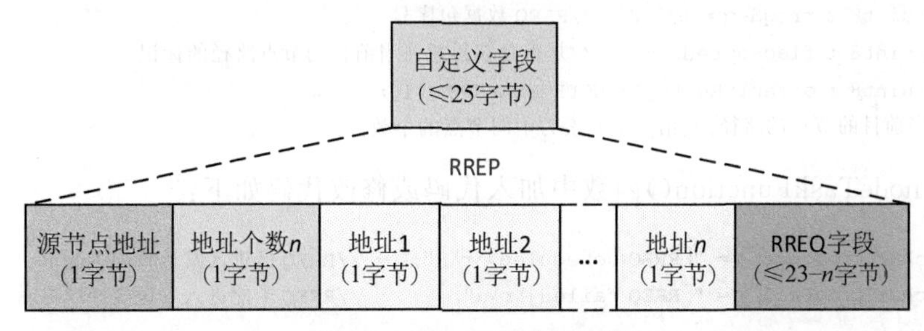

图 8.9 RREP 数据包字段

在源节点获得通往目的节点的路径之后,可以将短消息等数据通过中间节点转发至目的节点。短消息数据包字段如图 8.10 所示,其中的 n 个地址为目的节点和中间节点的地址。

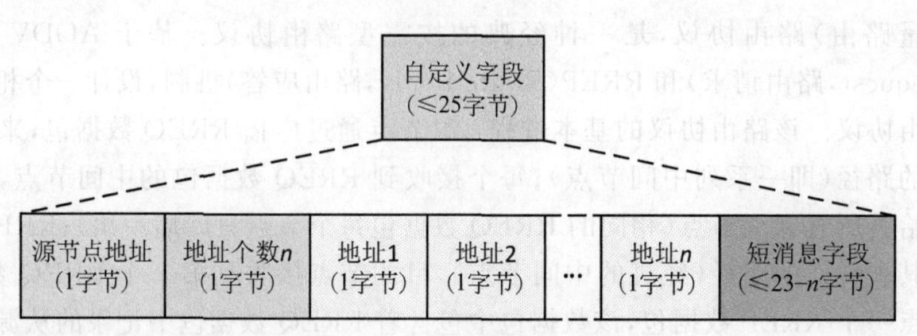

图 8.10 短消息数据包字段

下面通过修改实验 7.2 的项目程序来实现上述路由协议。

(1) 修改 RadioProtocol.h 文件，加入需要定义的宏与结构。新增部分的参考代码如下。

```
#define IM_NODE_MAX_NUM            8     //最大中间节点个数
#define RREQ_BUFFER_SIZE_ENTRY     64    //存储已接收到或者已回复的 RREQ 数据包的最大个数
#define RREQ_KEY_LEN_BYTE          3     //用于区分不同 RREQ 数据包的字节个数
struct RreqBuffer                  //用于保存 RREQ 数据包中的关键字节的结构,FIFO
{
    uint8_t len;                   //已保存的 RREQ 数据包个数
    uint8_t index;                 //写入索引
    uint8_t rreq[RREQ_BUFFER_SIZE_ENTRY][RREQ_KEY_LEN_BYTE];
                                   //保存 RREQ 数据包关键字节的数组
};
```

(2) 修改 NodeTask.c 文件，修改 ATS 命令相关代码以便在节点获得路径之后发送如图 8.10 所示的数据包，并加入对新命令 ATR(建立路径)的支持。增改部分的参考代码如下。

① 在文件头部加入：

```
#define SERIAL_CMD_RREQ      2        //广播 RREQ 数据包的命令(ATR)
static uint8_t rreqSeq = 0;           //RREQ 数据包序号
extern uint8_t flagRouted;            //是否已获得通往当前目的节点路径的标记
extern uint8_t defaultRoute[IM_NODE_MAX_NUM + 1];
//通往当前目的节点的路径,其第一个元素为中间节点的个数
```

② 在 nodeTaskFunction()函数中加入代码或修改代码如下：

```
const char rreqSucc[] = "[RREQ scheduled]\r\n";      //RREQ 已进入发送缓冲区提示
const char rreqFail[] = "[RREQ failed]\r\n";         //RREQ 未能进入发送缓冲区提示
  ⋮
    else if (ch == 'R')                              //如果输入了命令 ATR
    {
        cmd = SERIAL_CMD_RREQ;
        state = SERIAL_STATE_PARAM;
    }
    paramLen = 0;
    break;
```

```
case SERIAL_STATE_PARAM:
    if ((ch == '\n') || (ch == '\r') || paramLen >= SERIAL_PARAM_SIZE)
    {
        if ((cmd == SERIAL_CMD_DST_ADDR) && (paramLen == 2) && (cmdParam[0] >= '0')
            && (cmdParam[1] >= '0') && (cmdParam[0] <= '9') && (cmdParam[1] <= '9'))
        {
            defaultDstAddr = (cmdParam[0] - '0') * 10 + (cmdParam[1] - '0');
            addrSucc[7] = cmdParam[0];  addrSucc[8] = cmdParam[1];
            flagRouted = 0;     //目的节点地址变更后,清除"已获得路径"的标记
            UART_write(uartHdl, addrSucc, sizeof(addrSucc));
        }
        else if (cmd == SERIAL_CMD_SEND_MSG)
        {
            Semaphore_pend(radioBufferSemHandle, BIOS_WAIT_FOREVER);
            entries = txBuffer.entries;
            Semaphore_post(radioBufferSemHandle);
            if (entries<TX_BUFFER_SIZE_ENTRY)
            {
                Semaphore_pend(radioBufferSemHandle, BIOS_WAIT_FOREVER);
                if ((flagRouted == 0) || (defaultRoute[0] == 0))
                { //如果未获得路径,或者目的节点为邻近节点,如实验7.2一样直接发送短消息
                    txBuffer.dstAddr[txBuffer.in] = defaultDstAddr;
                    txBuffer.len[txBuffer.in] = paramLen + 1;
                    txBuffer.type[txBuffer.in] = 4;
                    txBuffer.payload[txBuffer.in][0] = paramLen;
                    for (i = 0; i<paramLen; i ++)
                    {
                        txBuffer.payload[txBuffer.in][i + 1] = cmdParam[i];
                    }
                }
                else
                { //如果已获得路径并且目的节点非邻近节点,发送如图8.10所示的短消息数
                  //据包
                    paramLen = (paramLen + 2 + defaultRoute[0]>
                        SERIAL_PARAM_SIZE) ? (SERIAL_PARAM_SIZE - 2-
                        defaultRoute[0]) : paramLen; //如果短消息长度过长则截取一部分
                    txBuffer.dstAddr[txBuffer.in] = defaultRoute[1];  //第一个中间节点
                    txBuffer.len[txBuffer.in] = paramLen + 2 + defaultRoute[0] + 1;
                    txBuffer.type[txBuffer.in] = 7; //图8.10短消息数据包的帧类型为7
                    txBuffer.payload[txBuffer.in][0] = MY_NODE_ADDRESS;   //源节点地址
                    txBuffer.payload[txBuffer.in][1] = defaultRoute[0]; //地址个数
                    txBuffer.payload[txBuffer.in][2] = defaultDstAddr;   //目的节点
                    for (i = 1; i<defaultRoute[0]; i ++)
                    {   //加入依次远离目的节点的中间节点地址
                        txBuffer.payload[txBuffer.in][i + 2] =
                            defaultRoute[defaultRoute[0] - i + 1];
                    }
                    txBuffer.payload[txBuffer.in][2 + defaultRoute[0]] = paramLen;
                    for (i = 0; i<paramLen; i ++)
                    {   //剩余的"自定义字段"用来承载短消息
                        txBuffer.payload[txBuffer.in][i + defaultRoute[0] + 3] =
```

```
                    cmdParam[i];
                }
            }
            txBuffer.in = (txBuffer.in<TX_BUFFER_SIZE_ENTRY - 1) ?
                (txBuffer.in + 1) : 0;
            txBuffer.entries ++;
            Semaphore_post(radioBufferSemHandle);
            UART_write(uartHdl, msgSucc, sizeof(msgSucc));
        }
        else
        {
            UART_write(uartHdl, msgFail, sizeof(msgFail));
        }
    }
    else if ((cmd == SERIAL_CMD_RREQ) && (defaultDstAddr != MY_NODE_ADDRESS))
    {   //如果已输入 ATR 命令且目的节点非自己,则广播一个 RREQ 数据包
        Semaphore_pend(radioBufferSemHandle, BIOS_WAIT_FOREVER);
        entries = txBuffer.entries;
        Semaphore_post(radioBufferSemHandle);
        if (entries<TX_BUFFER_SIZE_ENTRY)
        {
            Semaphore_pend(radioBufferSemHandle, BIOS_WAIT_FOREVER);
            txBuffer.dstAddr[txBuffer.in] = 0;                  //广播地址
            txBuffer.len[txBuffer.in] = RREQ_KEY_LEN_BYTE + 1;  //未附任何地址
            txBuffer.type[txBuffer.in] = 5;                     //RREQ 的帧类型为 5
            txBuffer.payload[txBuffer.in][0] = rreqSeq;         //写入当前 RREQ 序号
            txBuffer.payload[txBuffer.in][1] = MY_NODE_ADDRESS; //源节点
            txBuffer.payload[txBuffer.in][2] = defaultDstAddr;  //目的节点地址
            txBuffer.payload[txBuffer.in][3] = 0;               //地址个数为 0
            txBuffer.in = (txBuffer.in<TX_BUFFER_SIZE_ENTRY - 1) ?
                (txBuffer.in + 1) : 0;
            txBuffer.entries ++;
            Semaphore_post(radioBufferSemHandle);
            rreqSeq = (rreqSeq<0xff) ? (rreqSeq + 1) : 0;       //RREQ 序号加 1
            UART_write(uartHdl, rreqSucc, sizeof(rreqSucc));    //输出已成功提示
        }
        else
        {
            UART_write(uartHdl, rreqFail, sizeof(rreqFail));    //输出未成功提示
        }
    }
```

(3) 修改 NodeRadioTask.c 文件,以加入节点对 RREQ 数据包、RREP 数据包以及需经中间节点转发的短消息数据包的支持。增改部分的参考代码如下。

① 在文件头部加入:

```
static struct RreqBuffer rreqBuff;                //保存 RREQ 数据包关键字节的缓冲区
uint8_t defaultRoute[IM_NODE_MAX_NUM + 1] = {0};  //通往当前目的节点的路径
uint8_t flagRouted = 0;                           //是否已获得通往当前目的节点路径的标记
static void saveRreq(uint8_t firstByte[]);        //保存当前 RREQ 关键字节至缓冲区的函数
```

```
static uint8_t checkRreqBuff(uint8_t firstByte[]);
//检查当前 RREQ 是否已在缓冲区之内,返回 1 为是
```

② 在 NodeRadioTask_init()函数中加入：

```
rreqBuff.len = 0;               //初始化缓冲区
rreqBuff.index = 0;             //初始化缓冲区
```

③ 在 C 文件中增加两个函数：

```
static void saveRreq(uint8_t firstByte[])      //用来保存当前 RREQ 关键字节至缓冲区
{
    uint8_t i;
    for (i = 0; i<RREQ_KEY_LEN_BYTE; i ++)     //只需保存关键字节
    {
        rreqBuff.rreq[rreqBuff.index][i] = firstByte[i];
    }
    rreqBuff.index = (rreqBuff.index<RREQ_BUFFER_SIZE_ENTRY - 1) ?
        (rreqBuff.index + 1) : 0;              //循环缓冲区的输入索引加 1
    rreqBuff.len = (rreqBuff.len == RREQ_BUFFER_SIZE_ENTRY) ? rreqBuff.len :
        (rreqBuff.len + 1);                    //已保存的 RREQ 数据包个数加 1,直到达到最大值
}
static uint8_t checkRreqBuff(uint8_t firstByte[])      //用来检查当前 RREQ 是否已在缓冲区之内
{                                              //返回 1 为是,返回 0 为否
    uint8_t i, j, same;
    for (i = 0; i<rreqBuff.len; i ++)          //对所有缓冲区内已保存的 RREQ 数据包
    {
        same = 0;                              //用来判断关键字节是否相同的标记
        for (j = 0; j<RREQ_KEY_LEN_BYTE; j ++) //对每个 RREQ 数据包的所有关键字节
        {
            if (rreqBuff.rreq[i][j] == firstByte[j])
            {
                same ++;                       //如果有一个关键字节相同就加 1
            }
        }
        if (same >= RREQ_KEY_LEN_BYTE)         //如果关键字节相同的个数达到关键字节的个数
        {
            return 1;                          //已检查到存在相同的 RREQ 数据包,返回 1
        }
    }
    return 0;                                  //未检查到存在相同的 RREQ 数据包,返回 0
}
```

④ 在 rxDoneCallback()函数头部声明变量,并在 switch 语句中加入：

```
uint8_t n;       //用来保存地址个数,即图 8.8~图 8.10 中的 n
    ⋮
    case 5:      //接收到 RREQ 数据包
        if (rxPacket->payload[RADIO_HEADER_LEN_BYTE + 2] == MY_NODE_ADDRESS)
        {        //如果接收到的 RREQ 数据包中的目的节点是当前节点,则回复一个 RREP 数据包
            if (checkRreqBuff(&(rxPacket->payload[RADIO_HEADER_LEN_BYTE])) == 0)
```

```
{ //如果没有回复过该 RREQ 数据包,则回复一个 RREP 数据包
    n = rxPacket->payload[RADIO_HEADER_LEN_BYTE + RREQ_KEY_LEN_BYTE];
    Semaphore_pend(radioBufferSemHandle, BIOS_WAIT_FOREVER);
    if (txBuffer.entries<TX_BUFFER_SIZE_ENTRY)
    {
        txBuffer.dstAddr[txBuffer.in] =          //发送 RREP 数据包给第一个中间节点
        rxPacket->payload[RADIO_HEADER_LEN_BYTE + RREQ_KEY_LEN_BYTE + n];
          txBuffer.len[txBuffer.in] = (n <<1) + RREQ_KEY_LEN_BYTE + 3;
        txBuffer.type[txBuffer.in] = 6;          //RREP 数据包的帧类型为 6
        txBuffer.payload[txBuffer.in][0] = MY_NODE_ADDRESS;   //源节点
        txBuffer.payload[txBuffer.in][1] = n; //地址个数
        if (n > 0)                               //如果有至少一个中间节点
        {
            txBuffer.payload[txBuffer.in][2] =       //先将 RREQ 的源节点地址附上
                rxPacket->payload[RADIO_HEADER_LEN_BYTE + 1];
        }
        for (i = 1; i<n; i ++)
        {
            txBuffer.payload[txBuffer.in][2 + i] = //再依次附上其他中间节点地址
                rxPacket->payload[RADIO_HEADER_LEN_BYTE + RREQ_KEY_LEN_BYTE
                + i];
        }
        for (i = 0; i<RREQ_KEY_LEN_BYTE + n + 1; i ++)
        {
            txBuffer.payload[txBuffer.in][i + n + 2] = //最后附上“RREQ 字段”
                rxPacket->payload[RADIO_HEADER_LEN_BYTE + i];
        }
        txBuffer.in = (txBuffer.in<TX_BUFFER_SIZE_ENTRY - 1) ?
            (txBuffer.in + 1) : 0;
        txBuffer.entries ++;
        saveRreq(&(rxPacket->payload[RADIO_HEADER_LEN_BYTE]));
    }
    Semaphore_post(radioBufferSemHandle);
}
}
else    //如果接收到的 RREQ 数据包中的目的节点不是当前节点
{
    if ((rxPacket->payload[RADIO_HEADER_LEN_BYTE + 1] != MY_NODE_ADDRESS) &&
        (rxPacket->payload[RADIO_HEADER_LEN_BYTE + RREQ_KEY_LEN_BYTE]<
        IM_NODE_MAX_NUM) &&
        (checkRreqBuff(&(rxPacket->payload[RADIO_HEADER_LEN_BYTE])) == 0))
    { //如果该 RREQ 数据包不是当前节点所发、中间节点个数未超过最大值、
        //且当前节点未转发过该 RREQ 数据包时,则向邻近节点广播该 RREQ 数据包
        Semaphore_pend(radioBufferSemHandle, BIOS_WAIT_FOREVER);
        if (txBuffer.entries<TX_BUFFER_SIZE_ENTRY)
        {
            txBuffer.dstAddr[txBuffer.in] = 0;     //广播地址
            txBuffer.len[txBuffer.in] =
                rxPacket->payload[RADIO_HEADER_LEN_BYTE + RREQ_KEY_LEN_BYTE] +
                RREQ_KEY_LEN_BYTE + 1;
```

```
            txBuffer.type[txBuffer.in] = 5;     //RREQ 数据包的帧类型为 5
            for (i = 0; i<txBuffer.len[txBuffer.in]; i ++)
            {
                txBuffer.payload[txBuffer.in][i] =      //复制收到的数据包至发送缓冲区
                    rxPacket->payload[RADIO_HEADER_LEN_BYTE + i];
            }
                txBuffer.payload[txBuffer.in][RREQ_KEY_LEN_BYTE] ++; //地址个数加 1
                txBuffer.payload[txBuffer.in][i] = MY_NODE_ADDRESS;  //附上节点地址
                txBuffer.len[txBuffer.in] ++;     //待发送的 RREQ 数据包长度加 1
                txBuffer.in = (txBuffer.in<TX_BUFFER_SIZE_ENTRY - 1) ?
                    (txBuffer.in + 1) : 0;
                txBuffer.entries ++;
                saveRreq(&(rxPacket->payload[RADIO_HEADER_LEN_BYTE]));
            }
            Semaphore_post(radioBufferSemHandle);
        }
    }
    break;
case 6:    //接收到 RREP 数据包
    n = rxPacket->payload[RADIO_HEADER_LEN_BYTE + 1];     //读入数据包中尚有地址个数
    if (n == 0)//如果数据包中的地址列表为空,说明该 RREP 数据包的目的节点就是当前节点
    {  //保存获取到的路径
        defaultRoute[0] =              //中间节点个数
            rxPacket->payload[RADIO_HEADER_LEN_BYTE + RREQ_KEY_LEN_BYTE + 2];
        for (i = 0; i<defaultRoute[0]; i ++)
        {
            defaultRoute[i + 1] =   //中间节点的地址
                rxPacket->payload[RADIO_HEADER_LEN_BYTE + RREQ_KEY_LEN_BYTE + 3 + i];
        }
        flagRouted = 1;                //标记为已获得通往当前目的节点路径
        rxMsg[0] = 'R'; rxMsg[1] = 'T';          //准备输出字符串
        rxMsg[2] = (rxPacket->payload[RADIO_HEADER_LEN_BYTE] / 10) + '0';
        rxMsg[3] = (rxPacket->payload[RADIO_HEADER_LEN_BYTE] % 10) + '0';
        rxMsg[4] = ':'; rxMsg[5] = ' ';
        if (defaultRoute[0]> 0)//如果有中间节点,则输出这些中间节点的地址
        {
            for (i = 0; i<defaultRoute[0]; i ++)
            {
                rxMsg[i * 3 + 6] = defaultRoute[i] / 10 + '0';
                rxMsg[i * 3 + 7] = defaultRoute[i] %10 + '0';
                rxMsg[i * 3 + 8] = '- ';
            }
            i = i * 3 + 6;
        }
        else    //如果没有中间节点,则输出 N,表示源节点与目的节点邻近
        {
            rxMsg[6] = 'N';
            i = 7;
        }
        rxMsg[i] = '\r';  rxMsg[i + 1] = '\n';
```

```
            rxMsgLen = i + 2;
        }
        else    //如果接收到的 RREP 数据包中的地址列表不为空,则按地址列表转发至下一个节点
        {
            Semaphore_pend(radioBufferSemHandle, BIOS_WAIT_FOREVER);
            if (txBuffer.entries<TX_BUFFER_SIZE_ENTRY)
            {
                txBuffer.dstAddr[txBuffer.in] =    //地址列表中最后面的一个地址
                    rxPacket->payload[RADIO_HEADER_LEN_BYTE + n + 1];
                txBuffer.len[txBuffer.in] = rxPacket->len - RADIO_HEADER_LEN_BYTE - 1;
                txBuffer.type[txBuffer.in] = 6;   //RREP 数据包的帧类型为 6
                txBuffer.payload[txBuffer.in][0] =
                    rxPacket->payload[RADIO_HEADER_LEN_BYTE]; //复制源节点地址
                txBuffer.payload[txBuffer.in][1] = n - 1;         //地址个数减 1
                for (i = 0; i<n - 1; i ++)
                {
                    txBuffer.payload[txBuffer.in][i + 2] =
                        rxPacket->payload[RADIO_HEADER_LEN_BYTE + i + 2]; //复制剩余地址
                }
                for (i = 0; i<rxPacket->len - RADIO_HEADER_LEN_BYTE - n - 2; i ++)
                {
                    txBuffer.payload[txBuffer.in][i + n + 1] =
                        rxPacket->payload[RADIO_HEADER_LEN_BYTE + i + n + 2];
                        //复制 RREQ 字段
                }
                txBuffer.in = (txBuffer.in<TX_BUFFER_SIZE_ENTRY - 1) ?
                    (txBuffer.in + 1) : 0;
                txBuffer.entries ++;
            }
            Semaphore_post(radioBufferSemHandle);
        }
        break;
    case 7:    //接收到需经中间节点转发的短消息数据包
        n = rxPacket->payload[RADIO_HEADER_LEN_BYTE + 1];      //读取地址个数
        if (n == 0)    //如果地址列表为空,则说明当前节点为该短消息的目的节点
        {  //准备字符串输出该短消息
            rxMsg[0] = (rxPacket->payload[RADIO_HEADER_LEN_BYTE] / 10) + '0';
            rxMsg[1] = (rxPacket->payload[RADIO_HEADER_LEN_BYTE] %10) + '0';
            rxMsg[2] = ':'; rxMsg[3] = ' ';
            for (i = 0; i<rxPacket->payload[RADIO_HEADER_LEN_BYTE + 2]; i ++)
            {
                rxMsg[i + 4] = rxPacket->payload[RADIO_HEADER_LEN_BYTE + i + 3];
            }
            rxMsg[i + 4] = '\r';  rxMsg[i + 5] = '\n';
            rxMsgLen = rxPacket->payload[RADIO_HEADER_LEN_BYTE + 2] + 6;
        }
        else  //如果地址列表不为空,则按照地址列表将该数据包转发至下一个节点
        {
            Semaphore_pend(radioBufferSemHandle, BIOS_WAIT_FOREVER);
            if (txBuffer.entries<TX_BUFFER_SIZE_ENTRY)
```

```
        {
            txBuffer.dstAddr[txBuffer.in] =      //地址列表中最后面的一个地址
                rxPacket->payload[RADIO_HEADER_LEN_BYTE + n + 1];
            txBuffer.len[txBuffer.in] = rxPacket->len - RADIO_HEADER_LEN_BYTE - 1;
            txBuffer.type[txBuffer.in] = 7;      //经转发的短消息数据包的帧类型为 7
            txBuffer.payload[txBuffer.in][0] =
                rxPacket->payload[RADIO_HEADER_LEN_BYTE];     //复制源节点地址
            txBuffer.payload[txBuffer.in][1] = n - 1;         //地址个数减 1
            for (i = 0; i<n - 1; i ++)
            {   //复制地址列表中的剩余地址
                txBuffer.payload[txBuffer.in][i + 2] =
                    rxPacket->payload[RADIO_HEADER_LEN_BYTE + i + 2];
            }
            for (i = 0; i<rxPacket->len - RADIO_HEADER_LEN_BYTE - n - 2; i ++)
            {
                txBuffer.payload[txBuffer.in][i+n+1] =
                    rxPacket->payload[RADIO_HEADER_LEN_BYTE+i+n+2];  //复制短消息字段
            }
            txBuffer.in = (txBuffer.in< TX_BUFFER_SIZE_ENTRY - 1) ?
            (txBuffer.in + 1) : 0;
            txBuffer.entries ++;
        }
        Semaphore_post(radioBufferSemHandle);
    }
    break;
```

(4) 测试网络中节点之间的数据传输。修改 RadioProtocol.h 文件中定义的当前节点地址 MY_NODE_ADDRESS,构建项目程序并分别下载到与多个空间上间隔开的计算机相连的多块 CC1352R1 开发板上运行。参照图 7.15 所示的步骤,为每块开发板开启一个串口终端。单击图 7.20 所示的图标,打开每个串口终端的输入栏。使用 ATR 命令尝试获取当前节点到目的节点之间的路径。图 8.11 为源节点与目的节点邻近时的 ATR 命令返回结果。使用 ATA 命令更改目的节点地址,使用 ATS 命令向目的节点发送短消息。

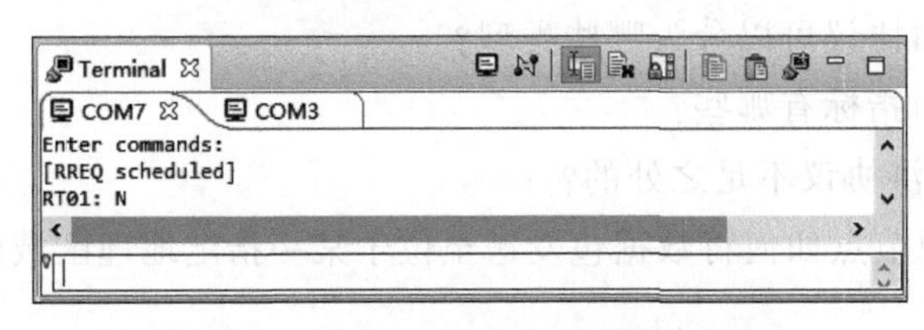

图 8.11 输入 ATR 命令后的返回结果

V8.1 实验 8.1 程序文件

扫描二维码 V8.1 可获取本实验项目程序。

【实验 8.1 进阶实验 1】 尝试修改程序,使该路由协议成为按需型路由协议,即源节点在发送数据之前,首先检查是否已经建立通往目的节点的路径,如果还没有建立,则先建立路径,再发送数据。

【实验 8.1 进阶实验 2】 尝试修改程序，为每个节点建立一个路由表，路由表中记录着所有已知的从当前节点到其他节点的路径。当前节点在接收到 RREQ 数据包后，如果其路由表中包含从当前节点到 RREQ 数据包目的节点的路径，则回复给 RREQ 数据包源节点一个含有从当前节点到目的节点路径的 RREP 数据包。

8.4 本章小结

物联网无线通信中的网络层主要解决网络中节点（包括非邻近节点）之间的数据包传输问题，通过路由协议来建立并维护数据包的传输路径。为物联网中的多跳无线网络设计路由协议需要综合考虑多方面因素。物联网无线通信中的路由协议从不同角度可以划分为多种类型，并根据不同的路由指标选择不同的路径。SPIN 和 GEAR 是路由协议的两个具体例子。

实现位置型路由协议需要节点的地理位置信息。物联网中的无线节点可通过网络中位置已知的参考节点，借助于三角测量或三边测量等方法，来确定自己相对参考节点的位置。在使用三边测量法时，节点可借助于基于无线电波传播时长、基于接收信号强度或基于跳数的方法来计算或估计其与多个参考节点之间的距离。DV-hop 是基于跳数估计距离的一个基本方法。

AODV 是一种经典的按需型路由协议。基于其 RREQ 与 RREP 机制，本章实验设计并实现了一种相对简单的路由协议。

8.5 思考与练习

1. 网络层的主要功能是什么？

2. 分析单跳无线网络与多跳无线网络各自的优点与不足。

3. 什么是路由协议？为什么物联网无线通信中的路由协议设计颇具挑战？

4. 物联网无线通信中的路由协议可以分为哪些类型？

5. 物联网无线通信中的路由指标有哪些？

6. SPIN 协议是如何克服泛洪协议不足之处的？

7. 在 GEAR 路由协议中，源节点如何将数据包发送至位于某一指定地理区域内的所有节点？

8. 对于物联网无线节点，有哪些可以确定其地理位置的方法？

9. 使用三角测量法和三边测量法确定节点位置的原理分别是什么？

10. 对于物联网无线节点，有哪些可以测量（或估计）其与参考节点之间距离的方法？这些方法各有哪些不足之处？

11. 简述物联网无线节点使用 DV-hop 方法定位的过程。

12. 在图 8.12 中，节点之间链路上方的数字代表通过此链路传输一个数据包所消耗的电能，节点下方括号中的数字代表该节点的剩余电量。如果路由协议按照最小跳数、最小能耗、最大剩余电量以及最大最小剩余电量指标选择从源节点 A 到目的节点 N 的路径，将会分别选择哪条（或哪几条）路径？

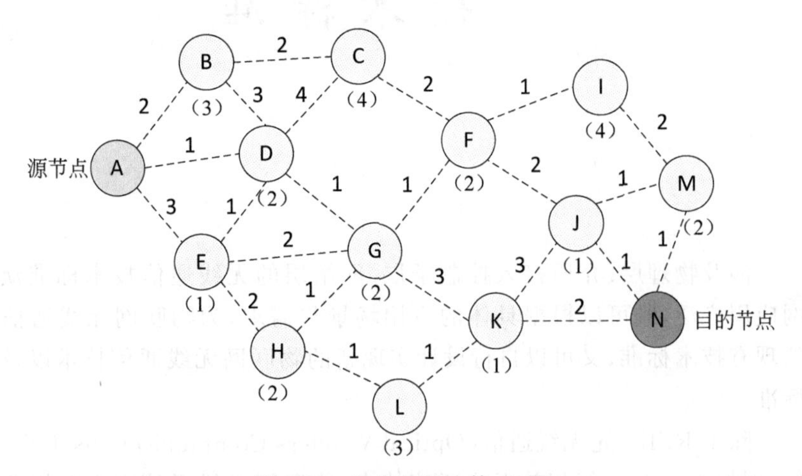

图 8.12　思考与练习第 12 题

第9章 技术标准

涉及物理层、介质接入控制子层、网络层的无线通信技术标准众多。物联网应用广泛，既可以根据具体的应用场景与需求，为物联网无线通信选择适合的现有技术标准，又可以自行设计实现新的物联网无线通信技术以及制定新的标准。

除了RFID、光无线通信(Optical Wireless Communications，OWC)、卫星通信(例如Starlink)等相关无线通信技术，物联网无线通信中常使用的无线通信技术，按传输距离或覆盖范围可以大致分为中短距离无线通信技术和中长距离无线通信技术两大类。这里的短距离指少于100m的距离，长距离指超过1km的距离。

本章首先列举并简要讲述现有的可用于物联网无线通信的中短距离与中长距离无线通信技术标准，然后通过实验演示使用现有无线通信技术标准的一个例子，即通过Thread无线网络获取并设置智能家居等应用领域中温控器的温度。

9.1 中短距离无线通信技术

中短距离的无线通信技术多使用2.4GHz或900MHz左右的非授权频段进行无线通信，由于载波频率相对较高并且发射功率受限，传输距离大多在100m以内。其中一些专为物联网应用而制定的无线通信技术标准，例如ZigBee、Thread等，其物理层与介质接入控制子层都基于IEEE 802.15.4技术标准。

9.1.1 IEEE 802.15.4

IEEE 802.15.4标准为电池供电设备提供了低复杂度、低成本、低功耗、低数据传输率的无线网络物理层与介质接入控制子层技术规范。

物理层主要完成无线收发器开关、数据发送与接收、接收数据包链路质量指示、能量检测、空闲信道评估、信道频率选择、测距等任务。根据不同应用场景与调制方式，2020版的IEEE 802.15.4标准定义了19种不同的物理层，支持的频段从169.4MHz到9185.6MHz，支持从6.25kb/s到2000kb/s的数据传输率，支持BPSK、DPSK、GFSK等多种调制方式。其中，常见的频段为2400～2483.5MHz，数据传输率为250kb/s。

在介质接入控制子层，该标准定义了两种不同的设备类型：全功能设备（Full-Function Device，FFD）和精简功能设备（Reduced-Function Device，RFD）。区别在于，FFD 可以充当协调器及个域网（Personal Area Network，PAN）协调器，而 RFD 不可以。因此 RFD 的软硬件可以更加简单。RFD 不需要发送大量数据，只与一个 FFD 相互通信。

IEEE 802.15.4 支持两种网络拓扑：星形拓扑与对等拓扑。在星形拓扑中，RFD 或 FFD 设备与一个 PAN 协调器相互通信。PAN 协调器通常使用有线供电方式，其他设备则可以由电池供电。星形拓扑可用于家庭自动化、计算机外设、游戏、医疗保健等领域。在对等拓扑中，每个设备都可以与其覆盖范围之内的其他设备进行通信。对等拓扑可实现更加复杂的网络结构，例如网状拓扑，通过多跳的方式将数据包从一个设备传送给网络中的另一个设备。对等拓扑可用于工业控制与监控、无线传感器网络、资产与库存跟踪、智慧农业、安全等领域。

介质接入控制子层的功能包括信标管理、信道接入、保障时隙（Guaranteed Time Slot，GTS）管理、帧验证、带确认的帧传递、关联与取消关联等。如图 9.1 所示，在 IEEE 802.15.4 中，介质接入控制子层的超帧（superframe）由协调器发送的信标所界定。信标可用于同步、识别 PAN 以及描述超帧结构。超帧可以分为活跃和非活跃两个阶段。活跃阶段进一步分为若干个时隙。在非活跃阶段，协调器可进入睡眠模式以节省能耗。其中，第 0 个时隙用于协调器发送信标，随后的若干时隙构成了竞争接入时段（Contention Access Period，CAP）与无竞争时段（Contention-Free Period，CFP）。在竞争接入时段，网络中的设备可以使用时隙 CSMA/CA（Carrier Sense Multiple Access with Collision Avoidance，带冲突避免的载波监听多址）或 ALOHA 机制来与其他设备竞争传输介质。PAN 协调器将无竞争阶段的时隙，也就是 GTS，分配给需要低延迟或特定数据带宽的应用使用。

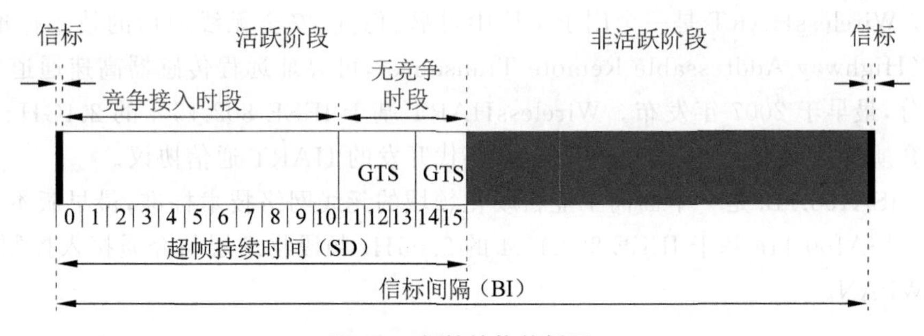

图 9.1 超帧结构的例子

（原图来源：IEEE 802.15.4）

2020 年 6 月通过的 IEEE 802.15.4w 修订版，通过修改工作在 1GHz 以下频段的 LECIM（Low-Energy Critical Infrastructure Monitoring，低能耗关键基础设施监控）FSK 物理层，为严重干扰环境下的无线节点提供了足够的接收灵敏度，同时可支持电池供电的无线节点工作多年，从而为低功耗广域网的物理层与介质接入控制子层提供了一个可供选择的技术标准。

9.1.2 ZigBee、Thread、WirelessHART、ISA100.11a

ZigBee、Thread、WirelessHART、ISA100.11a 等无线通信技术标准建立在 IEEE 802.15.4 基础之上。

(1) ZigBee 是一种低成本、低功耗的无线通信标准,面向消费电子、家庭与楼宇自动化、工业控制、计算机外设、医疗传感器、玩具与游戏等领域,其 1.0 版本标准于 2005 年发布。ZigBee 标准在 IEEE 802.15.4 标准的物理层和介质接入控制子层的基础上,提供了网络层和应用层框架。物理层工作在 868MHz、915MHz 以及 2.4GHz 频段,其中 2.4GHz 频段支持的数据传输率为 250kb/s。由于数据包开销和处理时延,实际数据传输率低于 250kb/s。ZigBee 的网络层使用 AODV 路由协议,支持星形拓扑、树状拓扑以及网状拓扑。在星形拓扑中,网络由单个 ZigBee 协调器设备控制。ZigBee 协调器负责添加和维护网络中的设备,所有其他设备(终端设备)都直接与 ZigBee 协调器通信。在网状和树状拓扑中,ZigBee 协调器负责启动网络并选择关键网络参数,可通过使用 ZigBee 路由器来扩展网络。在树状网络中,路由器使用分层路由策略在网络中传送数据和控制消息,可使用 IEEE 802.15.4 中的信标。网状网络支持对等通信,其中的 ZigBee 路由器不使用常规的 IEEE 802.15.4 信标。

(2) Thread 是一种用于可靠、低功耗、安全无线通信的技术标准,基于 IEEE 802.15.4 的 250kb/s 的 2.4GHz 频段物理层与介质接入控制子层,专为基于 IP 的家庭与商业应用而设计,支持 6LoWPAN,其 1.0 版本标准于 2015 年发布。Thread 支持网络中路由器之间的全网状连接,终端设备将消息发送给其父路由器,父路由器负责转发子设备的消息。Thread 网络中最多有 32 个活跃路由器,这些路由器根据路由表和距离矢量(distance vector)转发消息。每个路由器通过与附近其他路由器交换路由信息来建立通往其他路由器的路径。

(3) WirelessHART 是一个用于工厂中可靠、稳健、安全无线通信的技术标准,作为 HART(Highway Addressable Remote Transducer,可寻址远程传感器高速通道)7 标准的一部分,最早于 2007 年发布。WirelessHART 基于 IEEE 802.15.4 的 2.4GHz 频段物理层与介质接入控制子层以及 20 世纪 80 年代开发的 HART 通信协议。

(4) ISA100.11a 是一个面向工业自动化领域的无线网络技术标准,最早版本于 2009 年发布。ISA100.11a 基于 IEEE 802.15.4 的 2.4GHz 频段物理层与介质接入控制子层以及 6LoWPAN。

9.1.3 WiFi、蓝牙

(1) WiFi 无线局域网基于 IEEE 802.11 系列标准。目前常用的 WiFi 频段包括 2.4GHz 频段(2401～2483MHz)和 5GHz 频段(5150～5875MHz)。2016 版 IEEE 802.11 标准中包括直接序列扩频、正交频分复用等多个物理层,介质接入控制子层使用 CSMA/CA 作为基本接入方法。

2017 年发布的 IEEE 802.11ah(WiFi HaLow)修订版定义了工作在 1GHz 以下非授权频段的正交频分复用物理层。该物理层支持 31.25kHz 子频段,子载波的调制方式为

BPSK、QPSK(Quadrature Phase Shift Keying,正交相移键控)、16-QAM、64-QAM以及256-QAM,信道编码(FEC)使用卷积码或低密度奇偶校验(Low-Density Parity-Check,LDPC)码。与工作在2.4GHz或5GHz频段的其他物理层相比,IEEE 802.11ah可提供更远的传输距离,更适用于物联网无线通信。

IEEE 802.11ba(Wake Up Radio,WUR,唤醒无线电)修订版支持在不增加延迟的情况下实现数据接收的节能操作。IEEE 802.11ba并非为传输用户数据而设计,而是用于将唤醒帧或同步信息从接入点(Access Point,AP)传输到移动台(Station,STA),以降低移动设备的功耗、延长电池寿命,适合用于物联网应用。

(2) 蓝牙是一种短距离无线通信技术,工作在2.4GHz的ISM频段,包括基本速率(Basic Rate,BR)和低能耗(Low Energy,LE)两种系统。BR系统提供同步和异步连接,传输率从BR的1Mb/s、EDR(Enhanced Data Rate,增强数据传输率)扩展的2Mb/s或3Mb/s到AMP(Alternate MAC/PHY,可选的MAC/PHY)扩展的54Mb/s。面向更低能耗、更低复杂度、更低成本的LE系统支持1Mb/s或2Mb/s的数据传输率。BR与EDR系统的从设备与主设备同步,形成一个微微网(piconet),使用FHSS扩频技术。LE系统通过引入数量较少的广告信道(advertising channel)、减小连接时长等方法降低能耗。

蓝牙网状网络(bluetooth mesh)是基于LE系统的支持多对多通信的网状网络技术标准,使用受控泛洪(managed flood)方法在网络中传输消息。

9.1.4 其他中短距离无线通信技术

(1) Z-Wave是一种用于家庭自动化的无线通信协议,其物理层和介质接入控制子层由ITU-R的G.9959标准给出。Z-Wave工作在1GHz以下频段,数据传输率最高为100kb/s,支持网络中最多232个设备,支持设备到设备之间最多4跳的网状网络以及IPv6。

(2) EnOcean是一种能量收集无线技术与标准,主要用于智能楼宇等领域。基于EnOcean技术的设备,例如开关和传感器,无需电池即可运行,从机械运动、光、温差中收集能量用于无线发送和接收数据。EnOcean使用1GHz以下或2.4GHz的非授权频段,数据传输率为125kb/s。

(3) Smartlabs公司于2005年推出的Insteon也是一种用于家庭自动化的通信技术。该技术通过电力线和915MHz频段无线通信同时传输消息,以提高消息传输的可靠性。其中,无线通信使用FSK调制方式,数据传输率为4562b/s。Insteon使用网状网络拓扑,网络中的每个设备都可以独立地发送、接收和转发消息,无需路由器或管理设备。

(4) Dynastream Innovations公司于2003年推出的ANT是一种低功耗无线协议,适用于运动健身、家庭保健等应用中的低数据传输率无线传感器网络。该协议工作在2.4GHz频段,支持对等、星形、树状以及网状网络拓扑。

9.2 中长距离无线通信技术

非授权频段的中长距离无线通信技术，多使用1GHz以下的非授权频段进行无线通信，传输距离可达数百米至数千米。授权频段的中长距离无线通信技术主要包括移动通信运营商基于现有网络为物联网与M2M(Machine-to-Machine，机器对机器)业务提供的低数据传输率、低复杂度、低成本、高能效的技术方案。

低功耗广域网是一种支持长距离低速率无线数据传输、支持电池供电低成本设备的无线通信网络，通常使用星形网络拓扑。本节中的部分无线通信技术，例如LoRaWAN、Sigfox、NB-IoT等，常被称为低功耗广域网技术。相比工作在授权频段的低功耗广域网，工作在非授权频段的低功耗广域网更容易受到干扰。

9.2.1 非授权频段的中长距离无线通信技术

(1) LoRaWAN是一种基于LoRa物理层的低功耗广域网协议和系统架构。LoRa是位于美国加州的Semtech公司的私有技术，技术细节未公开。LoRa使用1GHz以下频段及线性调频扩频(Chirp Spread Spectrum，CSS)调制技术，数据传输率为0.3kb/s到50kb/s。LoRaWAN网络通常使用星形拓扑结构，网络中节点发送的数据可由多个网关接收，网关将接收到的数据包转发到云计算服务器。LoRaWAN支持3类终端设备，分别称为A类、B类及C类设备。A类设备使用ALOHA型的MAC协议，并且仅在发送数据后才接收数据；B类设备接收网关发送的信标，并定期接收数据；C类设备除了发送数据之外，一直都接收数据。

(2) Sigfox是法国网络运营商Sigfox的私有技术，该公司建立无线网络来连接电表、智能手表等低功耗设备。Sigfox的技术标准已公开。Sigfox工作在868MHz或915MHz非授权频段，上行链路使用DPSK调制方式，数据传输率为100b/s或600b/s，下行链路使用GFSK调制方式，数据传输率为600b/s。Sigfox技术要求终端设备晶体振荡器的频率稳定度在20 ppm以内。

(3) 无线M-Bus是为了满足欧洲远程抄表(包括电表、水表、燃气表、热表)需求而制定的技术标准。它规范了计量表与数据记录器、集中器或网关之间的通信，支持星形网络拓扑，使用868MHz、434MHz及169MHz非授权频段。

(4) Wize是一种基于169MHz频段无线M-Bus的面向工业物联网应用的低功耗广域网，最初用于法国燃气表和水表的远程抄表。Wize支持的数据传输率为2.4kb/s、4.8kb/s及6.4kb/s，发射功率为500mW。

(5) mioty是一种为工业物联网应用设计的低功耗广域网协议，使用868MHz或915MHz频段，支持512b/s的数据传输率。mioty基于Fraunhofer IIS的电报拆分(telegram splitting)专利技术，将消息分成多个子数据包，并在不同时段、不同频段内传输它们，以实现低数据包差错率。

(6) Wi-SUN(Wireless Smart Utility Network，无线智能公用设施网络)是为公用事业、智慧城市以及物联网设计的无线通信技术。Wi-SUN的物理层基于IEEE 802.15.4g

(低速率无线智能计量公用设施网络物理层规范),使用 1GHz 以下的非授权频段,支持 50kb/s 到 300kb/s 的数据传输率。Wi-SUN 的 MAC 子层基于 IEEE 802.15.4e 以及 Wi-SUN 定义的信息扩展,网络层使用 6LoWPAN 以及非存储模式的 RPL,支持星形拓扑与网状拓扑。

(7) D7A(DASH7 Alliance,DASH7 联盟)协议是专为传感器与执行器应用定制的中等距离无线通信技术标准,工作在 433MHz、868MHz 或 915MHz 非授权频段,使用 FSK 调制方式以及卷积码和块交织,支持 9.6kb/s、55.555kb/s 或 166.667kb/s 的数据传输率。D7A 在介质接入控制子层使用 CSMA/CA 机制,在网络层使用两种网络协议:D7A 广告协议(D7A Advertising Protocol,D7AAdvP)和 D7A 网络协议(D7A Network Protocol,D7ANP),前者用于同步,后者用于数据传输,并支持最多一跳路由。

(8) Weightless 是一套为物联网设计的低功耗广域网无线技术标准。其中 Weightless-P 可工作在 1GHz 以下非授权频段,包括 138MHz、433MHz、470MHz、780MHz、868MHz、915MHz、923MHz 等频段,使用高斯最小频移键控(Gaussian Minimum-Shift Keying,GMSK)或偏移四进制相移键控(Offset Quadrature Phase-Shift Keying,OQPSK)调制方式,以及卷积码和块交织等技术,支持 0.625kb/s 到 100kb/s 的上行数据传输率以及 3.125kb/s 到 100kb/s 的下行数据传输率。Weightless-P 支持终端设备通过星形拓扑与基站通信,基站的典型发射功率为 27dBm,终端设备的典型发射功率为 14dBm。

(9) NB-Fi 是 WAVIoT 公司为 M2M 通信开发的一种低功耗广域网技术,工作在 1GHz 以下非授权频段,使用 DBPSK 调制方式,支持 50kb/s 到 25.6kb/s 的上行数据传输率。

9.2.2 授权频段的中长距离无线通信技术

(1) EC-GSM-IoT(Extended Coverage GSM for Internet of Things,用于物联网的扩展覆盖 GSM)是 EGPRS(Enhanced General Packet Radio Service,增强型通用分组无线业务)的发展,它提供了简化的协议实现方式,在降低终端设备复杂度的同时支持扩展覆盖范围与节能运行。EC-GSM-IoT 设备的最大发射功率为 33dBm(2W),覆盖范围比 EGPRS 提高 20dB,使用 GMSK 调制方式的数据传输率最高为 70kb/s,使用 8PSK 调制方式的数据传输率最高为 240kb/s。

(2) NB-IoT(Narrowband Internet of Things,窄带物联网)也是一种低功耗广域网技术,可与现有的 GSM、LTE 等网络共存,旨在支持更广的覆盖范围、更低的设备成本、更长的电池寿命以及更高的连接密度。NB-IoT 包括 LTE Cat-NB1、LTE Cat-NB2 等设备种类,使用的频带宽度为 180kHz,支持最高约为 250kb/s 的数据传输率,并且可以在 LTE 载波的保护频带中部署 NB-IoT 载波。

(3) LTE-M 是 LTE-MTC(Long-Term Evolution - Machine Type Communication,长期演进机器类型通信)的简称,包括 LTE Cat-M1、LTE Cat-M2 等设备种类。LTE-M 通过降低设备复杂度来支持物联网,并扩展了覆盖范围。相比 EC-GSM-IoT 与 NB-IoT,LTE-M 数据传输率更高、延迟更小。LTE Cat-M1 的数据传输率最高为 1Mb/s。

9.3 本章实验

作为本书的最后一个实验，本节将使用两块 CC1352R1 开发板建立一个 Thread 无线网络，用来获取并设置智能家居等应用领域中温控器(thermostat)的温度。

【实验 9.1】 通过 Thread 无线网络设置温控器的温度。

Thread 是为家庭自动化而设计的基于 IPv6 的低功耗、低数据传输率无线网状网络技术标准。TI 公司基于谷歌公司发布的开源软件 OpenThread 在 CC1352R1 等开发板上实现了 Thread 技术标准。在本实验中，使用两块 CC1352R1 开发板以及一个可选配的 SHARP128 或 SHARP96 液晶显示模块，通过 Thread 无线网络和 CoAP 应用协议，获取并设置温控器的温度。

(1) 导入项目 cli_ftd。启动 CCS，在 TI Resource Explorer 导航栏中，依次选择 Software→SimpleLink CC13x2 26x2 SDK→Examples→Development Tools→CC1352R LaunchPad→TI Thread→cli_ftd→TI-RTOS→CCS Compiler 选项。单击 cli_ftd，再单击 Import 导入项目。上述操作过程可参照图 3.15 和图 3.16。

(2) 构建项目 cli_ftd 并下载到两块开发板上。将第一块 CC1352R1 开发板通过 USB 接口连接到计算机上，构建项目并下载到该开发板上(参照图 3.18)。构建该项目的用时可能较长。通过更改编译选项可以大幅减小构建项目的时长，该选项的菜单路径为 Project→Properties→Build→ARM Compiler→Optimization→Optimization level，将 Whole Program Optimizations 更改为 Interprocedure Optimizations，如图 9.2 所示。然后断开第一块开发板与计算机之间的 USB 连接，将第二块 CC1352R1 开发板连接到计算机上，同样将该项目程序下载到该开发板上，运行程序，并为该开发板开启一个串口终端(参照图 7.15)，这里使用的串口为 COM7。本实验中把第一块开发板构成的节点简称为节点 1，把第二块开发板构成的节点简称为节点 2。

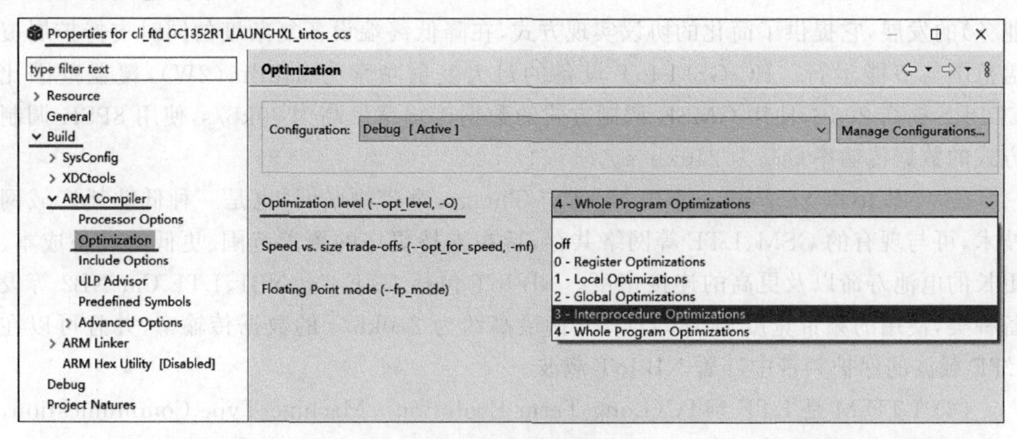

图 9.2 更改编译选项

(3) 将节点 1 配置为 Thread 无线网络中的路由器。把第一块开发板再次连接到计算机上，也为其开启一个串口终端（这里使用的串口为 COM4）。通过在该串口终端中输入一系列命令，配置节点 1，如图 9.3 所示。通过 channel 命令可设置 Thread 无线网络使用的信道，例如输入 channel 11 使用第 11 号信道。信道号 k 的取值范围是 $11 \leqslant k \leqslant 26$，对应的信道中心频率为 $f_c = 2405 + 5 \times (k - 11)$MHz。通过 panid 命令可设置无线个域网的标识符，例如输入 panid 0x1234 将个域网标识符设置为 0x1234。然后，通过 ifconfig up 命令与 thread start 命令启动 Thread 网络接口与协议栈。还可以通过 state 命令查看节点的状态（或角色），例如图 9.3 中节点 1 的角色为 leader。

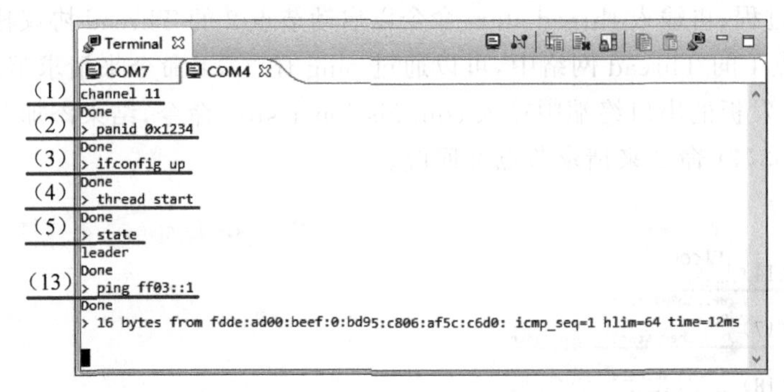

图 9.3　配置节点 1 为 Thread 无线网络中的路由器

(4) 将节点 2 配置为节点 1 的子节点。通过在第二块开发板的串口终端中输入一系列命令，配置节点 2，如图 9.4 所示。首先可通过 scan 命令查看网络中路由器的信道号与个域网标识符，并通过 channel 命令和 panid 命令分别设置节点 2 的信道号和个域网标识符，以与路由器保持一致。其次，通过 ifconfig up 命令及 thread start 命令启动 Thread 网络接口与协议栈。再次，可用 state 命令查看节点的状态（或角色），例如图 9.4 中节点 2 的角色为 child。最后，节点 1 和节点 2 都可以通过 ping ff03::1 命令来请求设备领域范围内所有 IPv6 节点的回应。

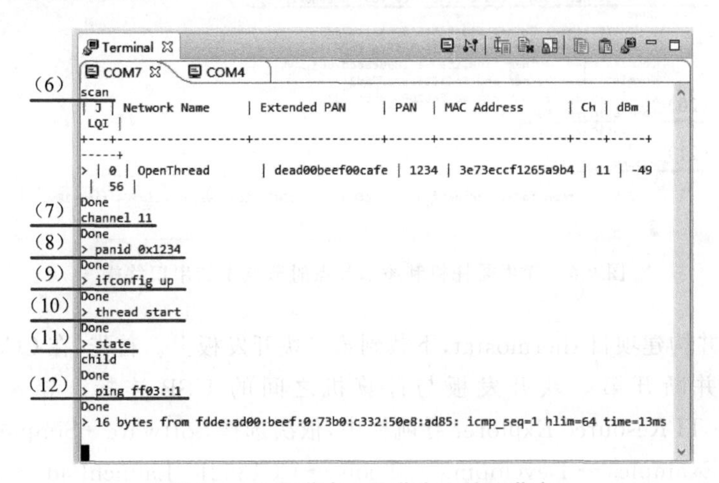

图 9.4　配置节点 2 为节点 1 的子节点

Thread 提供了一种委托(commissioning)机制,使待加入网络的 Thread 节点无须了解网络参数与密钥,就可加入 Thread 网络。

(5) 使用 Thread 的委托机制,将节点 2 加入节点 1 的网络中。首先,在第二块开发板的串口终端中输入 eui64 命令,获取节点 2 的唯一标识符,例如图 9.5 中的 00124b001ca77b5f。然后,在第一块开发板的串口终端中输入 commissioner start 命令以及 commissioner joiner add 00124b001ca77b5f presharedkey 命令(见图 9.6),以将节点 2 的唯一标识符(00124b001ca77b5f)和预共享密钥(这里为 presharedkey)告知节点 1。其次,在第二块开发板的串口终端中输入 joiner start presharedkey 命令来启动节点 2 加入节点 1 网络的过程,再输入 thread start 命令以启动节点 2 的 Thread 协议栈。此时,节点 2 已被加入节点 1 的 Thread 网络中,可以通过 ping ff03::1 命令来请求节点 1 回应。最后,在第一块开发板的串口终端中输入 commissioner stop 命令,结束添加节点过程,还可以输入 ping ff03::1 命令来请求节点 2 回应。

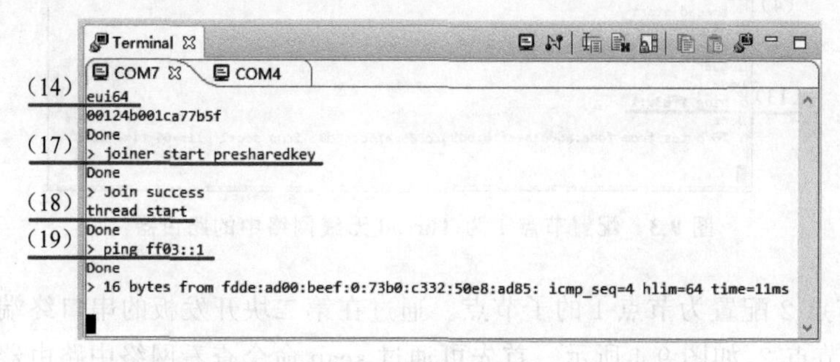

图 9.5 使用委托机制加入网络时节点 2 的串口终端

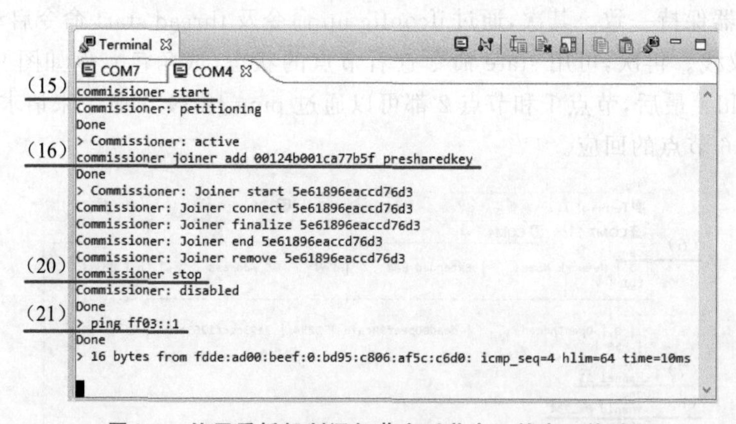

图 9.6 使用委托机制添加节点时节点 1 的串口终端

(6) 导入并构建项目 thermostat,下载到第二块开发板上。首先,在 CCS 中停止正在运行的程序,并断开第一块开发板与计算机之间的 USB 连接。导入温控器项目 thermostat,在 TI Resource Explorer 导航栏中,依次选择 Software→SimpleLink CC13x2 26x2 SDK→Examples→Development Tools→CC1352R LaunchPad→TI Thread→thermostat→TI-RTOS→CCS Compiler 选项。单击 thermostat,再单击 Import 导入项

目。同样，可以通过更改编译选项大幅减小构建项目的时长（参照图 9.2）。如有 SHARP128 或 SHARP96 液晶显示模块，可以插在第二块开发板上；如果液晶显示模块为 SHARP96，还需要更改液晶显示屏的大小，更改过程参照图 7.14。然后构建该项目，并下载到第二块开发板上。再断开第二块开发板与计算机之间的 USB 连接。

（7）节点 1 获取并设置节点 2 温控器的温度。将第一块开发板通过 USB 再次连接到计算机上，并开启串口终端（这里为 COM4）。通过在该串口终端中依次输入一系列命令，配置节点 1 为 Thread 无线网络中的路由器：channel 11、panid 0x1234、ifconfig up、thread start，如图 9.7 所示。然后将第二块开发板连接到计算机上，并为其开启串口终端（这里为 COM7），串口终端将输出如图 9.8 所示的信息，并且液晶显示模块也将显示温控器的温度。接着，在第一块开发板的串口终端中输入 ping ff03::1 命令，以获取节点 2 的 IPv6 地址，例如图 9.7 中的 fdde:ad00:beef:0:bd95:c806:af5c:c6d0。再输入 coap start 以开启 CoAP 服务。输入 coap get fdde:ad00:beef:0:bd95:c806:af5c:c6d0 thermostat/temperature 命令获取节点 2 温控器的温度，这里的返回值为十六进制数 3638，即美国信息交换标准码（American Standard Code for Information Interchange，ASCII）码表中的字符 6 和字符 8，表示温度为 68℉（即 20℃）。通过 coap post fdde:ad00:beef:0:bd95:c806:af5c:c6d0 thermostat/temperature con 88 命令可将节点 2 温控器的温度设置为 88℉，设置后的温度将显示在如图 9.8 所示的串口输出信息中以及液晶显示模块上。

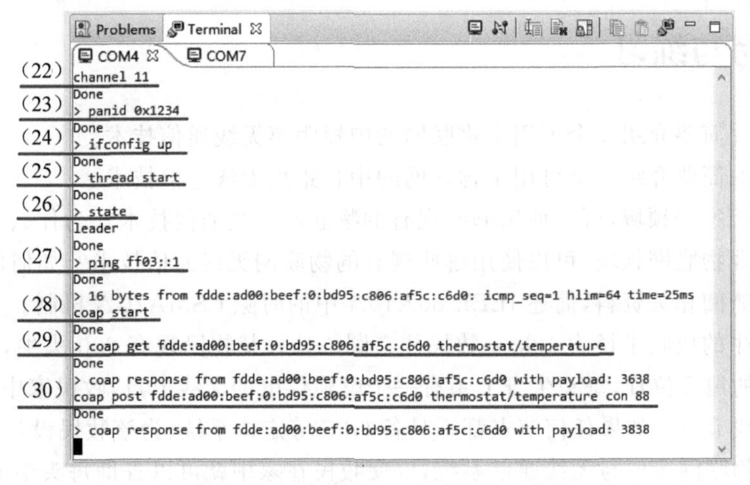

图 9.7　获取并设置温控器温度时节点 1 的串口终端

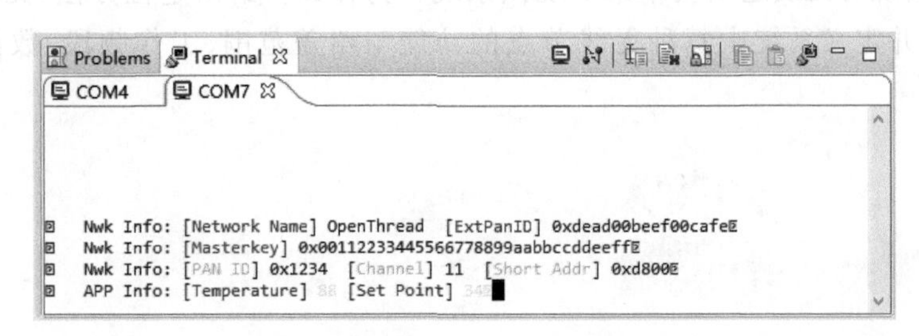

图 9.8　运行温控器项目 thermostat 时节点 2 的串口输出

9.4 本章小结

可供物联网应用选择使用的现有的无线通信技术标准林立。其中,中短距离无线通信技术有 IEEE 802.15.4、ZigBee、Thread、WirelessHART、ISA100.11a、WiFi、Bluetooth、Z-Wave、EnOcean、Insteon、ANT 等;中长距离无线通信技术有 LoRaWAN、Sigfox、无线 M-Bus、Wize、mioty、Wi-SUN、D7A、Weightless、NB-Fi、EC-GSM-IoT、NB-IoT、LTE-M 等。本章实验给出了一个使用现有无线通信技术完成物联网数据采集与控制任务的例子。

为物联网应用选择无线通信技术时,不仅需要考虑传输距离或覆盖范围,也需要考虑工作频段、数据传输率、传输延迟、网络拓扑、连接密度、使用成本、复杂度、功耗与能耗、可靠性、移动性、安全性等诸多方面因素。

当然,也可以根据具体的物联网应用场景与需求,以及本书讲授的原理与技术,自行开发设计新的更适用的物联网无线通信技术并制定相应标准。

未来,越来越多的感知设备与执行设备将使用物联网无线通信技术相互连接或接入互联网,越来越多物联网设备采集的客观世界数据将被迅速处理与分析用来指导人类的实践活动。"机器治理"等智能世界梦想终将实现。

9.5 思考与练习

1. 列举并简要介绍 3 个可用于物联网的中短距离无线通信技术。
2. 列举并简要介绍 3 个可用于物联网的中长距离无线通信技术。
3. 在智能家居领域,可以使用哪些现有的物联网无线通信技术?为什么?
4. 在工业物联网领域,可以使用哪些现有的物联网无线通信技术?如何使用?
5. 通过查阅相关资料,简述 IEEE 802.15.4 中的时隙 CSMA/CA 机制。
6. 假设牛的放牧半径为 10km,牧民住在圆心处。某牧民现有 200 头牛,为了掌握放牧时每头牛的地理位置,每头牛身上系有一个电池供电的无线节点,牧民家中设有一个有线供电的无线节点。如果任何节点都不具备 GPS 等定位系统,为该牧民设计一个使用非授权频段的物联网定位与无线通信系统,以便牧民在家中就可以查询每头牛的地理位置。是否可以使用现有无线通信技术来实现该系统?为什么?给出定位方法、无线通信系统的设计方案,并定义系统中每种无线节点的功能与覆盖范围、工作频段、数据传输率等指标。

参考文献

[1] CHEN Z. Machine ruling[EB/OL]. (2015-12-21)[2020-12-18]. https://arxiv.org/pdf/1512.06466.

[2] DARGIE W, POELLABAUER C. Fundamentals of wireless sensor networks: theory and practice [M]. New York: John Wiley & Sons, 2010.

[3] WU T Y, WU F, REDOUTÉ J, et al. An autonomous wireless body area network implementation towards IoT connected healthcare applications[J]. IEEE Access, 2017, 5: 11413-11422.

[4] SANTOS M A G, MUNOZ R, OLIVARES R, et al. Online heart monitoring systems on the Internet of health things environments: A survey, a reference model and an outlook [J]. Information Fusion, 2020, 53: 222-239.

[5] BAI L, YANG D W, WANG X, et al. Chinese experts' consensus on the Internet of things-aided diagnosis and treatment of coronavirus disease 2019 (COVID-19)[J]. Clinical eHealth, 2020, 3: 7-15.

[6] TORRENTE-RODRÍGUEZ R M, LUKAS H, TU J B, et al. SARS-CoV-2 RapidPlex: a graphene-based multiplexed telemedicine platform for rapid and low-cost COVID-19 diagnosis and monitoring[J]. Matter, 2020, 3(6): 1981-1998.

[7] SHARMA S, KAUSHIK B. A survey on Internet of vehicles: applications, security issues & solutions[J]. Vehicular Communications, 2019, 20: 1-44.

[8] GAO S, ZHANG X H, DU C C, et al. A multichannel low-power wide-area network with high-accuracy synchronization ability for machine vibration monitoring[J]. IEEE Internet of Things Journal, 2019, 6(3): 5040-5047.

[9] VURAN M C, SALAM A, WONG R, et al. Internet of underground things in precision agriculture: architecture and technology aspects[J]. Ad Hoc Networks, 2018, 81: 160-173.

[10] SONG W Z, HUANG R J, XU M S, et al. Design and deployment of sensor network for real-time high-fidelity volcano monitoring[J]. IEEE Transactions on Parallel and Distributed Systems, 2010, 21(11): 1658-1674.

[11] GU C Z, RICE J A, LI C Z. A wireless smart sensor network based on multi-function interferometric radar sensors for structural health monitoring[C]//IEEE. Proceedings of IEEE Topical Conference on Wireless Sensors and Sensor Networks. New York: IEEE, 2012: 33-36.

[12] YANG S H, CHEN X, CHEN X M, et al. A case study of Internet of things: a wireless household water consumption monitoring system[C]//IEEE. Proceedings of IEEE World Forum on Internet of Things. New York: IEEE, 2015: 1-6.

[13] STMicroelectronics. Precision temperature sensors [EB/OL]. (2016-09-19) [2020-12-18]. https://www.st.com/resource/en/datasheet/lm135.pdf.

[14] STMicroelectronics. MEMS motion sensor: low-power high-g 3-axis digital accelerometer[EB/OL]. (2020-04-14)[2020-12-18]. https://www.st.com/resource/en/datasheet/h3lis331dl.pdf.

[15] Texas Instruments. CC1352R SimpleLink™ high-performance multi-band wireless MCU[EB/OL]. (2020-11-18)[2020-12-18]. https://www.ti.com/lit/gpn/cc1352r.

[16] Texas Instruments. CC13x2，CC26x2 SimpleLink™ wireless MCU technical reference manual [EB/OL].（2019-10-01）[2020-12-18]. https://www.ti.com/lit/pdf/swcu185.
[17] RAGHUNATHAN V，SCHURGERS C，PARK S，et al. Energy-aware wireless microsensor networks[J]. IEEE Signal Processing Magazine，2002，19(2)：40-50.
[18] Texas Instruments. MSP430x4xx family user's guide [EB/OL].（2017-12-01）[2020-12-18]. https://www.ti.com/lit/pdf/slau056.
[19] 中华人民共和国工业和信息化部. 微功率短距离无线电发射设备目录和技术要求[EB/OL].（2019-11-28）[2020-12-18]. http://www.gov.cn/xinwen/2019-11/28/5456765/files/3affdd25607d49148a92f3ecf1dddc13.pdf.
[20] ITU-R. Propagation data and prediction methods for the planning of indoor radiocommunication systems and radio local area networks in the frequency range 300MHz to 100GHz[EB/OL].（2017-06-01）[2020-12-18]. https://www.itu.int/dms_pubrec/itu-r/rec/p/R-REC-P.1238-9-201706-I!!PDF-E.pdf.
[21] IEEE. IEEE standard for information technology - Telecommunications and information exchange between systems local and metropolitan area networks - Specific requirements - Part 11：Wireless LAN medium access control（MAC）and physical layer（PHY）specifications：IEEE Std 802.11-2016[S]. New York：IEEE，2016.
[22] 国家市场监督管理总局，中国国家标准化管理委员会. 传感器分类与代码 第1部分：物理量传感器：GB/T 36378.1—2018[S]. 北京：中国标准出版社，2018.
[23] 陈金西. 信号与系统：Matlab分析与实现[M]. 厦门：厦门大学出版社，2016.
[24] 程佩青. 数字信号处理教程[M]. 5版. 北京：清华大学出版社，2017.
[25] FRADEN J. Handbook of modern sensors：physics，designs，and applications[M]. New York：Springer，2010.
[26] AKYILDIZ I F，VURAN M C. Wireless sensor networks[M]. New York：John Wiley & Sons，2010.
[27] CLARKE C K P. Reed-Solomon error correction[EB/OL].（2002-07-01）[2020-12-18]. https://downloads.bbc.co.uk/rd/pubs/whp/whp-pdf-files/WHP031.pdf.
[28] MCELIECE R J，SWANSON L. On the decoder error probability for Reed-Solomon codes[EB/OL].（1985-12-01）[2020-12-18]. https://ntrs.nasa.gov/api/citations/19860013319/downloads/19860013319.pdf.
[29] 樊昌信，曹丽娜. 通信原理[M]. 7版. 北京：国防工业出版社，2012.
[30] 孙宇彤. LTE教程：原理与实现[M]. 2版. 北京：电子工业出版社，2017.
[31] IEEE. IEEE standard for low-rate wireless networks：IEEE Std 802.15.4-2020[S]. New York：IEEE，2020.
[32] YE W，HEIDEMANN J，ESTRIN D. Medium access control with coordinated adaptive sleeping for wireless sensor networks[J]. IEEE/ACM Transactions on Networking，2004，12(3)：493-506.
[33] SUN Y J，GUREWITZ O，JOHNSON D B. RI-MAC：a receiver-initiated asynchronous duty cycle MAC protocol for dynamic traffic loads in wireless sensor networks[C]//ACM. Proceedings of ACM Conference on Embedded Network Sensor Systems. New York：ACM，2008：1-14.
[34] KIM Y，SHIN H，CHA H. Y-MAC：an energy-efficient multi-channel MAC protocol for dense wireless sensor networks[C]//IEEE. Proceedings of International Conference on Information Processing in Sensor Networks. New York：IEEE，2008：53-63.

[35] SCHILLER J. Mobile communications[M]. 2nd ed. London: Pearson, 2004.

[36] KULIK J, HEINZELMAN W, BALAKRISHNAN H. Negotiation-based protocols for disseminating information in wireless sensor networks[J]. Wireless Networks, 2002, 8: 169-185.

[37] YU Y, GOVINDAN R, ESTRIN D. Geographical and energy aware routing: a recursive data dissemination protocol for wireless sensor networks[EB/OL]. [2020-12-18]. http://citeseerx.ist.psu.edu/viewdoc/download? doi=10.1.1.21.8533&type=pdf.

[38] PERKINS C E, ROYER E M. Ad-hoc on-demand distance vector routing[C]//IEEE. Proceedings of IEEE Workshop on Mobile Computing Systems and Applications. New York: IEEE, 1999: 1-11.

图书资源支持

感谢您一直以来对清华版图书的支持和爱护。为了配合本书的使用，本书提供配套的资源，有需求的读者请扫描下方的"书圈"微信公众号二维码，在图书专区下载，也可以拨打电话或发送电子邮件咨询。

如果您在使用本书的过程中遇到了什么问题，或者有相关图书出版计划，也请您发邮件告诉我们，以便我们更好地为您服务。

我们的联系方式：

地　　址：北京市海淀区双清路学研大厦 A 座 714

邮　　编：100084

电　　话：010-83470236　010-83470237

客服邮箱：2301891038@qq.com

QQ：2301891038（请写明您的单位和姓名）

资源下载：关注公众号"书圈"下载配套资源。

资源下载、样书申请

书圈

图书案例

清华计算机学堂

观看课程直播